荒漠草原区小流域
生态水文过程研究

尹瑞平　刘铁军　等著

·北京·

内 容 提 要

本书针对荒漠草原生态水文作用关系及水循环过程展开研究，通过小流域尺度上的野外现场试验以及人工降雨模拟试验等，分析了植物群落结构、蒸散发特征、降雨产流过程、水量平衡以及模拟预测等；确定了土层厚度、土壤含水量、土壤养分及水热条件是影响群落特征的主导因子；阐明了植物群落盖度、高度、地上生物量在围封、轻度退化、中度退化、重度退化样地里的变化规律；确定了群落盖度、地上生物量、降雨补给、群落蒸散发之间的关系；明确了群落退化程度对径流系数影响显著，轻度、中度、重度三个退化样地雨强与径流滞后时间，雨强与产流量相关以及径流系数与三个样地的地上生物量相关；分析了雨强、降雨历时与土壤水分入渗过程，建立了上东河小流域的水量平衡方程；分析了降雨量对地上生物量、植物高度、群落盖度的影响规律；分析了坡面群落地上生物量与土壤含水量两者之间的关系等。

本书可供水文水资源、植被生态学、水土保持与荒漠化防治及其相关专业研究人员参考使用。

图书在版编目（CIP）数据

荒漠草原区小流域生态水文过程研究 / 尹瑞平等著. -- 北京 : 中国水利水电出版社, 2020.12
ISBN 978-7-5170-9122-6

Ⅰ. ①荒… Ⅱ. ①尹… Ⅲ. ①草原－小流域－区域水文学－研究 Ⅳ. ①P344

中国版本图书馆CIP数据核字(2021)第010400号

书 名	**荒漠草原区小流域生态水文过程研究** HUANGMO CAOYUANQU XIAOLIUYU SHENGTAI SHUIWEN GUOCHENG YANJIU
作 者	尹瑞平 刘铁军 等 著
出版发行	中国水利水电出版社 （北京市海淀区玉渊潭南路1号D座 100038） 网址：www.waterpub.com.cn E-mail：sales@waterpub.com.cn 电话：（010）68367658（营销中心）
经 售	北京科水图书销售中心（零售） 电话：（010）88383994、63202643、68545874 全国各地新华书店和相关出版物销售网点
排 版	中国水利水电出版社微机排版中心
印 刷	天津嘉恒印务有限公司
规 格	184mm×260mm 16开本 12.5印张 304千字
版 次	2020年12月第1版 2020年12月第1次印刷
印 数	0001—1000册
定 价	**72.00**元

本书编委会

前言

草原是我国北方涵蓄水源、维持碳氮循环、遏止沙漠化、净化环境的重要绿色生态屏障。20 世纪 80 年代以来，随着畜牧业牲畜头数的急剧增长，人类活动的加剧以及气候的变迁，这片昔日“天苍苍，野茫茫”的草原生态环境遭到了不同程度的破坏，生产力降低，植被退化，严重影响了区域生态系统的服务功能，极大限制了牧区社会经济及我国畜牧业的可持续发展。《全国牧区草原生态保护水资源保障规划》明确提出，高效利用草原区可利用水资源，转变畜牧业生产方式、调整产业结构，增强草原生态自我恢复能力，保持牧区生态与经济健康持续发展。2011 年中共中央 1 号文件又明确提出，“水是生命之源，生产之要，生态之基，稳步发展牧区水利，努力走出一条中国特色水利现代化道路”。2011 年国务院再次发布《关于促进牧区又好又快发展的若干意见》，文中指出“牧区在我国经济社会发展大局中具有重要的战略地位，要稳步开展牧区水利建设”。可见水作为草原区生物生产的限制因素，势必成为人与自然生态系统协调共处的最为活跃和最具决定性的纽带，而草原水分收支特征及水循环演变以及植被对水文过程的响应相关问题的研究尤为重要。

自 20 世纪后半叶以来，由水资源短缺引发的生产、生活和生态等问题引起国际社会的高度重视，各国政府和科学界积极开展区域水文过程及其资源环境效应研究，为合理规划和利用水资源提供科学依据。随着涉水问题影响面的扩大和水科学研究的不断深入，研究的重点逐渐转向以流域为单元的生态—水文过程研究，以流域为研究对象的流域科学开始逐渐形成。据统计，国家在“十五”以来已先后在新疆塔里木河流域、黑河流域、石羊河流域、“三江源”、甘南和青海湖流域投资近 400 亿元用于生态建设和水资源保护工程。这些重大战略举措急需进一步从科学上加以深入研究，并做出准确的判断。人类活动正在成为或已成为驱动水循环、水平衡的主要动力，正确认识和评价人类活动对流域水循环的影响是流域水文科学发展中的新课题。

荒漠草原在我国主要分布于内蒙古及新疆部分地区，内蒙古荒漠草原从苏尼特左旗贯穿到乌拉特中旗东南部，北面与蒙古国的荒漠草原相接，南至阴山北麓山前地带，隔山与鄂尔多斯高原的暖温型荒漠草原相望，总面积约 11.2 万 km^2，是内蒙古草原的重要组成部分。该区气候干旱，水资源匮乏，是水分限制型的脆弱生态系统，人为干扰强烈，具有出现荒漠化的潜在危险。该区植物生长主要依靠自然降水，土壤水是该区植物生长的生命之源。荒漠草原地区降雨年内分配不均，降雨量及降雨强度脉动性和土壤有效水分含量变异性极高，加之草地放牧造成不同程度的植被退化势必会导致荒漠草原区水文过程的改变与复杂化，而水文过程的改变又会对该区植物群落分布、植物群落演替、植物净初级生产力及植物水分利用效率等产生显著影响，为了明确荒漠草原生态—水文作用关系，进一步为该区水资源可持续管理提供决策，需要应用生态水文学理论开展相关研究。

流域生态水文过程的认知是评估生态系统功能的基础。生态水文学（Eco-hydrology）是研究陆地表层系统生态格局与生态过程变化的水文学机理，了解与水循环过程相关的生态环境变化原因与调控机理。其理论与技术方法的发展和完善对于推进我国山水林田湖草系统保护与修复，生态文明建设和绿色发展具有重要的理论和实践意义。流域生态水文过程着重研究水文过程和生态系统过程之间的耦合关系。目前主要集中在植被的微气候响应和不同尺度的水文模型与植物模型耦合两个研究方向。具体开展生态系统的稳定性与水环境的相互关系、流域尺度生态系统修复技术、流域尺度综合、景观格局变化的生态水文影响以及如何协调天然生态系统与人工生态系统用水关系等方面的研究。

本书的研究内容是在国家自然科学基金（51779156、51579157）、内蒙古自然科学基金重大项目（2021ZD12）、中国水利水电科学研究院科研专项（MK2018J01、MK2016J12）的资助下完成的，再次表示感谢。在本书研究过程中得到中国水利水电科学研究院严登华教授，内蒙古大学杨劼教授、徐湘田教授、赵金星博士，内蒙古农业大学张圣微教授的指导，在此一并表示衷心的感谢！本书的研究内容还得到水利部牧区水利科学研究所原所长包小庆、魏永富书记、李和平副所长、杨志勇副所长、徐冰副所长、张瑞强总工的悉心指导以及水利部牧区水利科学研究所出版基金的支持，在此表示衷心的感谢！

本书由尹瑞平、刘铁军主笔，宋一凡（3.2 万字）、哈斯图亚（5.1 万字）、王文君（3.1 万字）、刘迪（2.3 万字）、于向前（2.1 万字）、周泉成（2 万字）、王丽霞（2.1 万字）等参加了第三、第四、第五、第六、第七、第八、第九、第十章等内容的编写。王立新、孙贺阳、斯庆高娃、王普、姜云花等参加了第一、第二、第十一章等内容的编写。

本书的研究内容属于交叉学科，同时野外试验测试工作难度较大，荒漠草原的植物群落类型、气候变化以及人为影响较为复杂，诸多问题仍在研究与探索阶段，加之作者水平有限，书中难免存在错漏和不足之处，敬请诸位读者和专家批评指正。

作者

2020年9月

目录

第一章

绪论

草原是我国北方涵蓄水源、维持碳氮循环、遏止沙漠化、净化环境的重要绿色生态屏障。而荒漠草原是草原向荒漠的过渡地带，在我国主要分布于内蒙古及新疆部分地区，内蒙古荒漠草原从苏尼特左旗贯穿到乌拉特中旗东南部，北面与蒙古国的荒漠草原相接，南至阴山北麓山前地带，隔山与鄂尔多斯高原的暖温型荒漠草原相望，总面积约 11.2 万 km^2，是内蒙古草原的重要组成部分。该区气候干旱，水资源匮乏，是水分限制型的脆弱生态系统，人为干扰强烈，具有出现荒漠化的潜在危险。该区植物生长主要依靠自然降水，土壤水是该区植物生长的生命之源。荒漠草原地区降雨年内分配不均，降雨量及降雨强度脉动性和土壤有效水分含量变异性极高，加之草地放牧造成不同程度的植被退化势必会导致荒漠草原区水文过程的改变与复杂化，而水文过程的改变又会对该区植物群落分布、植物群落演替、植物净初级生产力及植物水分利用效率等产生显著影响，为了明确荒漠草原生态—水文作用关系，进一步为该区水资源可持续管理提供决策，需要应用生态水文学理论开展相关研究。

总之，在草原植被持续退化与气候变化的背景下，荒漠草原小流域水文过程与演变机理、植物对水文过程的响应机制已成为亟待研究的重要科学问题，对荒漠草原受损生态系统恢复与重建、生物多样性保护、水资源可持续管理与调控及区域社会经济可持续发展具有重要意义。

第一节　生态水文过程概述

一、生态水文过程

生态水文学是生态学与水文学的交叉学科，于 1992 年在 Dublin 国际水与环境大会上正式提出。生态水文学是在不同时空尺度上进行水文过程与生物动力过程的耦合机制与规律的研究，以期实现水资源的持续、科学、有效管理。

生态水文学是一门以生态过程和生态格局的水文机制为核心，以植物与水分关系为理论基础，研究对象涉及旱地、湿地、森林、草地、山地、湖泊、河流等生态系统的学科。其提出在保持生物多样性，保证水资源的数量和质量的前提下，寻求对环境有利、经济可行和社会可接受的水资源持续管理的有效方式，为水资源可持续利用以及生态水文学的深入研究提供理论基础，可以使退化的生态系统得到恢复，甚至更新，实现水资源的可持续利用。

虽然生态水文学的产生经历了很长一段时期，有较为可靠的理论研究背景，但尚未形成完整的理论框架和方法体系，目前的研究仍处于基础理论的探求阶段，并且这个阶段还将持续一段时间。

由于干旱区水文过程控制植被的生长发育，植被又是水土流失和土地荒漠化的主要调控者，所以水文循环过程的改变往往是干旱区所有生态环境问题如水土流失和土地荒漠化的直接驱动力。因此，生态水文过程的机理是干旱区生态环境保护和恢复重建中必须面对的基础科学问题，对其进行深入研究不仅可以为天然生态系统的可持续维持，而且可以为退化生态系统的恢复重建提供科学依据，从而为我国广大干旱区经济、社会和生态环境协调可持续发展提供重要的生态水文学依据。因此，在我国深入开展干旱区生态水文过程若干基础理论问题的研究具有重要的理论和现实意义。

内陆河流域的生态过程与水文过程之间的响应是干旱、半干旱地区的生态水文学问题的重要组成部分。金博文（2003）、宋克超（2003）、张济世等（2004）在黑河流域建立了陆面过程观测的环境观测系统，研究了黑河流域山区水源涵养林在水文过程中的作用以及不同景观带内各有特色的土壤—植物—大气体系内的水分、热量、光合作用过程及其时空分布规律，确定了流域水资源安全临界线和警戒线。李香云等（2001）认为近50年来塔里木河上中游的水土开发活动，使下游来水量锐减，从而引发下游绿色走廊的逐步衰败、土地荒漠化加剧等生态环境恶化问题。干旱区面临的问题是土地的荒漠化和盐渍化，而其实质是土地减弱或丧失了生长绿色植物的能力。

我国干旱半干旱地区的生态水文已进行了较多的研究，但是因为其所处地理位置的特殊性，淡水资源的贫乏短缺与可持续发展的生态观之间的矛盾是其生态环境问题的主要矛盾，寻求在合理的土地利用、管理制度的基础上，界定最适生态需水量的研究上还存在不足。

二、流域生态水文

流域尺度上生态水文过程的研究主要是研究流域水文过程、生态格局变化对水质的影响，包括营养物质的迁移和转化规律研究，景观格局变化产生的水污染和水生生态系统对水污染的响应研究等。目前国内外研究大致集中在湖泊的富营养化领域，流域中氮（N）、磷（P）的增加或过多是湖泊富营养化的主要原因，其迁移富集转移规律以及流域中氮磷的滞留转移的主要驱动力受到了密切关注。Hillbricht 研究表明，湖泊的破碎化程度越高，湖泊周围的河网、湿地斑块在营养物的运移、输送过程中起的作用越大。

水文过程的生态效应研究主要是水分行为对植被生长和分布的影响研究，主要研究内容为气候、土壤、植被三者相互作用。通过调整水文过程可以控制植被动态，如水文过程可以调整和配置流域内的“流”（包括营养物、污染物、矿物质、有机质）；水质恶化和水位变化（特别是地下水浅水位），水化学特征及其变化，会对植物的群落结构、动态、分布和演替造成一定的影响。因此，可以利用水的流量、流速、质量等水文要素对生境进行重塑并控制植被群落。

在我国，生态水文学的研究仍然处于基础理论的探求阶段，系统的理论框架尚未形成，目前开展的研究都局限于试验阶段，还未上升到理论。针对生态环境的恶化与人为干扰，恢复生态水文学是生态水文学的重要组成部分，而目前生态修复的评价指标因研究领域的不同而异，没有统一的标准来衡量，迫切需要建立一个合理科学的生态环境综合评价指标体系。对于我国而言，生态水文恢复研究是未来需解决的重要问题。其重点区域是西部地区，西部生态重建、退耕还林还草的成功与否，关键就在于生态水文的控制与调节。

目前，UNESCO IHP－Ⅵ阶段（2002—2006年）项目计划已经出台，通过广泛征求全世界专家的意见，其生态水文学研究的目标是在流域尺度上进一步发展“生态水文学”方法的应用，考虑陆地和水域环境系统的功能，将水作为储存转移的媒介。其中有一个建议的项目活动是“水文系统的综合方法作为环境系统的组成在不同的气候、地理和人类活动下通过交叉研究，以辨明和模拟水、沉积物、营养物和污染物的传输路径”。

第二节 生态水文研究概况

一、草原生态水文过程研究进展

在国外，针对草原生态系统生态水文相关研究成果较多，包括地形、地下水、土壤性质、土地利用类型、水汽通量与植物生产力、碳氮循环、蒸散发、径流、入渗之间的相互作用关系。近几年的研究重点内容如下：Della Chiesa（2014）在意大利阿尔卑斯山一个相对干燥的地区 Vinschgau/Venosta 山谷在海拔1000m以上横断面上，探讨了海拔对干旱高寒草原生态系统地表水通量的影响，结果表明植物水分胁迫发生于海拔1000m以内，而只有温暖和干燥年份达1500m，2000m未发现水分胁迫。蒸散量（Evapo－Transpiration，ET）、地上生物量（Above Ground Biomass，AGB）和水分利用率（Water Use Efficiency，WUE）未随海拔而减少，但约在1500m中等海拔达最高值，呈现高海拔处植物生长季节较短而低海拔处出现水分胁迫的明显差异。Villalobos－Vega（2014）在巴西中部的热带稀树草原研究地下水埋深对地表植被的影响，表明新热带稀树草原，土壤表面和地下水位深度（雨季）最小距离以及地下水较大的波动限制了低海拔树的密度和多样性，因稀树草原的树木无法应对雨季的持续涝灾和旱季较低的土壤水分供应。因此，沿地形梯度树密度和多样性的变化与地下水位深度时空变化的相关性高于新热带稀树草原土壤和地下水的养分变化。Miguel（2014）的研究强调了由地衣、苔藓和蓝细菌形成的生物土壤结皮作为主要参与者在该循环中的重要性，与裸露地面区域相比，灌木植物 Retama sphaerocarpa 与中度覆盖生物结皮（25%～75%）提高了土壤水分保持率并减缓了干燥。我国黄土高原丘陵沟壑区小型流域的土壤水分含量垂直剖面研究表明在不同土层（0～20cm、20～160cm和160～300cm），平均土壤水分含量（Soil Water Content，SWC）受到土地利用类型的显著影响，一般情况下从大到小依次为梯田、荒废耕地、草地和林地（Wang Bing，2014）。Guan（2014）对非洲热带草原和林地进行大尺度物候分析，当年降雨量在600～1800mm时，雨季长度对树草覆盖率具有强烈的非线性影响。土地利用和土地覆盖（Land Use and Land Cover，LULC）会影响渗透及流域产汇流等水文过程。Sharma（2013）研究分析了一些常见的LULC类型对印度东北部径流产生的影响，结果发现 LULC 与不同高强度的降雨事件下土壤大孔性以及导致的渗透与地表径流产生能力密切相关，具有高度大孔性的原状森林土壤表现出较高的优先流和壤中流。Nasonova（2011）分析了气候要素驱动数据与地表参数的不确定性对全球地面水平衡要素估测的影响，降水数据集的不确定性转化为径流和蒸散的不确定性取决于实际蒸散与其潜在价值的比率。Deng Zhimin（2015）对汉江流域上游水文特征进行模拟，结果表明流入丹江口水库的年均径流呈增加的趋势，而土地利用变化对全年径流比对汛期径流具有更大的影响。Mosquera（2011）调查了厄瓜多尔南部的潮湿帕拉莫生态系统不同景观特征和水文之间的关系，利用线性回归分析了土壤类型、群落覆盖、流域面积、地质和地形对径流系数、径流率和蒸散的影响。Liu（2015）研究表明与实测的初级生产力（Gross Primary Productivity，GPP）和 ET 相比，农田和森林生态系统 MODIS - GPP 通常低估 GPP，而 MODIS - ET 高估 ET，对草原生态系统 MODIS - GPP 和 MODIS - ET 具有良好的估算精度。Patrícia（2015）利用 Bowen 比能量平衡法在巴西东北部半干旱草原进行微气象试验，量化草原能量和水汽交换的季节和昼夜变化，在干旱期低存储的土壤水分限制了产草量和叶面积指数，大部分年净辐射（58%）被消耗在感热通量上，蒸发百分率与叶面积指数呈线性相关，能量分配和蒸散的季节与昼夜变化由土壤水分供应和叶面积指数所控制。非洲疏林草原水文循环对草原土壤水起到决定性的影响进而影响碳氮循环（D'Odorico，2003）。墨西哥中部半干旱草地蒸散发与土壤水分变化研究表明蒸散发与表层土壤水分存在显著相关性，与根系平均土壤水分相关性不显著，半干旱环境下不适宜用根系深度平均土壤湿度预测蒸散发（Kurc，2004）。植被变化对区域水平衡的影响是目前国际水文科学最具活力的研究领域，大量研究表明大尺度土地覆盖与土地利用变化是导致区域气候变化的重要因素，其中以水分、热量传输变化为改变气候的主要方式（Hutjes，1998）。国际地圈生物圈计划（International Geosphere Biosphere Project，IGBP）将水循环与生物圈作用研究一直作为其核心计划（Zhang，2001；Dawson，1993）。

我国学者对草原生态水文相关研究成果亦较多，大都聚焦于新疆塔里木河流域、黑河流域、石羊河流域的寒区草原与荒漠绿洲以及黄土丘陵沟壑区灌草群落生态系统。高寒草甸草地研究表明群落盖度与土壤水分之间，尤其是 20cm 深度范围内土壤水分随群落盖度呈二次抛物线形趋势增加（王根绪等，2003）。草地植被对土壤田间持水量影响较大，不同草地退化程度下地表覆被状况、植物根系生物量以及分布特征引起土壤容重、有机质等发生变化，可能是进一步导致土壤持水性差异的主要原因（易湘生等，2012）。黄河源区典型草地水文循环研究表明不同盖度下土壤稳定入渗率不同，群落盖度高的地区比群落盖度低的地区入渗速率小，土壤水分与海拔相关性较强（王军德，2006）。侯琼等（2011）基于 SPAC 原理依托农田水分平衡方程建立了 0～100cm 土层的土壤水分平衡模型，可以用来描述典型草原水分平衡和模拟土壤水分，这对于草原水循环模拟具有较大意义。云文丽（2006）研究了典型草原生态水文过程，得出群落变化与地表径流系数之间的作用关系。苗白岭（2006）研究了典型草原群落指标对地表径流的影响。于红博（2009）以鄂尔多斯高原皇甫川流域为研究区，利用点面结合的方式建立了植物蒸腾和群落蒸散模型，在植物叶片—个体—群落—景观尺度上实现了尺度转换，模型模拟效果较好。

二、蒸散发研究进展

蒸散（ET）是每种土地利用类型中水循环的重要组成部分，对提高流域水资源管理效率起着重要作用（Lian et al.，2015）。生态系统蒸散发将地表能量和水分平衡联系起来，这对区域气候的形成和演变非常重要（Li，2016）。在全球变化研究中，干旱草地生态系统已成为一个重要的研究热点。了解干旱区草地蒸散量和水分利用效率的时空格局对畜牧业生产和生态保护具有重要意义（Huang，2017）。作物蒸散量模型可以分为温度估计模型（例如 Blaney - Criddle、Hargreaves - Samani、Hamon、Thornthwaite、Baier - Robertson、Linacre Equations）；辐射模型（例如 Makkink、Priestley - Taylor、Turc Equations）；传质模型（例如 Rohwer、Trabert - Mahringer Equations）以及上述模型的组合（例如 Penman、Monteith、Kimberly - Penman、Penman - Monteith Equations）。

Huang（2017）以新疆为例，利用 Biome - BGC 模型，研究干旱区草地蒸散和水分利用效率的时空模式，认为新疆草原草地 ET 的时空格局受降水量和温度的影响，温度低则 ET 也相对较低，且由于干旱缺水，降水量的影响大于温度。Ma（2015）使用能量平衡—波文比能量平衡方法，观测了半干旱高寒草原地区连续两年的 ET 变化，分析得出年蒸散量接近年降水量，在季节尺度上，ET 在雨季较高（占 ET 年增加值的 70%），而在过渡期和冻土期则低得多。Li（2016）利用涡度相关技术，对内蒙古东部温带草甸 2008—2013 年连续 6 年的水汽通量进行了连续观测，结果表明研究区日蒸散量的季节变化呈现单峰模式，其中 72%在 5—9 月生长季发生。累积蒸散量大于降水量，由于周围沙丘补给量增加，蒸散量不受降水限制，净辐射和水汽压亏缺共同控制着蒸散过程。Grygoruk（2014）利用准三维非饱和地下水流模型揭示实际蒸散量与昼间潜水位动态之间的反馈关系，得出沼泽扩张不仅引发潜在生物多样性的丧失，而且使蒸散量增加，造成严重的水分损失。IiSPL（2005）调查了美国北加利福尼亚州内华达山脉恢复和退化草地的水文生态状况，通过比较两个退化和修复草地以及它们的 ET 状况，发现修复草地的日均 ET（5～6.5mm/d）约为退化草地（1.5～4mm/d）的 2 倍。Fei（2013）认为将蒸散（ET）拆分为土壤蒸发（Ea）和植物蒸腾（Tr）来了解生态系统水分平衡对气候变暖的响应具有重要意义，他在青藏高原高山草甸进行了增加红外辐射的田间试验，Tr 刺激是造成大部分 ET 变化的主要原因，也是青藏高原高寒草甸生态系统土壤表层干燥的主要原因。Armstrong（2015）认为大面积蒸发量的估算往往是通过经验方案或间接通过水和能量预算计算得出的，可以利用集成遥感影像和地面参考数据的能量和质量平衡方法测量广大地区的蒸散发分布。Armstrong（2007）利用寒冷区水文模型连续 46 年的物理模拟，每年以正常期（1971—2000 年）、干旱期和多水期（1999—2005 年）的特征为基准，分析多年生紫花苜蓿生长季（5 月 1 日—9 月 30 日）每日估算和季节合计的蒸发量，得出在加拿大草原的半湿润地区，生长季蒸发量集中在一个狭窄的范围内，相反由于气候和表面状态的快速变化，半干旱的 Palliser 三角地区的分布通常数值区间较大，每年的变化也很大。Burn（2007）对加拿大草原 48 个地点 3 个分析时段的蒸发数据进行了趋势分析，分析发现 6 月、7 月、8 月、10 月和暖季蒸发量呈显著下降趋势，4 月呈增长趋势，典型的趋势是北方地区增加，南方地区降低，风速对减少趋势有更多的影响，水汽压亏缺对增加趋势有更多的影响。Zhang（2017）采用波文比能量平衡法对 2012—2013 年青海湖流域三种典型生态系统的表层能量通量和 ET 进行了研究，发现不同生态系统之间能量分配存在较大差异，青海湖流域高寒生态系统日均 ET 波动主要受辐射的控制，特别是在生长季节，而在降水量低的生态系统 ET 也受到土壤含水量的控制。Yan（2017）为了验证九寨沟森林的蒸散量（ET）的增加与径流减少的关系，在 2013 年 8 月至 2015 年 12 月期间在一个典型的次生林上进行了长期的田间试验，结果表明高海拔、大气湿度大、年平均气温较低，年蒸散量相对较大，长江流域森林恢复高 ET 值是以降低径流量为代价的，导致河流枯竭。Zheng（2017）在研究了 14 个 PET（Potential Evapo - Transpiration）模型，以评估它们代表的中国不同生物群落和气候状况下 8 个生态系统大气蒸发需求量级和长期动态的能力，结果表明只有 3 个 PET 模型可以产生合理的蒸发需求量。Chang（2017）采用 Penman - Monteith（P - M）、Priestley - Taylor（PT）、Hargreaves - Samani（HS）和 Mahringer（MG）4 种代表方法估算 ET，并与 ET 测量值进行比较，结果表明 PM 法具有更好的性能，且 MG 低估了所有高寒草甸地区的 ET。Li（2015）利用 Penman - Monteith（P - M）遥感模型，提出了一种计算蒸发量的新方法，利用基于 MODIS 遥感叶面积指数的 PM 模型以及土壤蒸发系数分别估算植物蒸腾和土壤蒸发，实现了子牙河流域日蒸散量的有效估算。Song（2018）开发了一个基于土壤吸力的预测裸露沙地表面水分蒸发的模型，通过在干土层内引入相对湿度分布函数，还考虑了干土层在蒸发过程中的进程影响，结果表明仅仅考虑空气相对湿度作为蒸发驱动力是不合适的，此外发现干燥土层对实际蒸发的影响显著。综上可见对蒸散发研究的成果较多，但是针对荒漠草原的研究成果鲜见，尤其对蒸散发季节变化、蒸发与蒸腾的拆分、降雨对蒸散发的影响以及蒸散发与群落因子的相关关系有待进一步系统化研究。

三、径流产流机制研究进展

降雨径流过程是水文循环的重要组成部分，它决定了洪水的发生及其强度。因此，详细掌握降雨径流过程对防洪和水资源管理与水文建模至关重要（Tarboton，2003）。由于不同的气候以及不同的地表覆被，往往导致水文循环发生变化，进一步使土壤水、潜水位甚至深层地下水位发生变化。因此，无论是建立一个新的适合当地气候地貌背景的水文模型或是在大量现有的水文模型中选择适应性较好的模型，正确认识不同气候条件或特殊研究区域的水文过程都是至关重要的（Zhao，2014）。

干旱、半干旱地区的植物种类繁多并以群落或呈斑块分布，是荒漠地区植被分布的典型特征（Shachak M，1998；Mabbutt，1987）。内蒙古荒漠草原大多处于干旱半干旱区，生态系统脆弱，植物生长主要依靠降雨，土壤水是植物生长的水分来源，植被覆盖增大地表粗糙度（Jordán，2010；Bajracharya，1998；Li，1991）、降低了雨滴的动能（Dunne，1979；Walling，2003；Schlesinger，1999）、阻碍坡面水流速度（Brazier，2007；Bronstert，2002）、拦截径流减少土壤流失并增加水分渗透（Holko，2008），对土壤水分及地表径流的影响显著（Alansi，2009）。人类活动对植被覆盖、土壤等下垫面产生直接影响，水文过程对扰动后的下垫面响应会产生重要的变化（Wahren，2009；Shougrakpam，2010），进而增加了草原区流域内的水文计算与模拟的复杂性。由于自然条件和人为干扰，荒漠草原植被呈现出不同程度的退化，植物群落优势种发生变化，群落的高度、密度差异较大，不同退化程度的草地降雨径流过程亦表现出显著的差异性。同时草原退化会导致土壤渗透速率降低，易产生坡面径流和地表土壤侵蚀，增加径流泥沙含量和养分损失（Thornes，1987；Trimble，1990；Stocking，1994；Morgan，1995），致使植物生长发育中可获得的土壤水分减少（Braud，2001；Chatterjea，1998）。据此进行人类活动影响下不同退化程度草地的降雨径流过程研究，揭示草地群落特征与降雨水分再分配过程之间的关系，对人类活动影响下的草原生态水文过程的深刻认识及草原区植被修复、水资源管理等具有重要价值。

降雨径流过程的研究多见于在不同的区域内开展关于土地利用、地表植被、土壤对径流发生机理的研究。Yu（1997）研究了澳大利亚和东南亚的热带与亚热带地区6个地点plot - scale降雨径流特征，Wainwright（2000）通过模拟降雨实验研究了美国西南部plot - scale（1～500m^2）不同植被条件下的径流产流过程。土地利用和土地覆盖的时间动态变化影响土壤的物理性质，进一步对降雨产流产生重要影响（Bronstert，2002；Holko，2008；Alansi，2009；Wahren，2009；Shougrakpam，2010）。植被显著影响径流泥沙含量（Thornes，1987；Trimble，1990；Stocking，1994；Stocking，1995；Braud，2001），因此植被建植一直以来被认为是一种有效的防止水土流失，延缓径流发生的有效方法（Morgan，1995）。天然暴雨下径流小区尺度上裸地对降雨的响应产流比草地更迅速且显著（Chatterjea，1998）。还有研究表明，干燥条件下地表径流会增加（Burch，1989；Buttle，1999；Miyata，2007；Gomi，2008），地表入渗条件的变化是干燥条件下地表径流增加的主要原因。例如，Burch（1989）研究澳大利亚东南部的桉树林山坡发现，由于入渗条件的变化，在干燥的夏季或干旱时期，径流效率从5%提高到15%。坡面流的流速、流深和摩擦系数之间的关系等水力特性也受到广泛的关注（Foster，1984；Gilley，1990；Govers，1992；Abrahams，1996；Nearing，1997）。

总之，上述研究大部分是在模拟降雨或者天然降雨条件下人工植被的试验小区进行的，人工降雨模拟条件下的径流相关研究虽然有了径流产生过程，但是植被毕竟不是自然的，天然降雨条件下的研究又往往缺乏径流发生发展过程，而对于草原区来说进行降雨径流过程的研究与林地、坡耕地及人工建植草地相比较少，干旱半干旱荒漠草原进行降雨径流过程的研究成果更为少见。

径流的产生依赖于自然降雨，但由于自然降雨的雨滴大小、雨滴能量以及空间和时间分布变异性较强，给径流研究带来较大限制。与此相比，模拟降雨可以在实验室或者现场试验快速收集重复性的数据（Miller，1987；Esteves，2000），可以控制降雨量、降雨强度和时间（Meyer，1994），对降雨、入渗及径流之间的关系可以进行量化研究（Meyer，1994；Seeger，2007；Grace Ⅲ，1998；Wilson，2004），是获取降雨径流过程中土壤水分运动的重要研究方法（Han，2011；Jordan，2008；Kato，2009）。据此，模拟降雨已被广泛应用于预测各种系统地表径流，包括耕地土壤（Elliot，1989；Loch，1989；Meyer，1984）、森林土壤（Croke，1999；Martínez - Zavala，2008）、未铺砌的道路（Croke，2006；Ziegler，2000；Jordán - López，2009）和矿山复垦区（Loch，2000；Sheridan，2000）以及人工草地（Zhao，2014），然而对干旱半干旱地区荒漠草原进行野外现场模拟降雨开展水文过程的研究很少，尤其降雨过程中土壤水分运动、径流形成机制的研究更少。

四、土壤水分相关研究进展

土壤水分是连接气候变化和植被覆盖动态的关键因子，对不同地区的不同植被类型土壤水分平衡要素的确定，是一个研究较早但始终未能解决的水文科学问题（赵文智，2001）。干旱地区降雨时空分布不均，流域下垫面条件复杂，局部产汇流现象普遍，土壤水分异质性高，因而土壤水运动计算的难度较大，这也是该类地区水文模型难以取得较好进展的客观原因。近年来半干旱地区水文模拟中逐渐考虑土壤水运动，如山西的“双超”（超持、超渗）模型，蓄满—超渗兼容产流等水文模型等（林三益，2001；赵人俊，1984；陈玉林，2003；雒文生，1992）。虽然其形式各样，但是研究者们都有一个共同的认识，在半干旱地区，超渗产流方式和蓄满产流方式并存，在某些类型降雨和某些地类、植被、地形等条件下，径流成分中以超渗产流为主，某些条件下以蓄满产流为主，某些条件下也有可能两种产流方式并存（包为民，1997；胡彩虹，2003；曹丽娟，2005）。

在干旱和半干旱地区，灌溉管理在很大程度上取决于及时、准确地掌握根区土壤水分的时空分布特征（Vereecken，2008；Kumar，2012），水资源的可持续管理也需要进一步摸清土壤中根系吸水和植物冠层蒸腾的生物物理过程（Green，2006）。植物对水分胁迫环境的一切适应特征都直接或间接地与植物对水分资源的利用有关，也形成多样的水分利用方式。但在不同适应机理中，根系对土壤水分的调节作用即植物根系—土壤水分再分配被认为是植物适应干旱环境的最重要的生态对策之一（李锋瑞，2008），据此近些年来研究根区土壤水分分布与再分配的成果较多。气候因子（尤其是降水条件）即脉冲式降水的降水时间、降水量、降水强度和频率直接影响干旱荒漠地区水分再分配的发生过程（Hultine，2004）。土壤水分的有效性及其空间分布格局、土壤质地、根系类型（如深根系和浅根系）以及不同土层中根密度和根生物量的分布状态等，也通过直接影响根-土系统中的水力导度结构，从而影响水分再分配的发生过程（Zou，2005；Meinzer，2004）。通过文献检索发现研究乔灌木及农作物根区水分的成果偏多。例如梭梭根区土壤存在“湿岛”效应，且这种效应夏季比春季、雨后比雨前明显（杨艳凤，2011）。朱海（2017）也对不同龄阶的梭梭根区土壤水分时空变化进行了研究，得出土壤水分垂向分布为双峰曲线形。针对侧柏、刺槐、油松细根表面积垂直分布与剖面土壤水分进行的研究表明两者间呈显著的正相关关系，树木细根表面积动态与土壤含水量的季节动态不完全一致，侧柏、刺槐、油松生长所需的水分约87%来自降水的补给（王迪海，2010）。还有学者研究了滴灌可缩短枣林细根最大分布深度，滴灌条件下密植枣林整体根系较浅，有利于减轻深层土壤水分消耗（刘晓丽，2013）。Kleidon（1998）把根系深度作为植物水分亏缺的基础判别指标，认为根系深度是水分供应有限状况下全球植被的一个重要参数，但在有关植被及大气水分和碳传输流动过程的研究中，很少有人关注根系深度这个参数的重要性，在全球气候模型中如果根系深度增加会导致较高的水分供应，对植物水文循环和净初级生产力有深远的影响。根区土壤水分处于土壤—植物—大气连续体（Soil - Plant - Atmosphere Continuum，SPAC）的核心位置，对干旱半干旱地区作物生长、植被恢复和水土流失过程均具有重要影响（王云强，2012；姚淑霞，2013）。Wagner（1999）构建了一个估算根区土壤水分的半经验模型，即指数滤波法，该方法将表层和根区土壤水分通过一定的物理假设联系起来，然后通过求解得到根区土壤水分。AIbergel（2008）以此为基础又发展了指数滤波的迭代形式，由于其所需参数较少，计算效率高，近年来在估算根区土壤水分方面得到了推崇。草原区根区土壤水分研究大多研究了土壤水分运移（张源沛，2013）以及对降雨分布格局的响应。其中荒漠草原土壤水分的研究表明地表以下15cm处的土壤水分对5mm以下降雨事件没有响应，18mm以上的降雨对该土层土壤水分才具有较强的补充作用（常昌明，2016）。除此之外，应用同位素法研究草原植物水分利用来源等。但是荒漠草原土壤水储水量的变化、土壤含水量与植物群落以及降雨后土壤水的运动过程研究成果罕见，有待定量化研究。

五、植被对水文过程响应研究进展

植被与水分、能量和物质的耦合循环机理是研究陆面与大气、水文与植被等相互作用的基础，是生态水文学研究的主要内容也是研究的难点。而植物生态最优性意图刻画植物对水文土壤环境的响应表现，近些年逐渐应用于生态水文学。Ruddell（2009）采用信息流理论描述大气、植物、能量、水分以及二氧化碳之间的相互反馈作用，以此识别生态系统的基本机制。早在19世纪，达尔文及其他生物进化论者指出，自然选择下的适应性是生物具有的普遍特征，由此提出了生物进化论中的最优性原理（Parker，1990）。随后最优原理被引入植物生态生理学研究中，对于估算叶片尺度上的气体交换，Cowan（1977）认为，在给定的蒸腾条件下为了使光合作用达到最大，植物可使气孔导度达到最优值。Cowan（2002）把植物的最优性描述为一系列相互联系的最优化目标，即养分、阳光和水分的最优化利用。Mäkelä（2002）认为基于自然选择和进化的生物最优性原理可以用于建立预测模型，用于研究环境变化的生态响应。Donohue（2007）认为，在水分受限的环境中，可利用水分和植物之间的密切关系，多年生植物的叶面积可以根据土壤水分状况来预测，这意味着存在一个随微气象条件而改变的动态生态水文过程。Hatton（1997）认为，应该在大尺度内寻找某种简单的生态水文平衡规律，Eagleson（2002）总结了这方面的研究成果，提出3个生态系统最优假设来模拟和分析多年尺度的水量平衡。Rodriguez-Iturbe（2000）及其研究小组在Eagleson（2002）的研究基础上，提出了基于最优原理的随机土壤水动力模型，认为植物生长的最优原则是使得植被全体的水分胁迫达到最小。Mackay（2001）探讨了自然流域可能存在“生态水文平衡状态”，认为松叶林的冠层密度可以用一个水文平衡状态来解释，而这个平衡状态主要受土壤水分、大气湿度以及可利用氮控制。生态最优性原理被应用于植被与水文过程的相互作用研究，尚处于探索阶段，还需要大量的科学试验研究（Kerkhoff，2004）。

六、水文过程模拟研究进展

为预测人为造成的气候变化对全球水资源短缺的影响，水文影响分析已经成为研究的热点（Kundzewicz，2007）。水文学家依靠水文模型模拟水文响应的过程（SPraskievicz，2009）来提高对水文过程的认识。通过水文模型对水文过程进行模拟，已经逐渐成为研究水文循环及其对环境变化响应的重要方法（赵人俊，1984；文康，1991）。水文模型是定量评估流域生态水文对环境变化响应的重要工具（Arora，2002；孙晓敏，2010），其通过对水文过程的参数化来达到对水文过程的认识，从而进一步研究水文规律，优化水资源的配置。对水文过程的模拟研究国内外有很多研究实例。Bellot（2013）等开发了一个新的概念模拟方法（HYDROBAL），应用在西班牙东南部半干旱地区的6种植被覆盖类型上，校正后的模型能够准确模拟每种植被类型下的土壤水分。Touhami等（2013）在地中海利用同样的模型评估了该地区的地下水补给，结果显示在不同的水文年份地下水补给率存在差异。为了对欧洲喀斯特地区地下水补给有更清楚的认识，Hartmann等（2011）应用VarKarst-R模型（考虑岩溶过程）对这一过程进行了模拟，模拟结果与观测的数据一致，这个模型改善了卡斯特地区的水分平衡计算方法，为水资源管理提供了新的手段。Vilaysane（2015）在老挝南部Xedone流域，应用SWAT（Soil and Water Assessment Tool）模型模拟了径流量，该流域主要是林地、农田和灌木林，校准后的模型显示了良好的性能，SWAT模型在该地区的成功应用，对该区域的大坝建设规划和洪水灾害预警管理有重要意义。空间和时间序列数据的局限性，是定量分析径流过程的主要限制因素，而应用遥感和GIS结合水文模型可成功获得输入变量的空间分布序列，从而为水文模型的校准验证提供了条件。在此基础上Pampaniya等（2015）将ArcGIS和HECHMS模型相结合，应用在印度农业区Hadaf流域的径流模拟，模拟结果为水利工程提供了重要的指导意义。

虽然水文模型的应用与开发在我国起步较晚，但是近年来我国取得了较多的研究成果（王凌河，2009）。Wang等（2017）为了明确退耕还林政策使黄土高原植被得到恢复后对流入黄河的径流的影响，选取黄河支流渭河中上游作为研究区，应用SWAT模型研究土地利用变化对径流的影响，设置了5种土地利用变化模式，研究结果表明随着耕地转变为林地面积的增加使年径流也逐渐增加。赵求东等（2011）在西北高山旱区阿克苏流域应用改进的VIC（Variable Infiltration Capacity）模型定量评估了该流域的径流变化，证明模型在西北高寒山区的适用性以及对西部地区水资源管理的重要意义。郑邵伟（2010）使用森林流域水文模型（Forest Catchment Hydrologic Model，FCHM）模拟分析长江上游森林植被变化下的平通河流域和刘家河流域的森林水文过程，随着森林覆盖度的升高、林冠截留量的增加和土壤入渗能力的改善，使得径流成分比例也随之发生变化，地表径流逐渐减少，快速流转为慢速流，延长了流域降水回流时间，洪峰得以减少。

尽管在水文模型的模拟过程中存在着不确定性，但是水文模型已成为地理学、水文学等学科研究气候变化和城市发展对水资源的影响以及预测未来发展情景下对水资源潜在的影响范围的重要工具（SPraskievicz，2009）。

七、气候变化对水文影响的研究进展

IPCC（Intergovernmental Panel on Climate Change）第五次气候变化评估报告指出：全球变暖已经发生，在过去130年间，全球升温约为0.85℃，降雨极端事件发生率升高，干湿地区以及干湿季节降水差异将会增大（IPCC，2013）。在此背景下，气候变化对水文水资源的影响就成为了新的研究热点，并且一些国际组织以及科研机构已经着手开展相关研究，如 AIACC 项目组、世界气象组织（World Meteorological Organization，WMO）等。

气候变化会改变水文循环现状，影响水资源的时空分配，并对降水、径流、土壤湿度、蒸发等造成直接或间接的影响（张建云，2009）。水资源的时空分布进一步影响生态环境和社会经济发展。近年来，国内外学者开展了大量的关于气候变化对水文水资源影响的研究，并取得了重要的成果。

关于气候变化对水文水资源影响的研究，国外起步较早。早在 20 世纪 70 年代美国国家研究协会就探讨了气候变化与供水的相互影响和相关关系。再到 2007 年在意大利召开的国际大地测量学与地球物理学联合会（International Union of Geodesy and Geophysics，IUGG）大会再一次探讨了气候变化对水文水资源的影响。这期间国际学会组织机构开展了对于这一问题的众多国际性会议（张利平，2008）。从最初对这一问题的关注到现在，国外学者进行了大量的工作，并取得了一定的成果。一些学者通过假定气候情景对气候与水文关系进行研究。如 Franczyk 等（2009）认为流域高度城市化对气候变化的径流响应更敏感，美国波特兰 Rock Creek 流域在年均气温升高 1.2℃、年均降雨量增加 2%的气候变化和更高密集化城市发展影响下，年均径流深至少增加 5.2%。Bajracharya 等（2009）在尼泊尔 Kaligandaki 流域通过设定未来气候变化的情景，研究了水文状况的变化，结果显示在温度升高和降雨增加的情况下径流增加明显，并且在该流域高海拔地区融雪、蒸散发和水量受温度和降水影响最大。Arnell 等（2018）也通过设定气候变化的情景研究了气候变化对全球尺度的洪水风险影响，在 HadCM3 和 SRES A1b 两个情景下，未来洪水次数将有所增加。也有一些学者通过分析多年的气象数据和水文数据对这一问题进行探索。如 Stockton（1979）通过经验验证法对气温、降水变化对水文因子的影响进行了评价。Coles 等（2018）通过分析 52 年的降雨、温度、积雪面积、土壤含水量以及径流数据发现春季融雪径流量对冬季降雪十分敏感，冬季降雪的减少会导致春季融雪径流的大幅度下降。Nigel（2004）对径流变化的趋势分析发现气候变化对径流的影响存在区域差异性。Mahe 等（2013）通过分析气象数据和水文数据发现降雨量减少 20%会导致径流量下降 60%，但这种影响是非线性的。Sorg 等（2012）通过遥感数据分析冰川的动态，发现温度的增加使得冰川面积减小，但对于径流的贡献不大，径流没有明显变化，他们认为这可能是由于降水和蒸发的抵消作用导致的。

我国对于水文水资源响应气候变化的研究起步于 20 世纪 80 年代（刘春蓁，2004）。此后为研究气候变化对水文水资源的影响，我国在主要流域开展了许多重大项目（夏军，2011；张建云，1996；水利部，2008；王国庆，2005）。随着研究的不断深入，学者们也取得了一定的成果。王怀志等（2017）研究了秦淮河流域在降雨量上升或气温降低的情况下都会增加径流量，实际蒸散发与温度的响应不明显。王进等（2017）通过渭河流域实测的水文、气象等资料分析了渭河水文要素对气候变化的响应，气候变暖使得年降水量和径流量呈下降趋势。粟晓玲等（2007）通过分析实测气象数据和水文数据，定量研究了渭河流域入黄河径流对人类活动和气候变化的响应。梁颖珊（2017）也研究了相似的问题，通过 56 年实测径流数据分析人类活动和气候变化对增江流域径流变化的影响。Qin 等（2017）应用基于地貌的生态水文模型评估了青藏高原东北部冻原和生态水文过程对气候变化的响应，随着气温升高径流增加，冻原面积减少。

八、土地利用变化对水文影响的研究进展

土地利用变化和气候变化是水文变化的两个最重要的驱动力（Khoi and Suetsugi，2014；Kundu，2017；Trang，2017）。在短时间尺度上土地利用对水文变化的影响是比较明显的（Vorosrnarty，2000）。土地利用通过直接改变景观条件和下垫面属性而影响水文过程，如蒸散发、截留、入渗和地表径流过程（Molina - Navarro，2014；Cuo，2016）。对于土地利用变化对水文的影响国内外研究成果丰硕。土地利用的改变，如森林覆盖减少、居民点增加以及过度放牧等，都会改变流域的水文响应（Asbjornsen，2011；Abbas，2015）。Worku 等（2017）应用水文模型结合 GIS 在 Beressa 流域研究了城市化进程中土地利用变化对水文循环的影响。在城市化进程中农田和居民点面积增加，导致了径流和泥沙量的明显增加。Chanasyk（2003）在加拿大西南部 Stavely 研究站开展了对不同放牧梯度草地的径流模拟研究，结果显示径流量随着放牧强度的增加而增大。Chaubey 等（2010）认为，过度放牧会导致水土流失，合理放牧管理措施可以有效保持水土。Hernández - Guzmán 等（2008）分析遥感数据得到降雨时间序列数据，通过曲线法评估径流对不同土地利用的响应，该地区的土地利用发生变化，径流总量不存在很大差异，但径流时间变异较大。郭军庭（2014）对潮河流域的研究认为当土地利用转变为灌林地和草地时会增加径流量，而变为林地和耕地会减少径流。郝芳华等（2004）通过假定土地利用情景分析土地利用变化对径流和产沙的影响发现森林和草地会减少产沙量，同时会减少径流量，而农田则导致产沙量的增加。郭洪伟等（2016）通过水文模型研究了南四湖流域生态系统产水功能对土地利用的响应，城市用地增加和农用地的减少使得产水量增加。

九、SWAT 模型应用进展

SWAT（Soil and Water Assessment Tool）模型开发的目的是在具有不同土壤类型、土地利用类型和管理条件特征的大尺度复杂流域内，预测评价土地利用和管理等人类活动对流域水循环、泥沙、农业污染物质迁移的长期影响和作用（Neitsch et al.，2000）。

自模型面世至今，已经广泛应用于世界不同区域。自 1996 年开始，Arnold 等（1998，2005）在美国选取不同流域作为研究对象，分别在不同尺度的流域对 SWAT 模型的适用性进行了验证。Easton 等（2010）在埃塞俄比亚的青尼罗河的多个流域（面积 1.3～174000km^2）内运用 SWAT 模型，分析径流和泥沙来源，结果显示小面积景观产生的径流对控制水土侵蚀和保护水源最有效。Yesuf 等（2015）在埃塞俄比亚东北高原的 Maybar 典型流域应用 SWAT 模型确定土壤侵蚀过程，评估泥沙在湖底的沉积量，对埃塞俄比亚的高原流域管理提供了理论支持。Ghaffari 等（2010）认为过度放牧和土地利用由草地转为农业和裸地的水文响应是非线性的，并且存在阈值效应，当牧场转变 60%时径流急剧增加。

在国内，王中根等（2003）将 SWAT 模型引入我国西北寒旱区，验证了模型的适用性。黄清华等（2004）在黑河流域干流山区流域中应用了 SWAT 模型，通过率定模型能较好地模拟高海拔山区流域多水源径流。郑捷（2011）考虑平原灌区灌溉渠道、排水沟和河道等人工干扰，在沟渠河网的提取方法、子流域与水文响应单元的划分以及作物耗水量

计算模块等方面对SWAT模型进行了改进。赦芳华等（2003）分析了黄河下游支流洛河上游卢氏水文站以上流域亚流域划分数量以及土地利用变化和降雨的空间不确定性对模拟产流量和产沙量的影响。王学等（2013）在白马河流域研究了土地利用变化对径流的响应，认为林地、灌木林地和居民点和建设用地对径流产生有促进作用，而耕地有抑制作用。

目前，SWAT模型在我国长江流域、黄河流域、海河流域、淮河流域、太湖流域、汉江流域应用较多，并取得了一定进展（姚海芳，2015），而在草原区SWAT模型应用相对较少。张超（2016）在青海湖高寒草地布哈河流域运用SWAT模型开展了不同植被盖度对径流的影响研究。段超宇（2014）对锡林河流域融雪径流进行了模拟，结果显示SWAT模型对细化流域降水-径流分配的径流模拟具有不同的精度，即平水年＞偏丰水年＞丰水年＞偏枯水年＞枯水年，体现出SWAT模型在中国北方寒旱区丰水年和平水年具有较好的可操作性。史晓亮（2013）在滦河流域的研究认为林地向草地转变会增加径流量。姚苏红也对滦河支流闪电河流域径流进行了模拟，通过调整融雪参数，精度相对提高。杨立哲（2014）对锡林河流域在气候变化和草地退化不同的情景下研究了该流域的水文过程，温度升高会降低径流量，草地覆盖度降低径流量增加。任曼丽（2013）对新疆艾比湖流域径流模拟发现，与耕地相比草地对径流的调蓄作用较低，应加大未利用地的治理力度，保护耕地，并且指出适当增加耕地面积能提高水土保持能力。宋一凡（2015）对荒漠草原区艾不盖河流域进行了水文模拟研究，该流域上游为农牧交错带，通过不同年份的土地利用（草地转换为农田）对水文过程进行了分析，得出草地减少径流量增加的研究结果。

第三节　生态水文学中存在的问题

生态水文学虽然已在森林、草地、农田、湿地、河流湖库研究中得到了充分的应用与发展，但大多数关注的是单一生态系统的实验观测、机理探索、数值模拟等。随着地球系统物质交换、能量传递的频繁，人类活动和气候变化扰动的不断加剧，全球系统均面临着生态系统退化、水土流失、水污染、洪涝、干旱等问题。对于单一系统小尺度生态水文过程而言，在探究以上问题的成因、辨识其关键影响因素并制定对策等方面仍存在诸多问题与挑战，如生态水文多要素同步观测与融合、单点尺度或田间尺度生态水文规律向流域或全球尺度的转换机制、气候变化和高强度人类活动等对生态水文过程多重影响的检测与归因、流域尺度生态与水文过程要素双向耦合和系统模拟等。

通过梳理与草原生态系统相关的植被、水文、土壤水、径流与入渗等对水文过程响应的相关文献发现，荒漠草原生态水文仍存在如下问题亟需探索与研究：

（1）大江大河流域水文过程重视程度高且研究成果较成熟，北方内陆河流域研究成果少、缺乏系统性，草原水文过程蒸散发研究成果较多，降雨产流机制研究偏少，植物对水文过程的响应研究成果多见于对地下水、降雨的响应，土壤水及空间异质性对群落特征的影响研究成果少。而荒漠草原水文过程研究成果更少，水文过程各环节要素（降雨、入渗、径流、蒸散发、渗漏）及水量平衡的定量描述有待于通过野外试验厘清，为植被恢复与水资源可持续管理提供基础数据。

(2) 水文过程中土壤水运移虽有较多模型，但是考虑降雨作用下以及不同植被退化程度影响下的土壤水分运动过程尚需要大量的试验研究与模型模拟，这对该地区生态水文过程认识与模拟具有重要意义。

(3) 生态水文相互作用，植被对水文过程的响应基于木本植物的相关研究较多，对于草本植物对环境协同水文过程的响应需要开展相关试验研究，这将极有利于对草原生态系统生态水文过程的刻画，并对生态系统恢复以及水资源管理都具有重要意义。

因此，未来亟待增强生态水文学科各生态系统之间、生态水文各过程间的紧密联系和作用关系探索，在水、土、气、生多要素综合观测、生态水文多过程作用以及环境变化和人类活动的影响机制、综合模拟与系统集成、多学科交融等方面加强探索，最终完善生态水文学的基础研究框架、理论体系和技术方法。

第二章

研究区自然概况

第一节　自然地理概况

一、塔布河流域自然地理概况

塔布河位于内蒙古自治区中部，发源于包头市固阳县大庙乡大南沟西南山顶。流经武川县北部、达尔罕茂明安联合旗南部，然后由南向北纵惯四子王旗农牧区，流入红格尔水库。水库上游约60km设有西厂汉营水文站，控制面积2975km^2，地理坐标为东经110°34′～112°11′，北纬41°02′～42°23′。

（一）塔布河流域气候、水文特征

塔布河长度约为323.2km，弯曲系数为1.64，平均坡降为1/331，流域总面积约为11191km^2（王心源，2004），产流面积约为7275km^2。其中大部分位于四子王旗境内，较大支流有乌兰花河、白音脑包河、大青河、席边河、鹟佬温克旗河、乌忽图高勒河、乌兰依了更河，流域面积均在200km^{2}以上。由于塔布河流域降水稀少，导致河流发育不良，河网密度小，支流甚多，属于降水补给型河流，因此以季节性河流为主。

塔布河流域所处地区属温带大陆性气候。流域内昼夜温差大，寒暑变化强烈冬季寒冷时间长，夏季短促而温热。据气象数据统计无霜期较短在95～217d，由南向北逐渐减少。流域内水资源不足，降水稀少，常常是十年九旱。6—9月降水占全年总降水量的70%以上。年均降水量仅为134～340mm。流域内多年平均气温在5℃以下。太阳辐射量约为60MJ/m^2，年蒸发量为2293.7mm，是降水的7倍。大风日数多，8级以上大风年均在50d以上，流域内盛行北风和西北风，平均风速4.5m/s。日照充足，年日照时数大约为3062h。

（二）塔布河流域地质地貌特征

塔布河流域地处大青山北麓，地形复杂，主要由北部高平原和南部低山丘陵地貌组成，海拔范围在1360～1700m之间。地质构造主要由花岗岩、细砂岩、冲积一红砂岩砂质泥岩和湖积砂质黏土组成。塔布河流域土壤主要以栗钙土为主，河流两岸土种以浅黄色和灰白色半胶结砂砾为主，质地类型为砂壤土和黏质砂土。塔布河流域土壤类型主要包括暗栗钙土、风沙土、灰褐土等。

（三）塔布河流域植被特征

由于塔布河流域分布区域广阔，植物种类繁多，一般具有耐寒抗旱特点。该流域位于荒漠草原与典型草原过渡带，地带性植被为克氏针茅（*Stipa krylovii*）和短花针茅（*Stipa breviflora*），同时分布较广的还有小针茅（*Stipa klemenzii*）、羊草（*Leymus chinensis*），还有冷蒿（*Artemisia frigida*）、糙隐子草（*Cleistogenes squarrosa*）、冰草（*Agropyron cristatum*）和银灰旋花（*Convolvulus ammannii*）等。

二、上东河流域自然地理概况

上东河小流域属于塔布河的支流，地理位置如图 2-1 所示。希拉穆仁草原位于北纬 41°12′～41°31′，东经 111°00′～111°20′，总面积为 720km²，是内蒙古草原的重要组成部

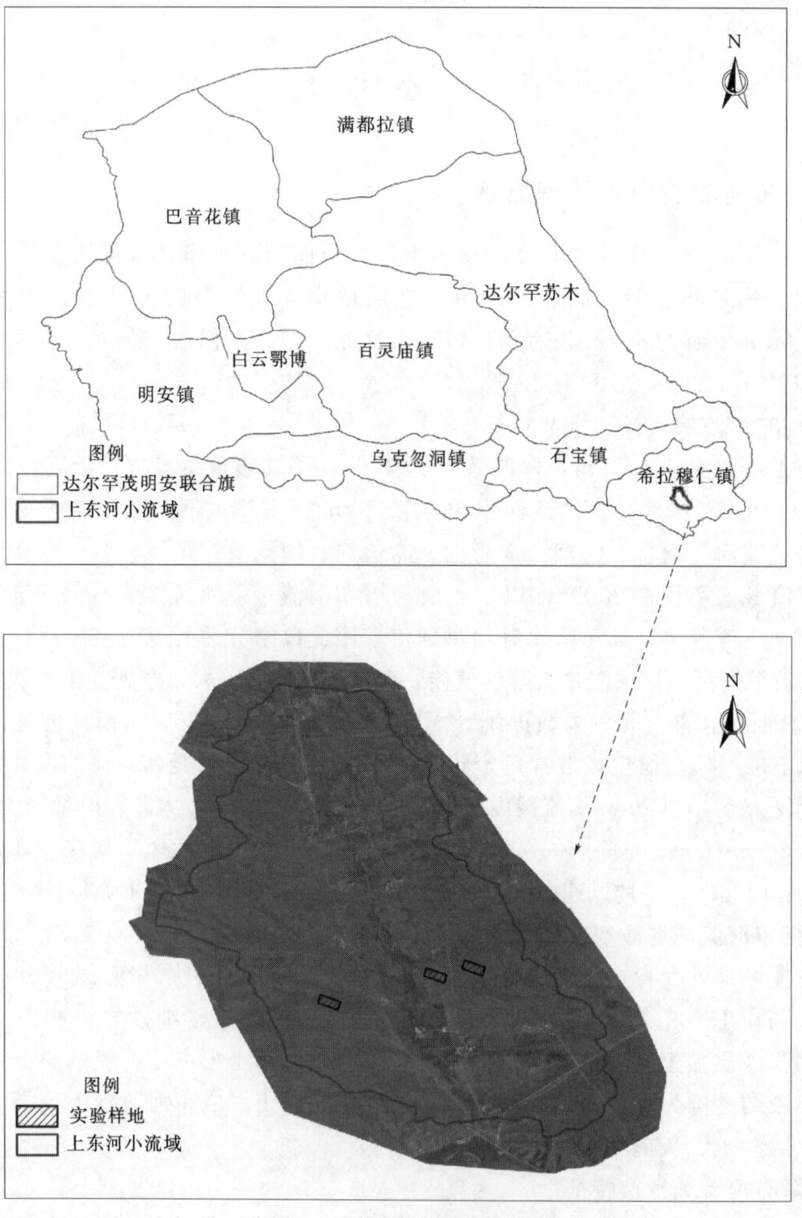

图 2-1 研究区地理位置图

分，亦是距离呼和浩特市最近的草原旅游区。上东河小流域是贯穿于希拉穆仁荒漠草原的内陆河塔布河的支流，位于北纬 41°20′～41°24′，东经 111°10′～111°14′之间，小流域总面积 21.74km^2，南北长达 7.3km，东西最大宽度约 3.0km。上东河小流域内全部为天然草地，由于气候干旱及长期放牧导致草地呈现不同程度的退化，草地生境脆弱，植物种类组成较为丰富。克氏针茅与短花针茅是该区荒漠草原群落中分布面积最大和重要的地带性植被类型之一。

（一）地形与地貌特征

研究区上东河小流域地处阴山北麓，为阴山山脉向内蒙古高原的过渡地带，平均海拔 1602m。小流域北高南低，高处为古生界变质岩和花岗岩，岩基裸露；低处由第四纪细中砂、粗砾砂组成，地势相对平坦，整体属于丘陵草原区。

（二）气候特征

研究区属中温带半干旱大陆性季风气候，冬季漫长严寒，夏季短促炎热，昼夜温差较大。降雨量少且年际分配不均，蒸发量较大，多风，无霜期短，有效积温较多。年平均气温 3.4℃，多年平均日照时数 3172h，10℃以上年积温 2298.9℃，无霜期 106 天，多年平均降水量 255.6mm，多年平均蒸发量 2227.3mm，多年平均风速 5.2m/s，全年盛行北风和西北风，多年平均大风日数 68 天。

试验样地所在的希拉穆仁镇多年平均降水量 282.4mm，降水主要集中在 7—9 月，多年平均蒸发量 2305.0mm，多年平均气温 2.5℃，多年平均日照时数 3100h，无霜期 83 天，多年平均风速 4.5m/s。

（三）土壤特征

土壤分布规律基本属于水平地带性分布，局部由于地形、母质及水分条件的差异，发育成隐域性土壤（丁延龙，2016）。土壤以栗钙土、棕钙土为主，呈地带性分布，隐域性土壤有草甸土、潮土、石质土和盐土。土壤质地以砂壤、轻壤为主。土壤肥力普遍较低，有机质含量大部分介于 1.0%～1.8%之间，养分含量特点为低氮、低磷、高钾。

（四）植被特征

该区为典型草原与荒漠草原过渡地带，地带性植被为温带干旱、半干旱气候条件下发育的多年生草本植物，以克氏针茅（*Stipa krylovii Roshev*）、短花针茅（*Stipa breviflora Griseb*）、羊草（*Leymus chinensis*）、冰草（*Agropyron cristatum*）、冷蒿（*Artemisia frigida Willd*）、银灰旋花（*Convolvulus ammannii Desr*）等群落为主，低洼地分布隐域性植被寸草苔（*Carex duriuscula*）群落、芨芨草（*Achnatherum splendens*）群落。该区植物群落结构简单，低矮稀疏。多年来由于气候变化与人类活动压力，导致草地呈现不同程度退化。

（五）水文特征

研究区内水源由地表径流和地下水两部分组成，地表径流主要为塔布河又称希拉穆仁河，为内蒙古中部的内流河，发源于包头市固阳县东南部，干流全长 316km，流域面积 1.05 万 km^2，多年平均径流量 1059.8m^3。上东河为塔布河在希拉穆仁镇境内的支流，为季节性河流，夏季受降雨的影响产生 3～5 次洪水汇入塔布河内。

研究区地下水分布不均匀，由于降水量小，地下水贫乏。含水层岩性主要为砂岩、砂砾岩层的潜水及承压水，一般含水层厚度 3～8m，顶板埋深小于 10m，底板埋深 6～20m，水位 3～6m，单井涌水量在 20～50t/h。植物所需水分基本依靠自然降水。

第二节 社会经济概况

研究区位于达尔罕茂明安联合旗希拉穆仁镇。希拉穆仁镇总面积 720km^2，可利用草场面积 690km^2，下辖 3 个嘎查、73 个浩特乌素，总人口 2532 人，其中少数民族 1558 人。希拉穆仁镇以旅游业为主要产业，从事旅游的企业、个体经营户多达百家，日接待游客流量达 1 万人（次）。2008 年，该镇国内生产总值达 4.17 亿元，实现财政收入 3252 万元，牧民人均纯收入达 7614 元。境内磁铁矿资源储藏丰富、黄金矿藏的储量也较为丰富。

塔布河流经固阳县、达茂联合旗和四子王旗。三个旗县社会经济状况主要如下：

（1）固阳县位于包头市区正北 53km，大青山北麓，东与呼和浩特武川县交界，南与九原区、土右旗毗邻，西与巴彦淖尔市乌拉特中旗、乌拉特前旗接壤，北与达茂旗相连，县域总面积 5025km^2，辖 6 个镇、72 个村委、10 个社区，总人口 205102 人，其中农业人口 157799 人占总人口的 76.94%。固阳县地处阴山北麓，南望黄河，北接大漠。

2015 年固阳县生产总值 1.2×10^6 万元，全体居民人均可支配收入 15880 元，农村牧区人均可支配收入 10724 元。“四分丘陵五分山，仅有一分滩和川”“十年九旱，年年春旱”是固阳县的主要地形和气候特征。全县总耕地面积 1176.23km^2，其中，15°以上坡耕地和沙化耕地 88.1km^2，占总耕地近 50%。粮食总产量 79029t，同比下降 30%。油料产量 17525t，同比下降 53.5%。肉类总产量 32611t，其中猪肉、牛肉、羊肉产量分别为 13027t、2520t 和 17064t，输出羊毛 1187t。公路总里程 1260km。

境内矿产资源比较丰富，现已发现的矿产有 50 多种，主要有磁铁矿、赤铁矿、黄金、锰矿、铜、镍、石灰石、白云岩、磷灰矿石、石墨等矿产资源。风能资源总储量约为 500 万 kW，可开发容量 300 万 kW，太阳年辐射总量 144.4kcal/cm^2。

（2）达茂联合旗全称达尔罕茂明安联合旗，于 1952 年 10 月由达尔罕旗和茂明安旗联合而建，是内蒙古自治区 20 个沿边旗市区和 33 个牧业旗之一。东邻乌兰察布市四子王旗，西接巴彦淖尔市乌拉特中旗，南连呼和浩特市武川县、包头市固阳县，北与蒙古国接壤，国境线长 88.6km。全旗辖 7 个镇、2 个乡、3 个苏木，总面积 17410km^2，总人口 112788 人，其中少数民族 1.83 万人（蒙古族 1.73 万人），有蒙古、汉、回、满等 15 个民族，是包头市唯一以蒙古族为主体、汉族占多数、多民族聚居的边境少数民族地区。旗政府所在地百灵庙镇距呼和浩特市、包头市均为 160km 左右。

2015 年全旗生产总值 2.098×10^6 万元，全体居民人均可支配收入 22749 元，农村牧区人均可支配收入 1.2×10^4 元。农业资源丰富，拥有天然草牧场 1.7km^2，农田 608.5km^2。2015 年全旗粮食总产量 90529t，油料 17454t。输出肉类 22823t，其中羊肉占比最大为 12325t，羊毛 1256t。达茂旗公路总里程为 2308km。全旗有幼儿园 11 所，小学 5 所，中学 3 所。卫生所 21 个，医院 2 家。

达茂联合旗地域辽阔，物产丰富。探明的金属、非金属矿藏达 32 种之多，主要有铁矿、褐煤、石灰石、磷矿等，还有储量可观的稀土、金、锰、铜、萤石等矿产资源。风能和太阳能开发前景广阔，年平均有效风速时数 6000h 以上，风能资源总储量达 3181 万 kW；年均日照时数为 3100h，年太阳辐射总量 6kJ/m^2 以上。

(3) 四子王旗隶属于内蒙古自治区乌兰察布市，总土地面积 24016km^2，是内蒙古自治区边境县之一。地处内蒙古自治区中部乌兰察布市北部。北部接壤于蒙古国，东部与锡林郭勒盟苏尼特右旗相邻，南毗卓资县、呼和浩特市武川县，西部与达茂旗相接壤。旗政府所在地为乌兰花镇，该旗下辖 1 镇、11 个乡和 11 个苏木，乡和苏木分别在南部农区和北部牧区。该区以蒙古族为主体，多个民族共同聚居在边境牧业区。境内有蒙古、汉、回、满、达斡尔、锡伯、东乡、布依、裕固、土、瑶 11 个民族。

根据内蒙古统计年鉴 2016 版数据，四子王旗共有人口 21.27 万人。生产总值 562298 万元，全体居民人均可支配收入 13011 元，农村牧区人均可支配收入 8491 元。农作物总种植面积 1161km^2，全旗粮食总产量 113476t，油料 44540t，农作物主要以马铃薯、小麦、玉米、莜麦、荞麦等粮食作物为主，经济作物主要是向日葵、胡麻、油菜籽等；全年全旗肉类产量 37051t，其中猪肉产量 3642t、羊肉 30841t、牛肉 2568t；羊毛产量 1684t。全旗公路总里程 2524km，较 2014 年增长 2 个百分点。全旗共有小学 10 所，中学 3 所，医院有 4 家和卫生所 24 个。四子王旗有丰富的矿产资源，极具开采价值的矿产有铜、铅、锌、铁、金、镍、锰、煤等。在这三个旗（县）中地表水资源储量极小，多为降雨补充，地下水资源普遍存在，但不充足，人均占有水量远低于全区、全国水平。

塔布河流域农业与畜牧业取用水全部引自地下水，上游仅在武川县有部分河段修有防洪堤坝。河道没有取水建筑物等明显影响地表径流的工程设施。在塔布河流域建有两个水文站，分别是断面地点设在乌兰察布市四子王旗活福滩乡活福滩村的活福滩水文站；断面地点在乌兰察布市四子王旗大黑河乡水口村的西厂汉营水文站。两个水文站均是控制进入塔布河中游红格尔水库的水量。

第三章

研　究　方　法

研究人员于2015—2017年植物生长季，在上东河小流域内试验样地开展野外调查与试验工作，分别进行了小流域尺度上的植物群落调查、土壤储水量调查、试验样地群落样方调查、土壤含水量观测、土壤理化性质的测试。同时进行了植物生长不同阶段的样地群落蒸散发观测，小区尺度上的样地径流模拟降雨产流入渗过程试验，植物群落不同优势物种的光合蒸腾测定。收集了小流域内围封样地11年群落样方调查及土壤性质与土壤水分的长序列数据。通过上述调查与野外试验数据分析荒漠草原小流域水文过程及其植物对水文过程的响应机制。

第一节　实　验　设　计

由于多年人为干扰的影响，希拉穆仁荒漠草原上东河小流域内天然草地呈现出不同程度的退化。本研究早在2015年5月初已进行了小流域实地调查，主要调查植物群落的建群种、放牧牲畜集中的活动范围、植物群落盖度以及地表土壤粗化沙化等情况。通过野外实地调查，上东河小流域内草原退化等级分为轻度、中度、重度退化三个级别。轻度退化草原建群种为短花针茅与克氏针茅，植物群落的盖度相对较高，距离牧户圈养牲畜位置较远，地表土壤细颗粒比重大；中度退化草原建群种为冷蒿，植物群落的盖度与轻度退化相比偏低；重度退化草原建群种为银灰旋花，植物群落的盖度相对较低，距离牧户圈养牲畜位置较近或者为牲畜经常走动地带，地表土壤呈现一定程度的沙化粗化。小流域中下游部位还有从2004年一直处于围封禁牧状态的草地，已经连续围封13年。为了研究不同退化程度草原以及围封修复草原的生态水文特征，研究人员选择了4个试验样地，分别为轻度退化样地（Light Degraded plot，LD）、中度退化样地（Moderate Degraded plot，MD）、重度退化样地（Heavy Degraded plot，HD）、围封样地（对照样地）。每个样地都选择在小流域的阳坡上，坡位处于坡面的中下部，并且坡度相近，基本在2.8°左右，每个样地的面积不小于200m×200m，样地位置如图2-1所示，4个样地的特征见表3-1。

表3-1　　荒漠草原四类样地特征指标

指　标	围封样地	轻度退化样地	中度退化样地	重度退化样地
植物群落建群种	克氏针茅、短花针茅	短花针茅、克氏针茅	冷蒿	银灰旋花
植物群落覆盖度	>35%	35%～30%	30%～20%	<20%

续表

指　标	围封样地	轻度退化样地	中度退化样地	重度退化样地
地上生物量/(g/m²)	＞80	60～80	50～35	＜35
地表土壤性质	细颗粒多，有机质含量较高，有生物结皮	细颗粒多，有机质含量高	有沙化表现，有机质含量低	有沙化、粗化表现，有机质含量较低

第二节　测定指标与数据采集

一、小流域植物群落特征指标

(一) 植物群落测定

沿着上东河小流域的中心线，从北至南，依次选择坡顶、坡中部、坡脚、洼地，同时兼顾阳坡与阴坡以及隐域性植物地带进行植物群落的调查，每调查一处记录经纬度、海拔高度和群落的建群种。

在每个试验样地内采用1m×1m的样方进行调查，每次样方调查进行6个重复，每次调查记录内容包括盖度、高度、物种、地上生物量、地下生物量及根体积。同时用GPS记录样方经纬度、海拔高度等基本信息。盖度采用投影法，高度用直尺测定10株营养苗高度取平均值，地上生物量采用刈割法测定，每种植物刈割后装入试样袋中编号，带回实验室在80℃恒温箱烘干至恒重，测其干重。地下生物量在模拟人工增雨的小区内测定，取20cm×20cm×40cm的立方体原状土，然后用冲洗法将所有根取出，阴干2h采用浸泡法测定根的总体积，之后放入试样袋中在80℃恒温箱烘干至恒重，测其干重，折算得出单位面积地下生物量及根体积。所用植物群落指标如下：

1. 重要值

通过样方调查结果计算样地的物种重要值与物种多样性指数，重要值的计算公式为

$$\text{重要值}=\frac{\text{相对密度}+\text{相对盖度}+\text{相对高度}}{3} \tag{3-1}$$

2. 多样性指数

物种多样性采用 α 多样性测度指数，即Margalef指数 M_a、Shannon - Wiener指数 H、Simpson指数 D、Pielon均匀度指数 J_{sw}，其计算公式为

$$M_a=\frac{S-1}{\lg N} \tag{3-2}$$

$$H=-\sum P_i \ln P_i \tag{3-3}$$

$$D=1-\sum P_i^2 \tag{3-4}$$

$$J_{sw}=\frac{H}{\ln S} \tag{3-5}$$

其中

$$P_i=N_i/N$$

式中：S 为群落中的总物种数；N 为所有物种个体总数；P_i 为第 i 种的相对重要值，N_i

为第 i 个物种的个体总数。

3. 物种优势度

物种优势度（Species Dominance Rate，SDR）或功能群优势度采用相对产量与相对盖度进行计算，其计算公式为

$$SDR=\frac{Y'+C'}{2} \tag{3-6}$$

式中：Y'为相对产量；C'为相对盖度。

功能群的优势度则为各功能群内所有物种优势度之和。

4. 群落的相似系数

群落的相似系数（IS）采用 Motyka 相似系数表示

$$IS=\frac{2C}{A+B}\times 100\% \tag{3-7}$$

式中：C 为样地 A 和 B 中共同种的相对较低重要值的总和；A 为样地 A 中所有物种重要值总和；B 为样地 B 中所有物种重要值总和（任继周，1998）。

（二）比叶面积测定

对样地群落的优势种叶片采样应用 LA－S 植物图像分析仪系统测定叶面积，然后称叶片重量。每个物种取 40 个叶片进行测量，计算物种的比叶面积。

（三）植物光合与蒸腾特征测定

应用 LI－6400XT 光合仪测定样地优势种的光合速率、蒸腾速率、气孔导度、胞间 CO_2浓度。测定时间为 2017 年 7 月下旬，选择晴天从 8：00—18：00 进行测定，测定时间间隔为 1h。测定时，首先调试仪器，待各项参数都满足要求后，将待测植物的叶片均匀地夹在光合仪的气室中，盖上气室盖，然后开始测定，测定每种植物时选择 3 株植物进行测定即 3 个重复。

（四）群落蒸散发

野外取植物的原状土即圆形土柱，土柱直径 25.3cm，高度 30cm，将土柱放入无锈钢测桶，然后将盛有土柱的测桶放入体积相同的测坑里，测桶周边与天然土壤测坑边界紧密相连，以便尽量保证测桶外围环境与自然相似，每天 18：00 测定测桶的重量，连续测定 3 个有效蒸散日。每次取样同类样地进行 6 个重复。每天土柱的重量差即为蒸散的水分重量，然后折算成单位面积的水柱高度。现场试验的照片如图 3－1 所示。为了有效地将群落的蒸发与蒸腾拆分，2017 年进行了群落蒸散发的拆分试验，基本试验操作与上述蒸散相同，只是在部分土柱表面用液态速凝胶将土壤表面封闭，之后重复上面的称重观测，得出群落的蒸腾损失的水分，与蒸散的土柱数据联合即可得出土壤蒸发的水分。

二、土壤数据采集

（一）土壤理化性质测定

试验样地采集 0～5cm、5～10cm、10～15cm、15～20cm 的土壤样品，3 个重复，测

(a) 测坑　　(b) 盛有土柱的测桶放入测坑后的现场照片

图 3-1　群落蒸散发观测照片

定土壤有机质、全氮、全磷、全钾含量，测定土壤机械组成即颗粒分析。在野外现场环刀法结合烘干法测定土壤干容重。

(二) 土壤含水量测定

土壤含水量采用取样烘干法及土壤水分传感器（EC-5，测量精度达到体积含水量的±1%～2%）进行测试。没有安装水分自动测试仪器的样地测定土壤含水量采用取样烘干法测定，每次测定3个重复取均值。对于人工降雨模拟的径流小区内的土壤含水量变化通过土壤水分传感器进行测定，水分传感器校准之后安装在每个径流小区中部的天然原状土中，埋深分别为2cm、5cm、10cm、15cm、20cm，采集的时间间隔设置为1min。土壤水分传感器与外部数据采集器用EM50连接进行自动数据采集，通过观测土壤含水量随时间的变化过程即可计算土壤入渗速率。

三、水样数据采集

(一) 径流产流过程观测

降雨是荒漠草原区水文过程中最主要的因素之一，而降雨—入渗—产流过程是陆地水文循环中的几个关键环节。野外布设径流试验小区通过自然降雨来观测降雨—入渗—产流过程，能最大限度反映真实状况。但试验周期长、随机性强、降雨强度及降雨历时难以控制，不利于寻找各个因子之间的定量关系，而野外建设试验小区进行现场降雨模拟试验，不但可以最大限度地接近实际情况，还可以缩短试验周期，控制降雨强度及其他降雨影响因素，便于探究降雨过程中下垫面因子与降雨—入渗—产流各个因素间的定量关系。

(二) 人工降雨模拟

近年来，国内外降雨模拟器发展迅速并且种类多样，可以总结为4种类型：悬线式、针头式、管网式、喷头式。悬线式和针头式降雨模拟器雨滴粒径均匀，但雨滴较小不易形成大雨滴，管网式与喷头式降雨模拟器雨滴在压力的作用下以一定初始速度喷出，可以通过控制水压来控制雨滴粒径及雨强，较容易达到试验要求，比较接近真实降雨状况，因此本研究选取喷头式降雨模拟器进行降雨模拟试验。人工降雨模拟器由8组喷头组成，每组喷头由3个孔径不同的单个电磁阀喷嘴组成，电磁阀通电控制喷嘴工作数量来实现每组喷头降水量的变化及雨滴大小的变化，进而实现不同的降雨强度。模拟降雨器有效降雨面积为3m×5m，喷头距离地表高度4.0m，降雨均匀度大于85%。根据试验区多年降雨数据资料显示，次降雨量基本在 60mm/h 以内，据此模拟降雨雨强设置为 20mm/h、40mm/h 和 60mm/h 3 个降雨强度，依次在不同退化样地径流小区进行不同雨强的降雨模拟试验。各强度降雨时间从开始至坡面径流量恒定时截止，考虑天气对地表土壤的影响，试验选择在 7 月下旬试验前 1 周内持续无天然降雨后进行模拟试验，并尽量保证模拟降雨时间的紧凑性，每个强度降雨进行 3 个重复。模拟降雨器野外现场试验照片如图 3-2 所示。

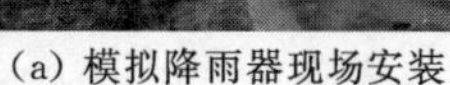

(a) 模拟降雨器现场安装

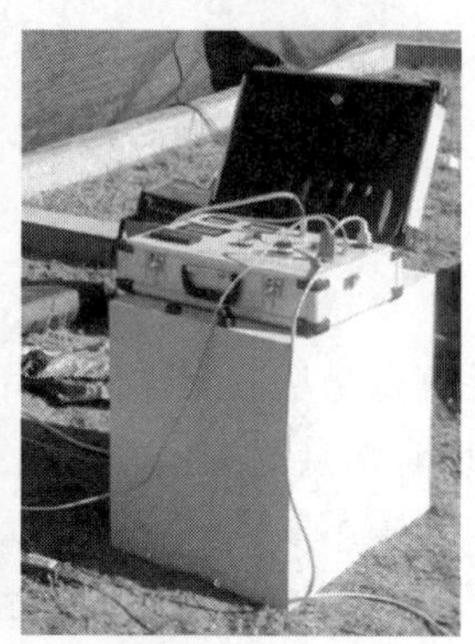

(b) 控制器与变频水泵

图 3-2　模拟降雨器照片

(三) 径流小区设计

在 3 个不同退化程度的研究样地内，选择坡位及坡度相近的坡面，各建设 9 个径流小区，小区围埂采用黏土砖与水泥砂浆砌筑，围埂总高度 50cm，地下埋深 30cm，地上出露 20cm，小区坡底围埂中部设有集流管，管径 15cm，集流管将小区内坡面径流引入集流池。集流池内侧边距离径流小区围埂底部 50cm，集流池净长 80cm、净宽 80cm、净深 80cm，钢筋混凝土现浇而成。径流小区垂直坡面等高线建设，长度 5m，宽度考虑模拟降雨器的安装设定为 2.8m，试验前测定小区周边的群落土壤本底值，径流小区编号及特性见表 3-2，径流小区建设完毕的现场照片如图 3-3 所示。

表 3-2　　径流试验小区特性表

编号	长度/m	宽度/m	地面坡度/(°)	退化等级	土壤物理性质							
					含水量/%				干容重/(g/cm³)			
					0～5	5～10	10～15	15～20	0～5	5～10	10～15	15～20
Ⅰ-1，Ⅰ-2，…Ⅰ-9	5.0	2.8	2.80	轻度	2.6	4.3	4.6	4.8	1.40	1.45	1.41	1.45
Ⅱ-1，Ⅱ-2，…Ⅱ-9	5.0	2.8	2.78	中度	2.1	2.9	3.7	4.3	1.49	1.56	1.49	1.42
Ⅲ-1，Ⅲ-2，…Ⅲ-9	5.0	2.8	2.81	重度	3.1	5.5	5.5	5.8	1.38	1.39	1.32	1.46

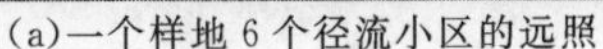

(a)一个样地 6 个径流小区的远照　(b) 集流池　(c) 径流小区近照

图 3-3　径流小区建设完毕的现场照片

（四）产流观测

产流观测用秒表记录时间，从降雨开始计时包括记录初始产流时间即径流滞后时间，一直到降雨结束计时停止。手工收集地表径流，当径流量较小时每隔 2min 用 50mL 量筒收集径流 1min 记录量筒的收集量；当径流量较大时，每隔 5min 用 1000mL 量筒收集径流 1min 并记录量筒的收集量。当连续 3 次收集的径流量基本一致时降雨结束，最后测量集流池中的径流总量。径流系数则为单位时间内折算的径流深度与总降雨量水柱高的比值。

（五）土壤水分动态变化过程观测

人工降雨前在径流小区中间位置安装土壤水分传感器（EC-5，测量精度达到体积含水量的±1%～2%），埋藏深度分别为 2cm、5cm、10cm、15cm、20cm。水分传感器校准之后安装。土壤水分传感器与外部数据采集器 EM50 连接进行数据采集，本研究数据采集的时间间隔设置为 1min。

（六）不同坡度径流试验设计

为了分析坡度与径流系数的关系，进行了不同坡度的人工降雨模拟产流试验，人工降雨以及径流观测与上述方法相同，只是径流小区采用可调节坡度的 3 个矩形无锈钢长方体土槽代替，土槽宽 0.4m、长 2.0m、高 0.4m，底部打孔保证土壤的通透性，土槽下侧面安装集流管，地表径流从集流管流出至集流桶。土体采用原状土，分别从不同退化程度的 3 个样地挖取 6 个原状土柱，将宽 0.4m、高 0.4m、长 1.0m 的原状土柱装入 3 个土槽待降雨模拟试验用。土槽坡度调节为 3°、5°、7°、9°和 11°，每个坡度人工模拟降雨结束后将土槽晾干 3 天，进行下一个坡度的模拟降雨。

（七）模拟增雨试验

为了更好地明确荒漠草原植物个体性状对降雨变化的响应，2017 年在轻度退化样地进行了模拟增雨试验，在天然降雨的基础上，从植物返青期开始分为 7 次采取灌溉补水的方式分别增加降雨 40mm、80mm、120mm，7 次模拟增雨灌水时间分别为 4 月下旬、5 月中旬、5 月下旬、6 月中旬、6 月下旬、7 月中旬及 7 月下旬。增雨的试验小区为 2m×2m，四周铁隔板埋深 50cm 将小区内的群落及土壤与外面样地隔开，每个增雨梯度进行 3 个重复。8 月中旬进行植物性状观测，观测的植物种分别为克氏针茅、糙隐子草、银灰旋花，观测的指标为植物的比叶面积（SLA，cm^2/g）、单位面积群落的地下生物量以及单位面积群落根的总体积。

四、气象气候数据

（一）气象数据

近 40 年的气象数据收集于希拉穆仁镇气象站数据。上东河小流域内建设有水利部牧区水利科学研究所草地生态水文试验基地，该基地内安装 3 个气象观测塔，2006 年以来的气象数据可用基地观测塔的观测数据。

（二）气候变化计算

长序列的气象数据可以进行气象因素的变化趋势分析，本研究对研究区的降雨与气温两个最主要的气象因素进行了趋势分析，采用线性倾向估计，通过计算得出气候倾向率方程及趋势系数，进而分析降雨与气温时间序列的升降程度。气候倾向率为

$$\hat{x}=a_0+a_1 t \tag{3-8}$$

式中：$\hat{x}$为极端气温的 10 倍；t 为时间序列年；a_1 为气候倾向率，用于定量描述气候序列的趋势变化特征。

趋势系数能定量得出某气象要素时间序列的升降程度，它定义为 n 年要素序列与自然数列的相关系数

$$r_{xt}=\frac{\sum_{i=1}^{n}(x_i-\bar{x})(i-\bar{t})}{\sqrt{\sum_{i=1}^{n}(x_i-\bar{x})^2\sum_{i=1}^{n}(i-\bar{t})^2}} \tag{3-9}$$

其中

$$\bar{t}=(n+1)/2$$

式中：x_i 为第 i 年要素值；$\bar{x}$为样本均值；r_{xt}为气候要素在 n 年内的线性增降趋势，可定量描述气候趋势变化强弱的时间分布特征。

第三节 数 据 分 析

一、统计分析方法

应用 SPSS12.0 软件进行单因子方差分析以及显著性检验，采用 R 语言进行相关性、多元线性、非线性回归分析。

二、排序分析方法

排序是将样方排列在种类空间或环境因子空间的过程，使得排序轴能够反映一定的生态关系。本研究中围封多年样地群落生态指标与环境变量之间的关系采取了排序法中的除趋势对应分析（Detrended Correspondence Analysis，DCA）和典范对应分析（Canonical Correspondence Analysis，CCA）。DCA 是一信息的综合过程（Jin－Tun Zhang，1994），与高斯的群落模型最为吻合，也是在群落分析中最为有效的一种方法；CCA 研究植物群落与环境的关系，CCA 要求两个数据矩阵，一个是群落数据矩阵，另一个是环境数据矩

阵，可以结合多个环境因子一起分析从而更好地反映群落与环境的关系。在种类和环境因子不特别多的情况下，CCA 可将样方排序，种类排序及环境因子排序表示在一张图上，可以直观地看出它们之间的关系。本研究中植物与环境变量之间的 DCA 分析与 CCA 分析应用 Canoco for Windows 4.5 软件完成排序与作图。

三、小流域水量平衡分析方法

区域上的水量平衡分析主要包括降雨径流平衡和供用耗排两个层次的水量平衡问题。流域的降雨径流平衡分析是水资源供需平衡分析的基础。对于一个流域而言降水是所有水量来源的根本，图 3-4 是区域水量平衡模型（水利电力部水文局《中国水资源评价》，1987）。

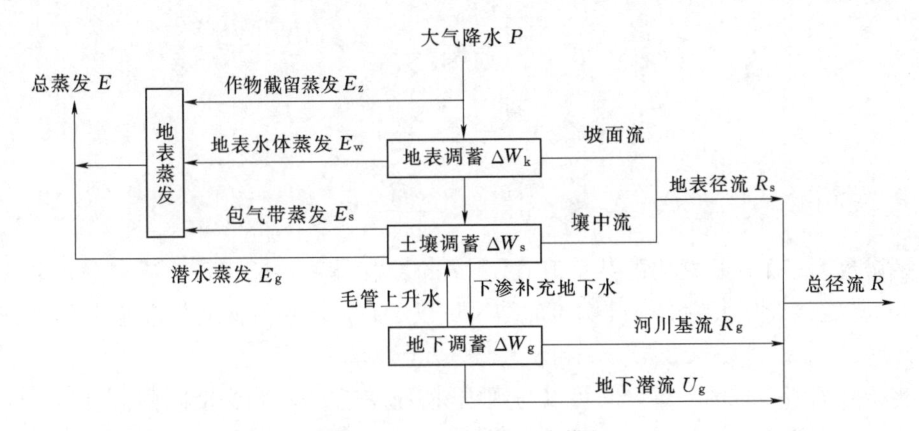

图 3-4 区域水量平衡模型

流域的水量平衡方程为

$$P=R+E+\Delta W \tag{3-10}$$

式中：P 为降雨量；R 为径流量；E 为蒸发量；ΔW 为流域内的蓄水变量。

其中径流量 R 包括地表径流 R_s、河川基流 R_g 和地下潜流 U_g；蒸发量 E 包括地表水体蒸发 E_w、土壤群落蒸散发 ET 以及潜水蒸发 E_g，其中 ET 包括作物截留蒸发 E_z 和包气带蒸发 E_s；ΔW 包括地表调蓄变量 ΔW_k、地下调蓄变量 ΔW_g 以及土壤调蓄变量 ΔW_s；据此，流域的水量平衡方程可表达为

$$P=(R_s+R_g+U_g)+(E_w+E_z+E_s+E_g)+(\Delta W_k+\Delta W_g+\Delta W_s) \tag{3-11}$$

本研究小流域水量平衡分析依据上述水量平衡基本方程，结合研究区的实际自然社会背景，重新建立适宜于研究区小流域的水量平衡方程结合水文过程的各个分量进行分析。

四、土壤入渗过程模拟方法

孔隙流体的渗流行为遵循 Darcy 定律或 Forchheimer 定律。Darcy 定律一般适用于低渗流流速，是线性关系，而 Forchheimer 定律是非线性定律，它具有更广泛的适用范围，Darcy 定律可以认为是 Forchheimer 定律的线性化特例。Darcy 定律为

$$v=-K\,\mathrm{grad}H=KJ \tag{3-12}$$

式中：K 为渗透系数；$\mathrm{grad}H$ 为水力梯度；J 为水力坡降。

此方程仅适用于单相不可压缩流体的一维流动，其中 H 为测压水头。把 Darcy 定律从一维推广到三维是种形式上的推广，并非完全符合逻辑上的自洽性，但这种形式上的推广得到某些理论和实验的支持。从一维推广到三维的关键是对渗透系数 K 的理解，在一维实验中，K 是一个标量，但要推广到三维，各方向上的渗透系数可以不一样，即渗透速度 v 和水力梯度 $\mathrm{grad}H$ 都可以是矢量，所以渗透系数必须是一个二阶张量。

$$K=\begin{bmatrix}K_{xx} & K_{xy} & K_{xz}\\ K_{yx} & K_{yy} & K_{yz}\\ K_{zx} & K_{zy} & K_{zz}\end{bmatrix} \tag{3-13}$$

推广到三维的 Darcy 定律展开后变为

$$\begin{aligned}v_x&=-K_{xx}\frac{\partial H}{\partial x}-K_{xy}\frac{\partial H}{\partial y}-K_{xz}\frac{\partial H}{\partial z}\\ v_y&=-K_{yx}\frac{\partial H}{\partial x}-K_{yy}\frac{\partial H}{\partial y}-K_{yz}\frac{\partial H}{\partial z}\\ v_z&=-K_{zx}\frac{\partial H}{\partial x}-K_{zy}\frac{\partial H}{\partial y}-K_{zz}\frac{\partial H}{\partial z}\end{aligned} \tag{3-14}$$

当雷诺数大于 1～10 之间的某个值时，Darcy 定律就不再适用，而应当采用非线性的 Forchheimer 定律。从大量的一维实验的结果可以看到，若水力梯度与渗流速度之间写成

$$J=av+bv^2 \tag{3-15}$$

既符合实验数据所体现的关系，又可以与纳维-斯托克斯方程（描述流体运动的经典方程）相协调，是至今为止较被认可的非线性规律。Forchheimer 定律作为一个非线性的关系，从一维推广到三维是借助了与达西定律类似的理由，其形式为

$$snv_f(1+\beta\sqrt{v_f\cdot v_f})=-K\frac{\partial H}{\partial X}=-K\,\mathrm{grad}H \tag{3-16}$$

式中：snv_f 为通过某一方向的单位面积的渗流速度，是标量；snv_f 为线性项，可视为是一维情况下 av 项［式（3-15）］的推广；$snv_f(1+\beta\sqrt{v_f\cdot v_f})$为二次项，可视为是一维情况下 bv^2 项［式（3-15）］的推广；H 为测压水头。

渗透系数 K 也称为水力传导系数，它具有速度的量纲，表征了多孔介质输送流体的能力，K 不仅仅取决于土壤介质本身的性质（如粒度成分、颗粒排列、充填状态、裂隙性质和发育程度），而且与渗透流体的物理性质（重度、黏滞性）有关，因此还有必要再提出一个物理量 k，k 仅仅取决于土壤介质本身的性质，而与流体的性质无关，称为渗透率，在一维情况下两者的关系主要如下：

Darcy 定律为

$$k=\frac{v'}{g}K \tag{3-17}$$

Forchheimer 定律为

$$k=\frac{v'}{g}\frac{1}{g(1+\beta\sqrt{v'_f\cdot v'_f})}K \tag{3-18}$$

式中：v'为动力黏滞系数。

对于饱和土，渗透系数 K 和渗透率 k 可以视为常量，但对于非饱和土，由于液体与气体并存，饱和度的大小直接影响渗透的阻力，所以此时 K 或 k 是饱和度 S 的函数，这是造成非饱和流分析较为困难的原因之一。

如果令 $\beta=0$，即得到 Darcy 定律。可以看出，随着流速趋向于零的时候，Forchheimer 定律逼近于 Darcy 定律。对于三维情况，统一写成

$$K=k_s(s)k \tag{3-19}$$

式中：$k_s(s)$ 为饱和度相关性系数，$k_s(1)=1.0$ 时的 K 即为饱和渗透系数，对于各向同性材料而言 K 为标量，但仍需写成二阶张量形式，即 $K=KI$。

大量以往的实验数据表明在非饱和介质的稳态渗流中渗透系数随着饱和度 s^3 的变化而变化。据此，结合有限元分析软件，在软件（ABAQUS）中的缺省设置为 $k_s=s^3$。

通过上述经典的 Darcy 定律推导与分析，可进一步得出适宜于本研究区的土壤水分运动控制方程，建立物理模型，结合土壤力学性质，运用有限元分析软件实现土壤入渗过程的模拟。

五、蒸散发遥感反演法

采用 SEBAL 模型，结合 Landsat 卫星 OIL 传感器遥感数据确定模型参数，然后得到瞬时潜热通量进行时间尺度的扩展得到日蒸散量在上东河小流域的分布情况，详细过程如下所述。

（一）SEBAL 模型的原理简介

SEBAL（Surface Energy Balance Algorithm for Land）模型是于 1995 年由 Bastiaanssen 最先提出来的以遥感为基础的蒸散量反演模型。随后 SEBAL 模型不断发展，逐渐完善，深受国内外研究者的青睐，主要是因为其在估算蒸散量的过程中，只需要利用下载好的遥感影像反演得到相关的地表参数和少量的气象数据，并不需要花费巨大的人力、财力，且计算精度较高，因此 SEBAL 模型在估算蒸散量的过程中得到了广泛应用。SEBAL 模型的实质是能量平衡原理，其计算公式为

$$R_n+G+H+\lambda ET=0 \tag{3-20}$$

式中：R_n 为地表净辐射量，W/m^2；ET 为蒸散量，mm；λ 为水的汽化潜热；λET 为潜热通量，W/m^2；G 为土壤热通量，W/m^2；H 为显热通量，W/m^2。

当能量传输指向地面时符号取正，当能量传输离开地面时符号取负。式（3-20）是模型基本原理更是遥感数据反演区域蒸散发的基础，不受空间大小和时间长短的限制，式中的 R_n、G、H 可以通过遥感影像结合研究区的气象资料反演得到。

这里以 Landsat-8 卫星的 OIL 传感器数据为基础，应用 SEBAL 模型反演蒸散量时需要获取数据的太阳高度角和天顶角、宽波段的地面反射率、植被指数（$NDVI$）、地表比辐射率（ε）、地表温度、大气比辐射率、大气单向透射率等参数；DEM 对地表温度进行校正，在模型中需要选择计算极端像元在“冷点”和“热点”，还需要结合试验地的气象数据（风速、气温），通过 MOnin-Obukhov 定律求取稳定的感热通量 H，通过能量平衡方程得到瞬时的潜热通量 λET，最终通过时间尺度的扩展和单位换算获得当天的蒸

散发值（mm/d），计算流程如图 3-5 所示。

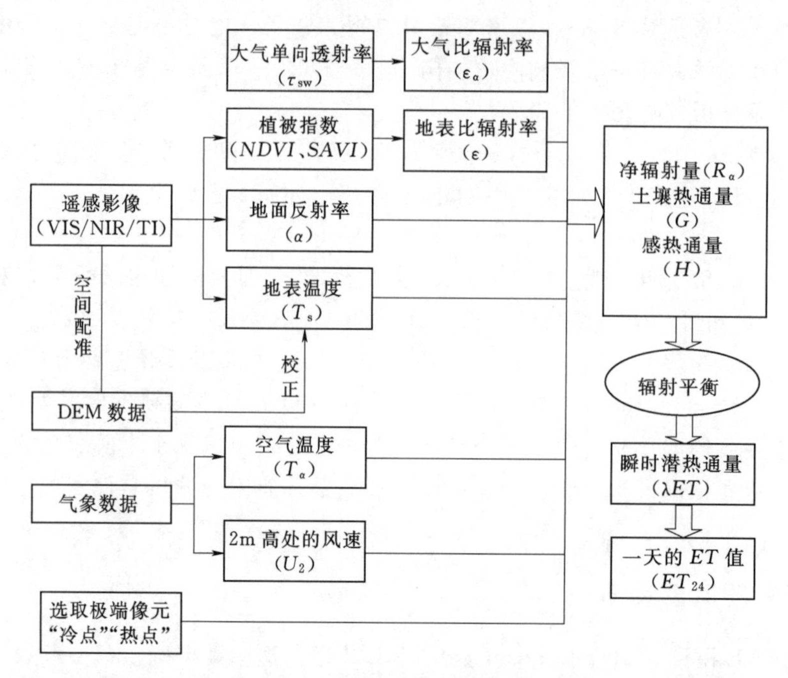

图 3-5 SEBAL 模型的流程图

（二）SEBAL 模型参数

1. 地表净辐射量 R_n

地表净辐射量是指单位时间、单位面积地表面吸收太阳的总辐射和大气逆辐射与本身发射辐射之差，R_n 的表达式为（Bastiaanssen，1998）

$$R_n=(1-\alpha)R_s\downarrow+R_L\downarrow-R_L\uparrow-(1-\varepsilon)R_L\downarrow \tag{3-21}$$

式中：R_n 为净辐射量，W/m²；α 为地表反射率；$R_s\downarrow$ 为太阳下行短波辐射，W/m²；$R_L\downarrow$ 为下行长波辐射，W/m²；$R_L\uparrow$ 为上行长波辐射，W/m²；ε 为地面比辐射率。

2. 地表反射率 α

地面反射率的计算需要各个窄波段的辐射亮度及表观反射率、太阳天顶角、日地距离或高度角、宽波段的大气上界的反射率、各波段的权重系数以及大气单向透射率等参数，反照率的计算公式为（Qiang，1988；Bastiaanssen，1998；Silva，2016）

$$\alpha=\frac{\alpha_\tau-\alpha_{atm}}{\tau_{sw}^2} \tag{3-22}$$

式中：α_τ 为每个像素的行星反照率或反射率没有大气校正，由式（3-23）得到；α_{atm} 为大气反照率，其值可以通过辐射传递模型获取，一般在 0.025～0.040 之间（Allen，2002）。

本研究采用 0.03 的值；τ_{sw}^2 为大气单向透射率，其值为 0.55～0.85，如果研究区的面积很小、海拔较低的时候可以用一个值代替，约取 0.75，当研究区面积较大时，必须将 τ_{sw} 转化到研究区面尺度上，可以表达为高程的函数（Tasumi M，2000）

$$\tau_{sw}=0.75\times2\times10^{-5}Z \tag{3-23}$$

式中：Z 为测量点的海拔高度，m，可以从 DEM 数据中获得。

大气上界反照率（α_{atm}）的值可以通过辐射传递模型得到，一般在 0.025～0.040 之间（Allen，2002），本研究采用 0.03 的值。反照率的确定没有大气校正（α_{toa}）则通过单色反射率（ρ_λ）的线性组合，Landsat 8 - OLI 2～7 号波段计算，即

$$\alpha_\tau = c_2 \times \rho_2 + c_3 \times \rho_3 + c_4 \times \rho_4 + c_5 \times \rho_5 + c_6 \times \rho_6 + c_7 \times \rho_7 \tag{3-24}$$

式（3 - 24）中每个波段（2～7 波段）的反射率（ρ_λ）计算公式为（Chander，2003）

$$r_\lambda = \frac{Add_{ref,\lambda} + Mult_{ref,\lambda} ND_\lambda}{\cos Z d_r} \tag{3-25}$$

其中

$$d_r = 1 + 0.0167 \sin\left[\frac{2\pi(J - 93.5)}{365}\right] \tag{3-26}$$

式中：$Add_{ref,\lambda}$、$Mult_{ref,\lambda}$ 和 Z 分别为波段的偏移值、增益以及太阳天顶角，可以从每张图像的元数据（group＝radiometric rescaling）中提取；ND_λ 为每个像素和波段的强度（值在 0～65365 之间）；λ 为 OLI 每一个波段；d_r 为以天文单位表示的日地距离；J 为儒略日（JulianDay），影像获取日期在太阳历中排列序号，如 1 月 1 日的排列序号为 1。

每个权重（c_λ）的测定，需要估计太阳常数 [k_λ，W/(m^2 · μm)] 与每一个相关的 OLI 反射波段，为此计算公式为（Chander，2003）

$$k_\lambda = \frac{\pi L_\lambda}{r_\lambda \cos Z d_r} \tag{3-27}$$

式中：L_λ 为 λ 波段每个像素的光谱辐射亮度（radiance），W/(m^2 · sr · μm)；Z 为太阳天顶角，从 Lansat 8 数据文件中提取。

为了确定每个像素和波段的 L_λ，波段辐射值的偏移（Add_{rad}，b）和增益（$Mult_{rad}$，b）项，并从每个图像的元数据中提取，计算公式为

$$L_\lambda = Add_{rad,\lambda} + Mult_{rad,\lambda} ND_\lambda \tag{3-28}$$

每个光谱波段的每个权重（P_λ）的值是由该波段的 k_λ 与用于计算反照率的所有 k_λ 值之和之间的比值计算（Allen，2002；Tasumi，2000；Chander，2003；Allen，2007）

$$P_\lambda = \frac{k_\lambda}{\sum_{b=2}^{7} k_\lambda} \tag{3-29}$$

3. 归一化植被指数 *NDVI*

归一化植被指数（Normalized Difference Vegetation Index，NDVI）用于对遥感资料进行分析衡量植被的覆盖程度。由近红外波段的反射值（*NIR*）与红光波段的反射值（*Red*）之差比上两者之和计算得到归一化植被指数。它反映了植物的生长状况和植物的空间分布，并与植物分布的密度呈线性关系（李斌斌，2014），其计算公式为

$$NDVI = \frac{NIR - R}{NIR + R} \tag{3-30}$$

式中：NIR 和 R 分别为近红外波段和红光波段的反射值。

归一化植被指数的范围在 [－1，1] 之间，出现负值则表示云、水、雪等对地面有覆盖作用，会对可见光进行高反射；出现 0 时可以近似认为 NIR 和 R 相等，表示此处有岩

石或裸土等；出现正值时，表示有植物的覆盖，并且是正相关关系。

4. 地表比辐射率 ε

地表比辐射率的计算公式为

$$\varepsilon=1.009+0.047\cdot\ln(NDVI) \tag{3-31}$$

5. 地表温度 T_s(K)

地表温度可以由热红外波段通过大气校正法、单通道法或单窗算法反演。大气校正方法是通过模拟大气，从卫星高度所观测到的热辐射中除去大气的辐射分量，得到地面上应有的热红外辐射量，最后反演出地表温度。本文是基于大气校正法，利用 Landsat8 - TIRS 反演地表温度，反演过程流程如图 3 - 6 所示。

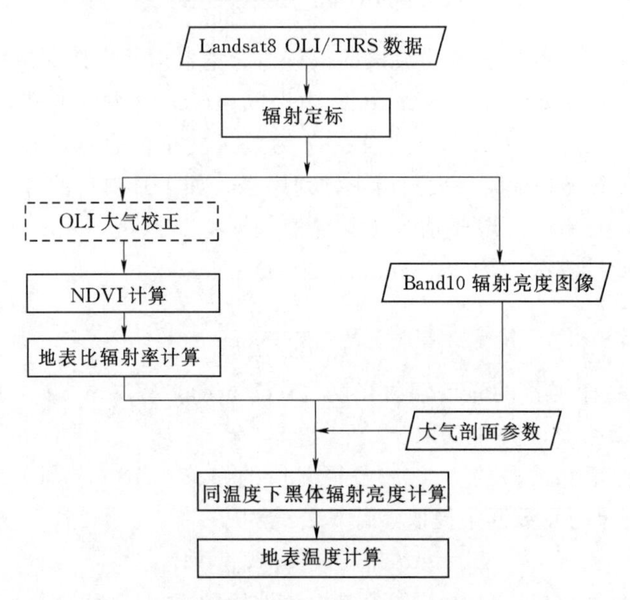

图 3 - 6　基于大气校正法的 TIRS 反演流程图

卫星传感器接收到的热红外辐射亮度值 L_λ 的表达式可写为（辐射传输方程）

$$L_\lambda=[\varepsilon B(T_S)+(1-\varepsilon)L\downarrow]\tau+L\uparrow \tag{3-32}$$

$$B(T_S)=[L_\lambda-L\uparrow-\tau(1-\varepsilon)L\downarrow]/\tau\varepsilon \tag{3-33}$$

其中

$$T_S=K_2/\ln[K_1/B(T_s)+1] \tag{3-34}$$

式中：ε 为地表比辐射率；$B(T_S)$ 为黑体热辐射亮度；$L\downarrow$ 为大气向下辐射亮度；τ 为大气在热红外波段的透过率；$L\uparrow$ 为大气向上辐射亮度；T_s 为地表温度。

对比 TISR Band10，$K_1=774.89\mathrm{W/(m_2\cdot\mu m\cdot sr)}$，$K_2=1321.08\mathrm{K}$。由上可知此类算法需要 2 个参数即大气剖面参数和地表比辐射率。大气剖面参数可以在 NASA 提供的网站（http：//atmcorr. gsfc. nasa. gov/）中，输入成影时间以及中心经纬度获取。

6. 入射的太阳短波辐射 $R_S\downarrow$

前文中 $R_S\downarrow$ 的计算公式为

$$R_S\downarrow=\frac{G_{SC}\cdot\cos\theta}{d_r^2}\cdot\tau_{sw} \tag{3-35}$$

式中：G_{SC}为垂直于太阳光线的单位面积每分钟接收的太阳辐射，即太阳常数（取1367W/m^2）；θ 为太阳天顶角；d_r 为日地距离；τ_{sw}为大气单向透射率。

$\cos\theta$ 的计算公式为

$$\cos\theta=\sin\varphi\sin\delta+\cos\varphi\cos\delta\cos t \tag{3-36}$$

式中：φ 为地理纬度；δ 为太阳赤纬；t 为太阳时角。

δ、t 的计算公式为

$$\delta=0.409\sin\left(\frac{2\pi}{365}J-1.39\right) \tag{3-37}$$

$$t=\pi\frac{N-12}{12} \tag{3-38}$$

式中：J 为卫星过境日，由卫星数据 MTL 文件查得；N 为地方时。

d_r 和 τ_{sw}可以由前面的式（3-26）和式（3-23）计算获取。

7. 入射的长波辐射 $R_L\downarrow$

长波辐射 $R_L\downarrow$ 的计算公式为

$$R_L\downarrow=\varepsilon_a\sigma T_a^4 \tag{3-39}$$

式中：σ 为斯蒂芬-玻尔兹曼常数，取 5.67×10^{-8}W/(m^2·K^4)；T_a 为空气温度；ε_a 为大气比辐射率。

ε_a 的计算公式为

$$\varepsilon_a=1.08(-\ln\tau_{sw})^{0.265} \tag{3-40}$$

其中 τ_{sw}由式（3-23）计算获取。

8. 地表出射的长波辐射 $R_L\downarrow$

地表出射的长波辐射 $R_L\downarrow$ 的计算公式为

$$R_L\downarrow=\varepsilon\sigma T_S^4 \tag{3-41}$$

式中：ε 为地表比辐射率；σ 为常数，取 5.67×10^{-8}W/(m^2·K^4)；T_S为地表温度。

至此，根据上述的计算过程，可以得出净辐射量的表达式为

$$R_n=(1-\alpha)\frac{G_{SC}\times\cos\theta}{d_r^2}\times\tau_{sw}\times\varepsilon_a\sigma T_a^4-\varepsilon\sigma T_S^4-(1-\varepsilon)\varepsilon_a\sigma T_a^4 \tag{3-42}$$

（三）土壤热通量（G）

土壤热通量是指能量经过热传导由土壤表层向土壤深层传递的量，在 SEBAL 模型中起着不可估量的作用。土壤热通量可以由地表净辐射量以及之前的其他参数计算得到，即

$$G=\frac{T_S-273.15}{a}\times\left[0.0032\times\frac{\alpha}{C_{11}}+0.0062\times\left(\frac{\alpha}{C_{11}}\right)^2\right]\times(1-0.978NDVI^4)\times R_n \tag{3-43}$$

式中：T_S 为地表温度；α 为地表反照率；C_{11}为卫星过境时间对土壤热通量的影响，过境时间在 12：00 之前 C_{11}取 0.9，过境时间在 12：00—14：00 之间 C_{11}取 1.0，过境时间在 14：00—16：00 之间 C_{11}取 1.1。

1. 显热通量 H

显热通量（Sensible Heat Flux）也叫做感热通量，是指由于温度变化而引起的大气

与下垫面之间发生的湍流形式的热交换。SEBAL 模型中感热通量是重要参数，同时也是最难计算的一个参数，与气象和地表类型等都有着密切的关系，其计算公式为

$$H=\frac{\rho_{air}C_p dT}{r_{ah}} \tag{3-44}$$

式中：ρ_{air}为空气密度，在标准状态下取 1.293kg/m^3；C_p 为空气热量常数，取 1004J/(kg · K) 力学阻力，两者的计算公式为

$$\rho_{air}=349.635\frac{\frac{(T_\alpha-0.0065Z)^{5.26}}{T_\alpha}}{T_\alpha} \tag{3-45}$$

$$r_{ah}=\frac{\ln\left(\frac{Z_2}{Z_1}\right)}{Uk} \tag{3-46}$$

式中：$Z_1=0.01$m；$Z_2=2$m；k 为 Von Karman 常数，取 0.41。

U^* 的计算公式为

$$U^*=\frac{kU_r}{\ln\left(\frac{Z_r}{Z_{om}}\right)} \tag{3-47}$$

其中

$$U_r=\frac{U_2\times\ln(67.8\times Z_r-5.42)}{4.87} \tag{3-48}$$

$$Z_{om}=\exp(5.65NDVI-6.32) \tag{3-49}$$

式中：U_r 为高度 Z_r处的风速，一般情况下，假设高度在 200m 以上时，处于稳定状态，r 一般取 200；Z_{om}为地面粗糙度；U_2 为 2m 处的风速，由气象数据可以获得。

式（3-50）中 dT 是高度为 $Z_1=0.01$m 和参考高度为 $Z_2=2$m 处的温度差（$T_{Z_1}-T_{Z_2}$），其计算公式为

$$dT=T_{Z_1}-T_{Z_2}=aT_S^*+b \tag{3-50}$$

式中：a、b 为回归系数，为了得到适宜的值，首先要选取“冷点”和“热点”，“冷点”处水分比较充足，植物生长较好，温度比较低，显热通量几乎为 0；“热点”处植被覆盖很少或是盐碱化土地，温度比较高，蒸散量几乎为 0。

在 ENVI5.2 中同时打开 $NDVI$ 和地表温度，选取地表温度低且 $NDVI$ 大的点作为“冷点”，再选取地表温度高且 $NDVI$ 小的点作为“热点”。

由式（3-50）可知，在“冷点”处，$H\approx0$，d$T=aT_{S冷}+b$；在“热点”处，$\lambda ET\approx0$，可以推出 $H\approx R_n-G$，d$T=(T_{S热}+b)$，由式（3-44）可以推出

$$\alpha=\frac{(R_{nhot}-G_{hot})\times r_{\alpha hhot}}{C_p\times\rho_{\alpha irhot}\times(T_{Shot}-T_{Scold})}b=-\alpha\times T_{Scold}^* \tag{3-51}$$

综上所述，由于近地层大气不稳定，因此需要通过计算 Monin - Obukhov 长度 L，引入修正因子 ψ_h、ψ_m，经多次迭代运算对空气动力学阻力 r_{ah}、空气密度 ρ_{air}进行校正，直到取得稳定的 H 值为止。图 3-7 是显热通量循环迭代流程图。

空气动力学阻力 r_{ah}的校正公式为

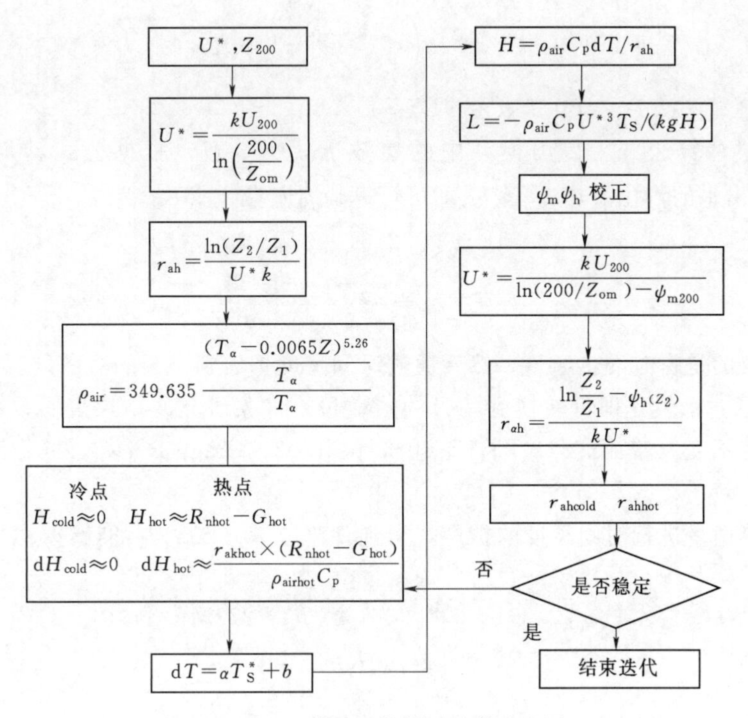

图 3-7　显热通量的循环迭代流程图

$$r_{ah}=\frac{\ln\frac{Z_2}{Z_1}-\psi_{h(Z_2)}}{kU^*} \tag{3-52}$$

而中性稳定度下的摩擦风速 U^* 的计算公式为

$$U^*=\frac{kU_{200}}{\ln\frac{Z_{200}}{Z_{om}}-\psi_{m200}} \tag{3-53}$$

计算 Monin－Obukhov 长度 L 的计算公式为

$$L=-\frac{\rho_{air}C_{pair}U^{*3}T_S}{kgH} \tag{3-54}$$

各个变量的含义与上述公式一致，g 为重力加速度，取 9.8m/s^2。

根据 L 值的不同，大气分为非稳定、中性、稳定三种状态：

1）$L>0$ 时，属于稳定状态，其计算公式为

$$\psi_{h(Z)}=-5\left(\frac{Z}{L}\right) \tag{3-55}$$

2）$L=0$ 时，属于中性状态，其公式为

$$\psi_m=\psi_h=0 \tag{3-56}$$

3）$L<0$ 时，属于非稳定状态，其计算公式为

$$\psi_{h(Z)}=2\ln\frac{1+x_Z^2}{2} \tag{3-57}$$

$$\psi_{m200}=2\ln\left(\frac{1+x_{200}}{2}\right)+\ln\left(\frac{1+x_{200}^2}{2}\right)-2\arctan(x_{200})+0.5\pi \tag{3-58}$$

2. 潜热通量（λET）和日蒸散量（ET_{24}）

根据上述计算公式，得出模型中的参数 R_n、G、H，根据公式计算得出潜热通量（ET）和出水的汽化潜热 λ，然后即可计算瞬时蒸散量 ET_{inst} 为

$$\lambda=2.501-0.002361\times(T_S-273.15) \tag{3-59}$$

$$ET_{inst}=\frac{R_n-G-H}{\lambda} \tag{3-60}$$

以上计算获取的是瞬时潜热通量，然后通过时间尺度扩展到一天的蒸散量。在此，引入蒸发比（Λ），通过蒸发比即可转换到一天的蒸散量。气象研究的结果表明，蒸发比在一天当中基本保持不变（曾丽红，2008；Brutsaert，1992；Crago R D，1996；Shuttleworth，1989）。

瞬时潜热通量进行时间尺度的扩展，得到日蒸散量（ET_{24}）的计算公式为

$$ET_{24}=\frac{R_{n24}\times\Lambda_{24}\times86400}{[2.501-0.002361\times(T_S-273.15)]\times10^6} \tag{3-61}$$

其中

$$R_{n24}=(1-\alpha)R_{a24}-110\tau_{sw} \tag{3-62}$$

$$R_{a24}=\frac{G_{SC}}{\pi\times d_r}(\omega_s\sin\varphi\sin\delta+\cos\varphi\cos\delta\sin\omega_s) \tag{3-63}$$

$$\omega_s=\arccos(-\tan\varphi\tan\delta) \tag{3-64}$$

$$\Lambda_{24}=\frac{\lambda ET}{R_n-G}=\Lambda_{inst} \tag{3-65}$$

式中：R_{n24} 为日地表净辐射量，W/m^2；Λ_{24} 为蒸发比；T_S 为地表温度；φ 为地理纬度；δ 为太阳赤纬；d_r 为日地距离；G_{SC} 为太阳常数，取 1367W/m^2。

（四）遥感数据

本研究中遥感数据为 Landsat8 数据，分辨率 30m，从地理空间数据云下载（http：//www.gscloud.cn/），见表 3－3。高程数据是通过 eBee 无人机航拍获取，地面分辨率为 7cm，航拍时间为 2017 年 7 月 24 日。土地利用数据由清华大学提供的 SEBAL 数据库获得（http：//data.ess.tsinghua.edu.cn）。

表 3－3　Lansat8 数据源

日期/(年-月-日)	数据源	行/列号	DOY	备注
2015－3－27	Landsat8	127/31	86	
2015－4－28	Landsat8	127/31	118	
2015－8－2	Landsat8	127/31	214	计算修正
2015－9－3	Landsat8	127/31	246	
2015－10－5	Landsat8	127/31	278	
2016－5－24	Landsat8	127/31	137	
2016－6－8	Landsat8	127/31	153	计算修正

续表

日期/(年-月-日)	数据源	行/列号	DOY	备 注
2016-8-4	Landsat8	127/31	217	计算修正
2017-4-14	Landsat8	127/31	91	
2017-5-19	Landsat8	127/31	139	
2017-9-8	Landsat8	127/31	251	
2017-9-24	Landsat8	127/31	267	计算修正

注 备注中的计算修正是根据对应时间段实测数据，对反演数据进行校正。

为了更好地提高反演精度，应用 SEBAL 模型估算之前要对下载好的遥感影像进行预处理，预处理包括数据读取、辐射定标、图像裁剪、FLAASH 大气校正，所有的遥感影像的坐标均采用 WGS-84 坐标，投影坐标为 WGS_1984_UTM_zone_49N。反演数据最终导出成 TIFF 格式，最终在 ArcGIS10.3 软件平台中反演出小流域日蒸散量分布图。

六、SWAT 模型

SWAT 模型由美国农业部（USDA）农业研究中心 Jeff Arnold 博士开发（Arnold，1995），具有以下特点：

（1）基于物理机制，且介于物理与概念之间，具有很强的物理基础，能够考虑天气、土壤性质、地形、植被、人类土地管理的综合作用，同时能够灵活处理各种复杂应用条件。

（2）输入数据容易获取，基本可以通过政府部门获得。

（3）由于介于物理—概念模型之间，即半分布式模型，使该模型计算效率较高，不用通过过多财力与实践，既可以模拟较大的流域或模拟多种管理方案（Neitsch，2009a & b）。

（4）适合于长时间尺度的水文循环和物质循环研究。

（5）模型可以直接下载（Romanowicz et al.，2005）。SWAT 模型在具备以上优点的同时也有一定的局限性：在大尺度的水文模拟中不能反映降雨量的空间差异（郝芳华，2006），模型中假定水文响应单元（HRU）具有相同特征，但实际中可能存在差异。

SWAT 模型开发后已通过了美国环保署组织的关于模型性能、模拟精度等方面的全方位评价，也经过了全北美包括不同土地利用、作物植被、降雨、农业管理方式等数千种不同条件下的校准和验证（Lan J Y，2010）。近年来 SWAT 模型在北美、欧洲、亚洲、非洲等地区都得到了应用和推广（田彦杰，2012）。

SWAT 是流域尺度模型，ArcSWAT 是 SWAT 模型在 ArcGIS 平台上的扩展模块。SWAT 模型开发的最初目的是在具有不同土壤类型、土地利用和管理措施的大尺度的复杂流域内，预测管理措施对水、泥沙和农业化学污染物负荷长期的影响。SWAT 模型基于物理机制，需要输入流域内气象、土壤属性、地形、植被和土地管理措施等详细信息，从而直接模拟水流、泥沙、作物生长和营养物质循环等物理过程。该模型的输入变量容易获取，所需数据可从政府部门获得。SWAT 模型运算效率高并且可对流域进行长期的模拟。SWAT 模型是一个物理机制的以每日为时间步长的可以连续长时间模拟的分布式流域尺度的水文模型（Williams J R，1985；Arnold J Q，1993）。SWAT 模型可以模拟流域内发生的各种物理过程如径流、蒸散发、泥沙等（SWAT 理论基础）。

SWAT 模型是基于 SWRRB（Simulator for Water Resources in Rural Basins）模型发展而来。通过将 SWRRB 模型与 ROTO 模型（Routing Outputs to Outlet）（Arnold et al.，1995）整合而形成的一个单独的模型即 SWAT 模型。SWAT 模型自 20 世纪 90 年代初面世至今，进行了多次修订和性能扩展，主要的修订内容包括引入多个水文响应单元（Hydrologic Response Units，HRUs）；改进融雪模块、河流中的水质计算，扩充营养物循环模块；改进气象发生器、提供多种潜在蒸散发计算方法；增加了气象情景预测、日降雨细化分布以及天气预测情景模块等使 SWAT 模型适用性大大加强。目前已发展至 SWAT2012 版。

SWAT 在建模时需要把流域划分成多个子流域，子流域划分是根据土地利用和土壤属性的差异是否足以影响水文过程。通过划分子流域，将流域的各个区域在空间上进行对比。流域水文建模可以划分为两个主要部分：第一部分是水文循环陆地阶段，这一阶段控制着每个子流域内进入主河道内的水量、泥沙量、营养质和杀虫剂负荷等；第二部分是水文循环的汇流阶段和水文循环演算阶段，其主要指的是河网中的水、泥沙等向流域出口的运移。

（一）水文循环的陆地阶段

在应用 SWAT 模型研究问题时，水量平衡是流域内所有过程的驱动力。SWAT 模型模拟主要基于如下水量平衡方程

$$SW_t = SW_0 + \sum_{i=1}^{t}(R_{day} - Q_{surf} - E_a - W_{seep} - Q_{gw}) \tag{3-66}$$

式中：SW_t 为第 i 天的土壤最终含水量，mm；SW_0 为第 i 天的土壤前期含水量，mm；t 为时间，d；R_{day} 为第 i 天的降水量，mm；Q_{surf} 为第 i 天的地表径流量，mm；E_a 为第 i 天的蒸发蒸腾量，mm；W_{seep} 为第 i 天存在于土壤坡面地层的渗透量和测流量，mm；Q_{gw} 为第 i 天的地下水含量，mm。

对流域细致的划分可以反映出在不同的植被类型和土壤类型下蒸散发的差异。为了更好地提高模拟精度以及更好地描述水量平衡的过程，首先预测每个水文响应单元（HRU）的径流量，进而推演得到整个流域的总径流。

水文循环的陆地部分主要由水文、天气、沉积、土壤温度、作物产量、营养物质和农业管理等部分组成。

流域气候为水文循环提供了湿度和能量并决定了水循环中不同要素的相对重要性。湿度和能量控制着流域的水量平衡，模型所需气候变量主要包括最高最低温度、日降水量、太阳辐射、风速度、相对湿度。这些变量可通过模型自动生成，也可通过实测数据输入获得。其中太阳辐射、风速、相对湿度等通常由于资料缺失而由模型生成。其中，降直减率和高程直减率对模拟结果有很大的影响，根据实际情况要划分出高程带，高程带一般不超过 10 个。

降水发生的过程中，水分会经历 4 个物理过程，冠层截留、水分的下渗、水分的再分配和蒸散发。冠层截留拦截的水分通过蒸发消耗。水分的下渗过程中，土壤不断变湿，下

渗速率逐渐减小，直到水分饱和。水分的再分配是指降水或灌溉停止后，水分在土壤剖面中的持续运动，直到整个剖面水量相等时停止。SWAT 中这一过程使用蓄水演算法来预测。

1. 蒸散发

蒸散发包括植被蒸腾和土壤、河湖、植被表面的蒸发以及冰雪表面的升华。土壤和植物的蒸发在模型中是单独计算的（Ritchie，1972）。在模型中提供了三种潜在蒸散发的估算方法分别是 Hargreaves（Hargreaves et al.，1985）、Priestley－Taylor（Priestley and Taylor，1972）和 Penman－Monteith（Monteith，1965）。

Hargreaves 法计算公式为

$$\lambda E_0 = 0.0023 H_0 (T_{max} - T_{min})^{0.5} (\overline{T}_{av} + 17.8) \tag{3-67}$$

式中：λ 为蒸发潜热，MJ/kg；E_0 为潜在蒸发量，mm/d；H_0 为地外辐射，MJ/(m^2 · d)，T_{max}为某天的最高气温,℃；T_{min}为某天的最低气温,℃；$\overline{T}_{av}$为某天的平均气温,℃。

Priestley－Taylor 法公式为

$$\lambda E_0 = \alpha_{pet} \frac{\Delta}{\Delta + \gamma} (H_{net} - G) \tag{3-68}$$

式中：λ 为蒸发潜热，MJ/kg；E_0 为潜在蒸发量，mm/d；α_{pet} 为系数；Δ 为饱和水汽压—温度关系曲线的斜率，de/dT，kPa/℃；γ 为温度计常数，kPa/℃；H_{net} 为净辐射，MJ/(m^2 · d)；G 为到达地面的热通量密度，MJ/(m^2 · d)。

Penman－Monteith 法计算公式为

$$\lambda E = \frac{\Delta \cdot (H_{net} - G) + \rho_{air} \cdot c_p \cdot (e_z^0 - e_z)/r_a}{\Delta + \gamma \cdot (1 + r_c/r_a)} \tag{3-69}$$

式中：λE 为潜热通量密度，MJ/(m^2 · d)；E 为蒸发率，mm/d；Δ 为饱和水汽压—温度关系曲线的斜率，de/dT，kPa/℃；H_{net}为净辐射，MJ/(m^2 · d)；G 为到达地面的热通量密度，MJ/(m^2 · d)；ρ_{air}为空气密度，kg/m^3；c_p 为恒压下的特定热量，MJ/(kg · ℃)；e_z^0 为高度 z 处的饱和水汽压，kPa；γ 为温度计常数，kPa/℃；r_c 为植物冠层的阻抗，s/m；r_a为空气层的扩散阻抗，s/m。

3 个估算蒸散发的方法各有利弊，依据研究区域特定情况来选择最适合的方法。本文选取 Penman－Monteith 法计算蒸散发。

2. 壤中流

壤中流是地表与临界饱和带之间的水流。模型中壤中流的计算是运用存储模型来预测，模型考虑了渗透系数、比降和土壤含水量的变化。壤中流的计算方法为

$$Q_{lat} = 0.024 \left(\frac{2SW_{ly,excess} \cdot K_{sat} \cdot slp}{\psi_d \cdot L_{hill}} \right) \tag{3-70}$$

式中：$W_{ly,excess}$为土壤层中可流出水量，mm；K_{sat}为土壤饱和水力传导率，mm/h；L_{hill}为山坡坡长，m；slp 为坡度单位距离高程增量，m；ψ_d 为有效孔隙度。

3. 地表径流

在 SWAT 中，每个水文响应单元（HRU）的地表径流和洪峰流量是依据逐日或日以下时间步长的降水量来模拟的。SWAT 中采用 SCS 曲线法（USDA Soil Conservation

Service，1972）计算地表径流。在 SCS 曲线法中，CN（Curve Number）值随土壤含水量呈非线性变化。当土壤含水量接近凋萎含水量时，CN 值下降，而当土壤含水量达到饱和时，CN 值接近 100。在 SWAT 中，峰值径流的预测是采用修正的推理模型来计算。在这个修正的推理模型中，峰值流量与子流域回流时间内的降水量占日降水量的比例、日地表径流量和汇流时间成函数关系。

SCS 曲线法径流方程为

$$Q_{\text{surf}}=\frac{(R_{\text{day}}-I_{\text{a}})^2}{R_{\text{day}}-I_{\text{a}}+S} \tag{3-71}$$

式中：Q_{surf}为累积径流量，mm；I_{a} 为初损量，mm；S 为滞留参数，mm。滞留参数定义为

$$S=25.4\left(\frac{1000}{CN}-10\right) \tag{3-72}$$

式中：CN 为某天的曲线数。

初损量 I_{a} 通常近似为 $0.2S$，则方程式变为

$$Q_{\text{surf}}=\frac{(R_{\text{day}}-0.2S)^2}{R_{\text{day}}+0.8S} \tag{3-73}$$

仅当 $R_{\text{day}}>I_{\text{a}}$ 时才产生径流。当 CN 值不同时，式（3-72）的图解如图 3-8 所示。

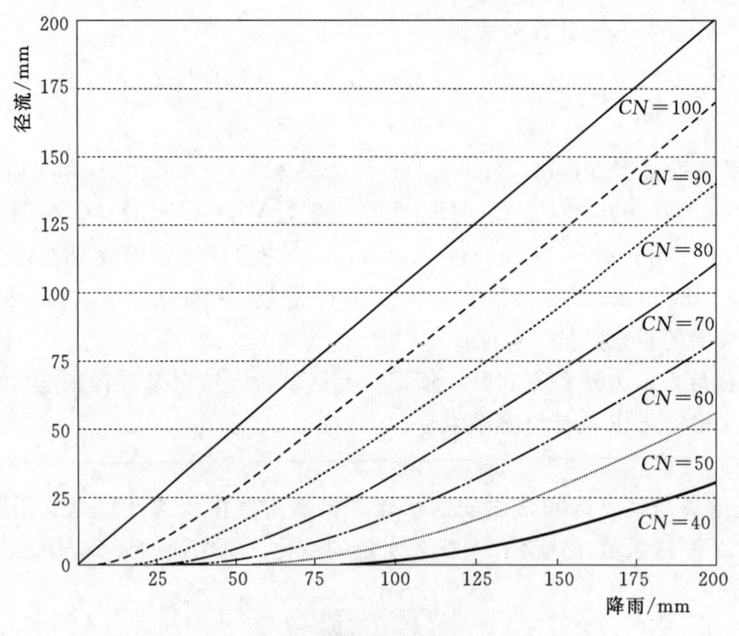

图 3-8 SCS 曲线数法中的降雨—径流关系

4. 土地覆盖和植物生长

SWAT 使用单一的植物生长模型模拟所有类型的土地覆盖。模型将植物分为一年生和多年生植物。植物生长模型可用于评估根区的营养物和水分，以及植物蒸腾、生物量和植物产量。

5. 土壤侵蚀

SWAT 应用 MUSLE 模型（Universal Soil Loss Equation，Williams，1975）来模拟每个 HRU 的水土流失和泥沙的产生。MUSLE 模型能够与水文模型很好的结合，其是修正的通用土壤流失方程 USLE，其计算公式为

$$sed=11.8(Q_{surf}\cdot q_{peak}\cdot area_{hru})^{0.56}\cdot K_{USLE}\cdot C_{USLE}\cdot P_{USLE}\cdot LS_{USLE}\cdot CFRG \tag{3-74}$$

式中：sed 为某天产沙量，t；Q_{surf} 为地表径流总量，mm/hm^2；q_{peak} 为洪峰流量，m^3/s；$area_{hru}$ 为 HRU 的面积，hm^2；K_{USLE} 为 USLE 中的土壤可蚀性因子，$0.013t\cdot m^2\cdot h/(m^3\cdot t\cdot cm)$；$C_{USLE}$ 为 USLE 中土地覆盖与管理措施因子；P_{USLE} 为 USLE 中的水土保持措施因子；LS_{USLE} 为 USLE 中的地形因子；$CFRG$ 为粗糙度因子。

（二）水文循环的演算阶段

通过上一阶段的计算确定了运移到主河道的水流、泥沙等负荷量后就可以演算流域整个河网中相对应的符合量。水文循环的演算阶段主要包括主河道演算、水库演算。其中主河道演算可分为水流、泥沙、营养物和有机化学物质，其中泥沙径流在上文已经介绍，如图 3-9 所示。水库的水量平衡中包含入流量、出流量、水库表面降水量、蒸发量水库底部下渗量和调水量。

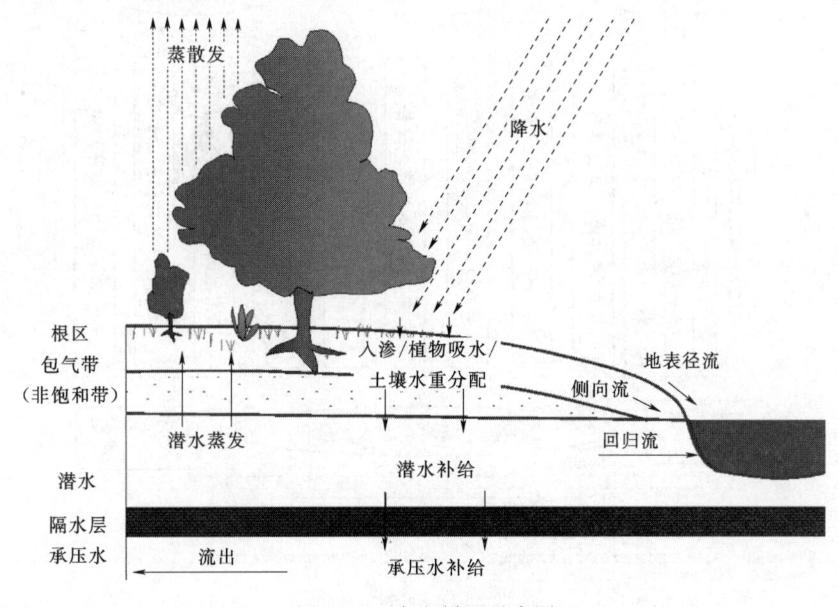

图 3-9 水文循环示意图

河道水量平衡计算公式为

$$V_{stored,2}=V_{stored,1}+V_{in}-V_{out}-tloss-E_{ch}+div+V_{bnk} \tag{3-75}$$

式中：$V_{stored,2}$ 为时间步长末河段的水量，m^3；$V_{stored,1}$ 为时间步长初河段的水量，m^3；V_{in} 为时间步长河段入流量，m^3；V_{out} 为时间步长河段出流量，m^3；$tloss$ 为通过河床渗漏损失量，m^3；E_{ch} 为某天河段蒸发量，m^3；div 为某天通过分水河段增加或减少的水量，m^3；V_{bnk} 为河段调蓄水量通过回归流入河段的水量，m^3。

第四节 技术路线/框架

一、技术路线

收集气象数据，调查地面群落特征、土壤特性，结合遥感影像解译获取研究区生态水文背景值，进行原位试验与人工模拟试验，开展群落蒸发蒸腾、坡面产流、土壤渗透、土壤储水量等相关试验，借助统计分析软件分析数据，运用达西定律基本方程建立土壤水分运动过程模型，并结合有限元软件进行土壤水分运动模拟，以水量平衡为基本原理，分析小流域水量平衡关系，具体技术路线如图 3-10 所示。

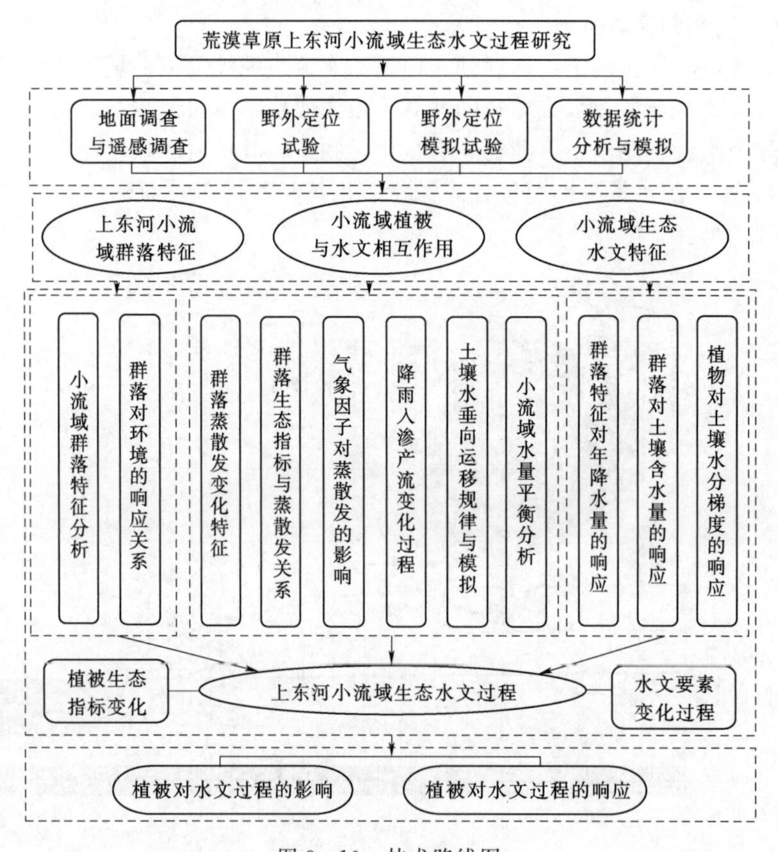

图 3-10 技术路线图

二、研究内容

本研究主要开展上东河小流域荒漠草原生态水文过程中各个环节要素的变化特征以及植被对水文过程的响应规律，具体研究内容如下：

(1) 上东河小流域群落特征。研究小流域群落在小流域尺度的分布特征，小流域内草原不同退化程度的生态指标的差异规律，研究小流域内围封多年草地群落的变化特征及其对环境的响应规律。

（2）小流域植被与水文过程相互作用研究。研究小流域内不同样地（围封、轻度退化、中度退化、重度退化）群落蒸散发变化规律，分析不同群落的盖度、高度及地上生物量对蒸散发的影响；分析气候因子对群落蒸散发的影响；研究不同退化程度草原地表降雨—入渗—产流变化过程，揭示降雨量、降雨强度、坡度、群落高度、群落密度、群落类型对产流过程（产流时间、径流量、入渗量）的影响规律，并对降雨下的土壤水分垂向运动进行模型模拟；确定小流域水量平衡方程及其各个分项，厘清小流域水循环过程。

（3）小流域生态水文特征。综合上述研究，探讨荒漠草原小流域的生态水文特征，研究群落特征对多年降雨量的响应规律，群落对土壤水的响应规律，群落蒸散发对次降雨的响应规律以及植物对土壤水分梯度的响应规律，提出荒漠草原小流域植被建设与生态修复以及水资源利用的策略。

（4）小流域生态水文模拟。应用SWAT模型对塔布河流域生态水文过程进行模拟与预测。

第四章

小流域基本特征

第一节 地形分布特征

一、高程分布特征

利用eBee无人机航拍小流域获取DMS高程数据，得出上东河小流域高程分布，如图4-1所示，小流域高程最高点海拔为1657.00m，最低点海拔为1559.00m，高差为98m，其中海拔1580～1630m之间的面积占小流域总面积的78%以上。小流域总体呈北高南低的趋势，小流域内支沟有10余条。

二、坡度分布特征

对上东河小流域地形图进行坡度解译得出地表坡度构成，如图4-2所示。小流域内

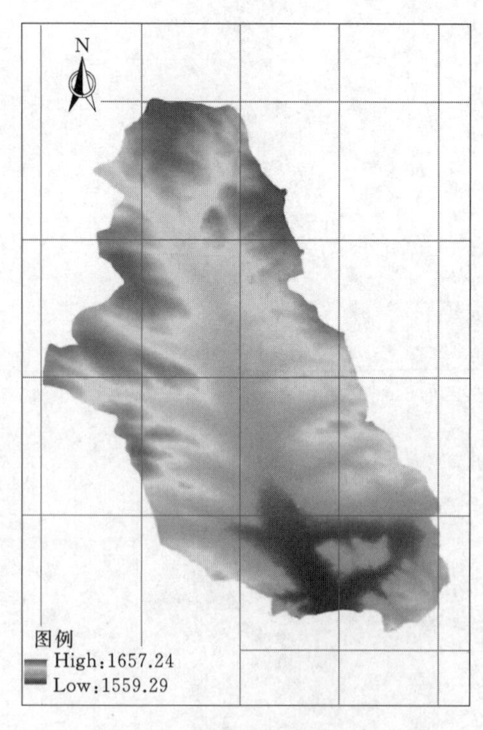

图4-1 上东河小流域DEM

图4-2 上东河小流域坡度构成图

坡度可分为5级，一级坡度在0°～3°之间，二级坡度在3°～5°之间，三级坡度在5°～8°之间，四级坡度在8°～12°之间，五级坡度大于12°。其中一级坡度区域面积占总面积的比例为46.6%，二级坡度占26.4%，三级坡度占18.7%，四级坡度占6.1%，五级坡度占2.2%。可见小流域坡面坡度主要介于0°～8°之间，小于8°的坡面占91.7%以上。坡度分级用于地形条件对小流域荒漠草原生态水文特征的分析。

第二节 气候变化特征

一、降雨量变化特征

根据研究区希拉穆仁镇气象站1960—2013年总计54年的降雨量数据，多年平均降雨量为282.9mm，1960—2013年降雨累积频率曲线如图4-3所示，从图中可以得到不同保证率下的降雨量以及代表年份。枯水年降雨量小于224.7mm，丰水年降雨量大于328.9mm，平水年降雨量介于两者之间。典型代表年份分别为1995年、1984年和2001年。

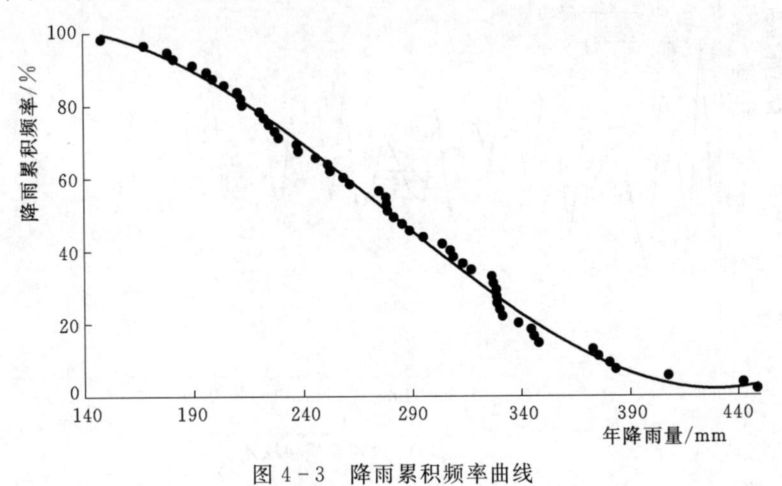

图4-3 降雨累积频率曲线

典型年年内降雨量分布如图4-4所示。年内降雨分布不均，集中在5—10月期间，6—9月降雨量占全年总降雨量的78%。

对研究区多年降雨量（4—9月）数据进行5年、15年、25年滑动平均趋势分析，如图4-5所示。该区降雨量的变化趋势5年滑动平均［图4-5（a）］波动较大，20世纪60年代初开始减少，1967年达到波谷，之后逐年增加，20世纪70年代中期增幅达到最大，之后逐年减小，至20世纪80年代中期又达到波谷，之后在小的波动下逐年增加。15年滑动平均［图4-5（b）］及25年滑动平均［图4-5（c）］则显示研究区降雨变化趋势不显著。计算降雨的气候倾向率，得出降雨呈现略微增加的趋势，变化率为1.6mm/10年。

二、温度变化特征

对研究区54年的年均气温进行了5年、15年、25年滑动平均趋势分析。如图4-6所示，气温的变化趋势5年滑动平均［图4-6（a）］波动较大，20世纪60年代初开始呈

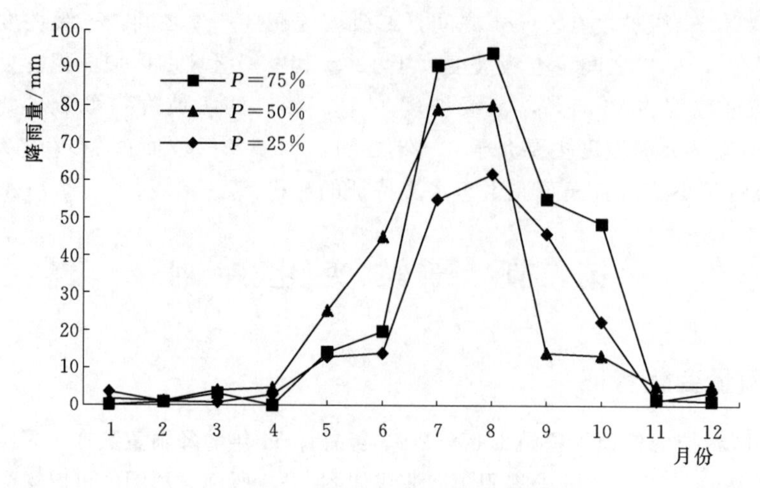

图 4-4 典型年年内降雨量分布

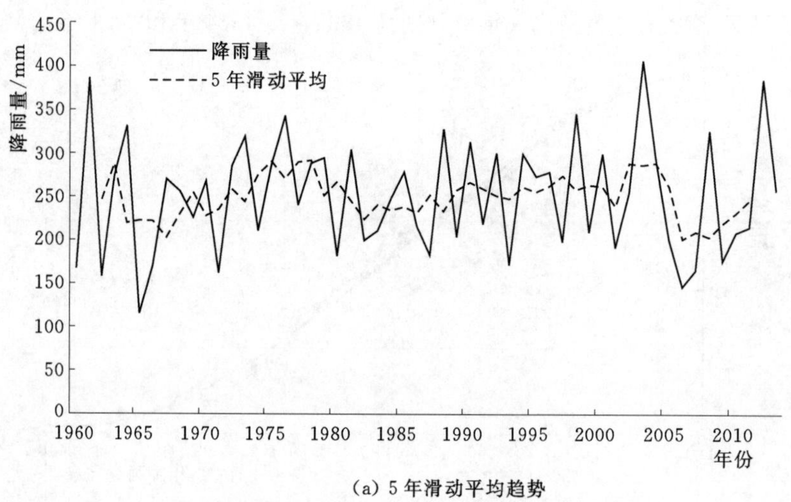

(a) 5 年滑动平均趋势

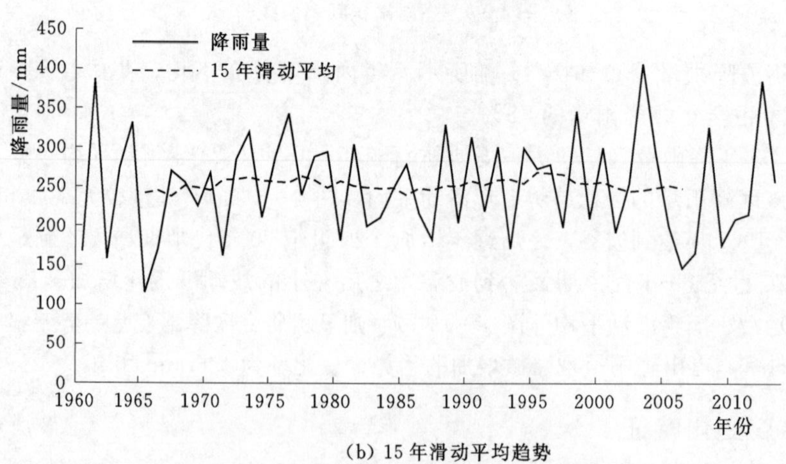

(b) 15 年滑动平均趋势

图 4-5（一） 研究区多年降雨量变化趋势

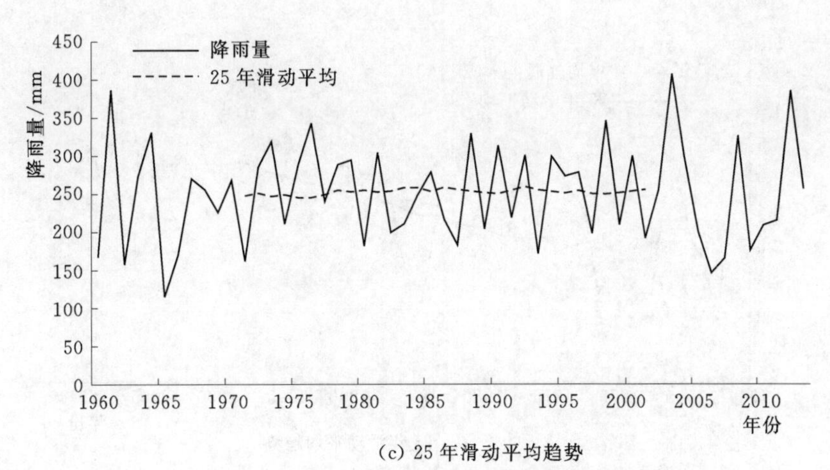

(c) 25 年滑动平均趋势

图 4-5（二） 研究区多年降雨量变化趋势

现先增大后减小的趋势，70 年代中期至 80 年代中期气温变化程度不明显，90 年代初期开始气温呈现增加趋势。15 年滑动平均［图 4-6（b）］及 25 年滑动平均［图 4-6（c）］则显示研究区气温变化呈增加趋势并较显著。通过对气温倾向率的计算，研究区气温增温率为 0.46℃/10 年。

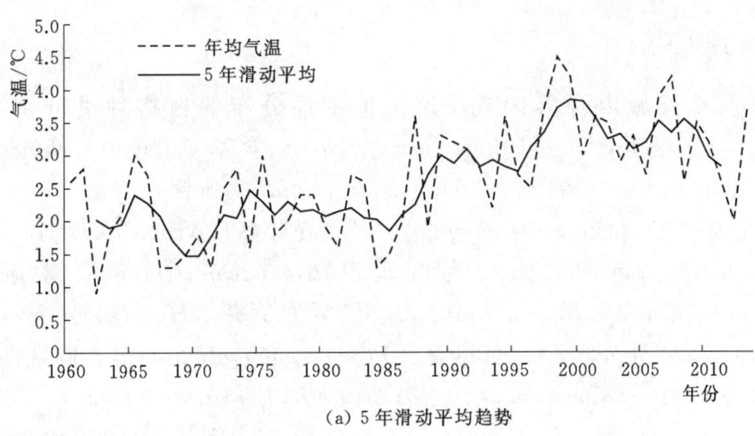

(a) 5 年滑动平均趋势

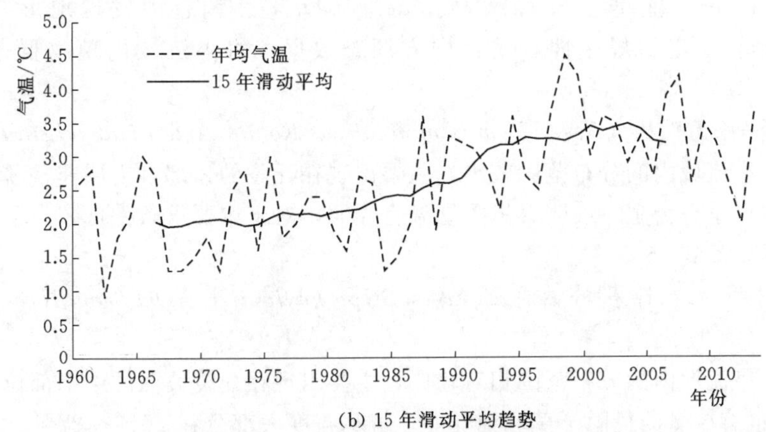

(b) 15 年滑动平均趋势

图 4-6（一） 研究区多年气温变化趋势

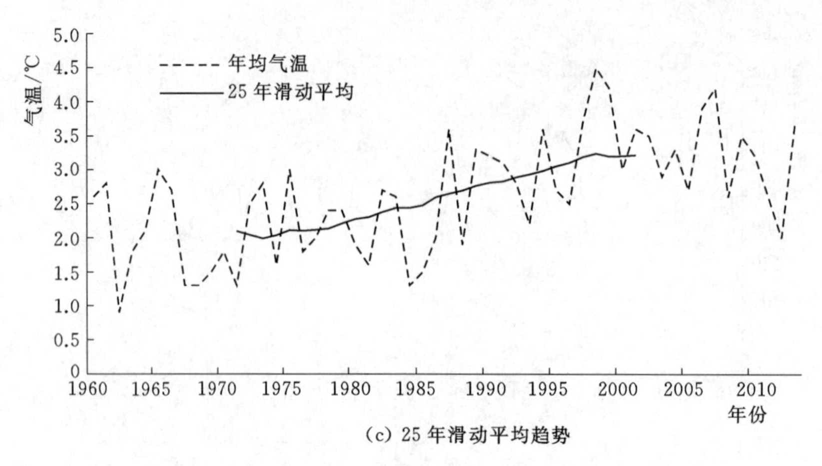

(c) 25年滑动平均趋势

图4-6(二) 研究区多年气温变化趋势

第三节 群 落 特 征

一、群落类型

根据上东河小流域内群落调查，该区地带性分布的植物种类分别为克氏针茅(*Stipa krylovii*)、短花针茅(*Stipa breviflora*)、羊草(*Leymus chinensis*)、冰草(*Agropyron cristatum*)、冷蒿(*Artemisia frigida*)、银灰旋花(*Convolvulus ammannii*)、糙隐子草(*Cleistogenes squarrosa*)、栉叶蒿(*Neopallasia pectinata*)、阿尔泰狗娃花(*Heteropappus altaicus*)、细叶韭(*Allium tenuissimum*)、木地肤(*Kochia prostrata*)、刺藜(*Chenopodium aristatum*)、短翼岩黄耆(*Hedysarum brachypterum*)、扁蓿豆(*Melilotoides ruthenica*)、百里香(*Thymus mongolicus*)等。隐域性分布的植物种类包括寸草苔(*Carex duriuscula*)、二裂委陵菜(*Potentilla bifurca*)、芨芨草(*Achnatherum splendens*)、狼毒(*Stellera chamaejasme*)等。调查中发现地形与植物群落群丛的分布具有一定的规律性，结合样方调查数据，将小流域内植物群落分成6个群丛。

1. 百里香-冷蒿群丛(Ass. *Thymus mongolicus Ronn* - *Artemisia frigida*)

该群丛在小流域内的分布范围较小，主要出现在丘陵的顶部，土层非常薄，甚至基岩裸露，物种以百里香为主。说明百里香喜温喜光照，对土壤要求条件低。该群丛的盖度在小流域内最低，不到15%。

2. 克氏针茅-短花针茅-冷蒿群丛(Ass. *Stipa krylovii*+*Stipa breviflora* - *Artemisia frigida*)

该群丛在小流域内的分布范围相对较广，主要出现在丘陵坡面的中上部位，有效土层40cm以内，也有少量的糙隐子草和细叶韭，群丛盖度大部分在20%～27%。由于地形的影响，坡面水分运动向坡下运移，土壤含水量低，一年、二年生草本植物较少。

3. 克氏针茅-短花针茅-糙隐子草群丛（Ass. *Stipa krylovii* + *Stipa breviflora* - *Cleistogenes squarrosa*）

该群丛在小流域内的分布范围较广，主要出现在丘陵坡面的中部，有效土层基本在60cm以内，也有少量的羊草、冰草和细叶韭伴生，群丛盖度大部分在25%～30%，土壤含水量高于第二群丛，一年、二年生草本植物较少。

4. 克氏针茅-短花针茅-羊草群丛（Ass. *Stipa krylovii* + *Stipa breviflora* - *Leymus chinensis*）

该群丛在小流域内的分布面积较大，主要出现在丘陵坡面的中下部，有效土层基本在80cm以内，也有少量的糙隐子草、冰草和细叶韭伴生，群丛盖度大部分在28%～33%，土壤含水量高于第一、第二、第三群丛，针茅的高度相对较高。

5. 寸草苔-二裂委陵菜群丛（Ass. *Carex duriuscula* - *Potentilla bifurca*）

该群丛属于小流域内的隐域性群落，分布在丘间洼地地带，由于土壤水分含量较高及坡面径流汇集后蒸发引起土壤的盐分含量增加，加之放牧草地退化，寸草苔群丛生长发育，群丛植物生长茂密，群落盖度在40%～55%。

6. 芨芨草-寸草苔群丛（Ass. *Achnatherum splendens* - *Carex duriuscula*）

该群丛分布属于小流域内的隐域性群落，分布在小流域最下游地势较低的汇水区部位，同时也是小流域的坡面径流汇集流入塔布河河流的过渡部位，由于土壤盐碱化程度较高，芨芨草群丛分布面积小而集中，芨芨草下层生长寸草苔，少量羊草伴生。群丛地下潜水水位较高。

通过对群丛的分类及与地形的结合，发现上东河小流域内地形对植物群落影响较大，不同地势、土壤及光照的差异性表现为植物生长的环境因子差异性较大，尤其是土层厚度、土壤含水量、土壤养分的变化会影响群落群丛的变化。

二、样地群落特征分析

2015年、2016年、2017年生长季对研究样地进行连续3年的调查，对调查数据进行单因子方差分析（ANOVA），所得结果见表4-1。围封样地群落盖度最高，重度退化群落盖度最低，围封样地群落盖度与轻度退化样地、重度退化样地在0.05水平上差异显著；重度退化样地群落盖度与其他样地在0.05水平上差异显著；围封样地与其他不同退化程度样地群落高度在0.01水平上差异显著，同时表现出围封样地群落平均高度最大；地上生物量呈现较明显的变化趋势，即围封样地>轻度退化样地>中度退化样地>重度退化样地；围封样地、重度退化样地地上生物量与轻度、中度退化样地具有显著差异性（$P<0.05$），而围封样地地上生物量与其他样地相比差异极显著（$P<0.01$）；各样地之间物种数差异不显著；各样地之间丰富度指数差异也不显著。

表4-1　　不同程度退化样地植物群落特征（平均值±标准误差）

群落特征	围封样地（EX）	轻度退化（LD）	中度退化（MD）	重度退化（HD）
盖度/%	35.68±3.32aA	30.53±1.69bA	27.18±2.28bA	19.65±0.15cA
高度/cm	13.99±2.18aA	7.20±2.29bB	6.44±0.55bB	6.08±0.66bB

续表

群落特征	围封样地（EX）	轻度退化（LD）	中度退化（MD）	重度退化（HD）
地上生物量（干重）/(g/m²)	89.85±4.88aA	60.58±11.35bB	52.81±13.87bB	30.77±3.83cB
物种数	9±0.47aA	8±1.73aA	10±2.65aA	7±0.58aA
丰富度指数	3.63±0.29aA	3.07±0.57aA	3.73±1.01aA	2.41±0.18aA

注 同行中不同小写字母表示在0.05水平上差异显著，不同大写字母表示在0.01水平上差异显著。

三、围封样地群落结构变化分析

围封样地从2004年开始实施长期围封禁牧，至今已经围封13年，围封之前的草地由于距离周边旅游牧户较近，人为扰动及牧压较大，草地退化非常严重。本研究收集了2003年围封前至2017年多年连续固定坡面点位的调查数据，计算了未围封及围封第3年、第7年、第13年群落的优势度以及群落的物种组成，见表4-2。其中未围封时样地的群落以冷蒿、银灰旋花为建群种，采取围封措施后，冷蒿与银灰旋花的优势地位骤减，其优势度由47.59、22.79降低至围封第13年的0、0.30；随着围封年限的增加，羊草、冰草、糙隐子草的优势地位呈现了先增加后减小的趋势；克氏针茅的优势地位逐年增加，其优势度由未围封的15.31增加到围封第3年的29.16、围封第7年的76.18、围封第13年的83.49。从群落的物种数来分析，未围封时样地的群落物种数为18种，围封第3年依然为18种，围封第7年降为14种，围封第13年降至8种。围封第13年后，针茅、羊草、冰草、糙隐子草为群落的建群种，退化指示物种如冷蒿等基本消失。

表4-2　不同围封年限群落物种组成及优势度

植物种类	优势度			
	未围封（Ex0）	围封第3年（Ex3）	围封第7年（Ex7）	围封第13年（Ex13）
克氏针茅（*Stipa krylovii*）	15.31	29.16	76.18	83.49
羊草（*Leymus chinensis*）	0	28.01	3.69	3.57
冰草（*Agropyron cristatum*）	2.16	6.98	5.09	4.90
糙隐子草（*Cleistogenes squarrosa*）	0.05	5.03	4.26	4.56
冷蒿（*Artemisia frigida*）	47.59	16.25	0	0
细叶韭（*Allium tenuissimum*）	3.33	4.97	2.89	2.72
阿尔泰狗娃花（*Heteropappus altaicus*）	3.95	0.91	0	0
短翼岩黄耆（*Hedysarum brachypterum*）	0.13	1.10	0	0
猪毛菜（*Salsola collina*）	3.60	0.08	0.38	0
二裂委陵菜（*Potentilla bifurca*）	0.27	0.09	0.4	0.33
轮叶委陵菜（*Potentilla verticillaris*）	0.60	0.22	0	0
艾草（*Artemisia argyi*）	0.05	0.01	0	0
达乌里龙胆（*Gentiana dahurica*）	0	0.37	0	0
燥原荠（*Ptilotricum canescens*）	0.02	3.41	0	0

续表

植物种类	优势度			
	未围封 (Ex0)	围封第3年 (Ex3)	围封第7年 (Ex7)	围封第13年 (Ex13)
灯心草蚤缀（*Arenaria juncea*）	0.04	0.83	0	0
达乌里芯芭（*Cymbaria dahurica*）	0.03	0.33	0.04	0
瓣蕊唐松草（*Thalictrum petaloideum*）	0	0.08	0	0
细叶鸢尾（*Iris tenuifolia*）	0	2.16	0	0
扁蓿豆（*Meliotoides ruthenica*）	0.03	0	0	0
银灰旋花（*Convolvulus ammannii*）	22.79	0	3.48	0.30
星毛委陵菜（*Potentilla acaulis*）	0.05	0	0	0
刺藜（*Chenopodium aristatum*）	0	0	1.22	0
无芒隐子草（*Cleistogenes songorica*）	0	0	0.94	0
绳虫实（*Corispermum declinatum*）	0	0	0.30	0
木地肤（*Kochia prostrata*）	0	0	1.09	0
地锦（*Euphorbia humifusa*）	0	0	0.04	0
尖齿糙苏（*Phlomis dentosa*）	0	0	0	0.13
红柴胡（*Bupleurum scorzonerifolium*）	0.04	0	0	0

本书同时分析了群落地上生物量、盖度、高度、密度以及物种多样性，如表4-3和图4-7所示。地上生物量随围封年限增加呈显著正相关，未围封时样地地上生物量从50.77g/m^{2}增加到围封第13年的217.67g/m^2，围封3年之内的地上生物量变化不显著，围封第7年及第13年地上生物量与围封第3年相比差异显著（$P<0.01$）。群落盖度随围封年限增加呈显著正相关，未围封为26.67%、围封第3年增加到34.00%、围封第7年增加到47.00%、围封第13年增加到67.03%，围封第13年的群落盖度与围封第7年、第3年、未围封相比在0.05水平上差异显著。群落平均高度随围封年限增加而增加，围封第13年与围封第7年、第3年、未围封植物平均高度之间相比差异显著（$P<0.01$），围封3年之内的植物平均高度差异不显著。群落密度随围封年限增加呈现先增加后减小的抛物

表4-3　　　不同围封年限群落特征（平均值±标准误差）

群落特征	未围封 (Ex0)	围封第3年 (Ex3)	围封第7年 (Ex7)	围封第13年 (Ex13)
地上生物量/(g/m^2)	50.77±20.13aA	59.90±8.60aA	174.13±26.50bB	217.67±57.29bB
盖度/%	26.67±2.89aA	34.00±5.29aA	47.00±12.17aAB	67.03±13.05bB
高度/cm	3.79±0.69aA	6.74±1.12aAB	10.67±1.55bB	25.37±2.71cC
密度/(株/m^2)	189.0±31.43aA	491.33±85.65bB	111.67±46.70aA	90.67±39.11aA
Margalef丰富度指数	1.69±0.22aA	1.48±0.17aA	1.67±0.07aA	1.19±0.09bA
Shannon多样性指数	0.77±0.05aA	0.65±0.05bA	0.76±0.05aA	0.62±0.02bA
Pielou均匀度指数	0.70±0.06abA	0.58±0.07aA	0.78±0.06bA	0.73±0.07bA

注　同行中不同小写字母表示在0.05水平上差异显著，不同大写字母表示在0.01水平上差异显著。

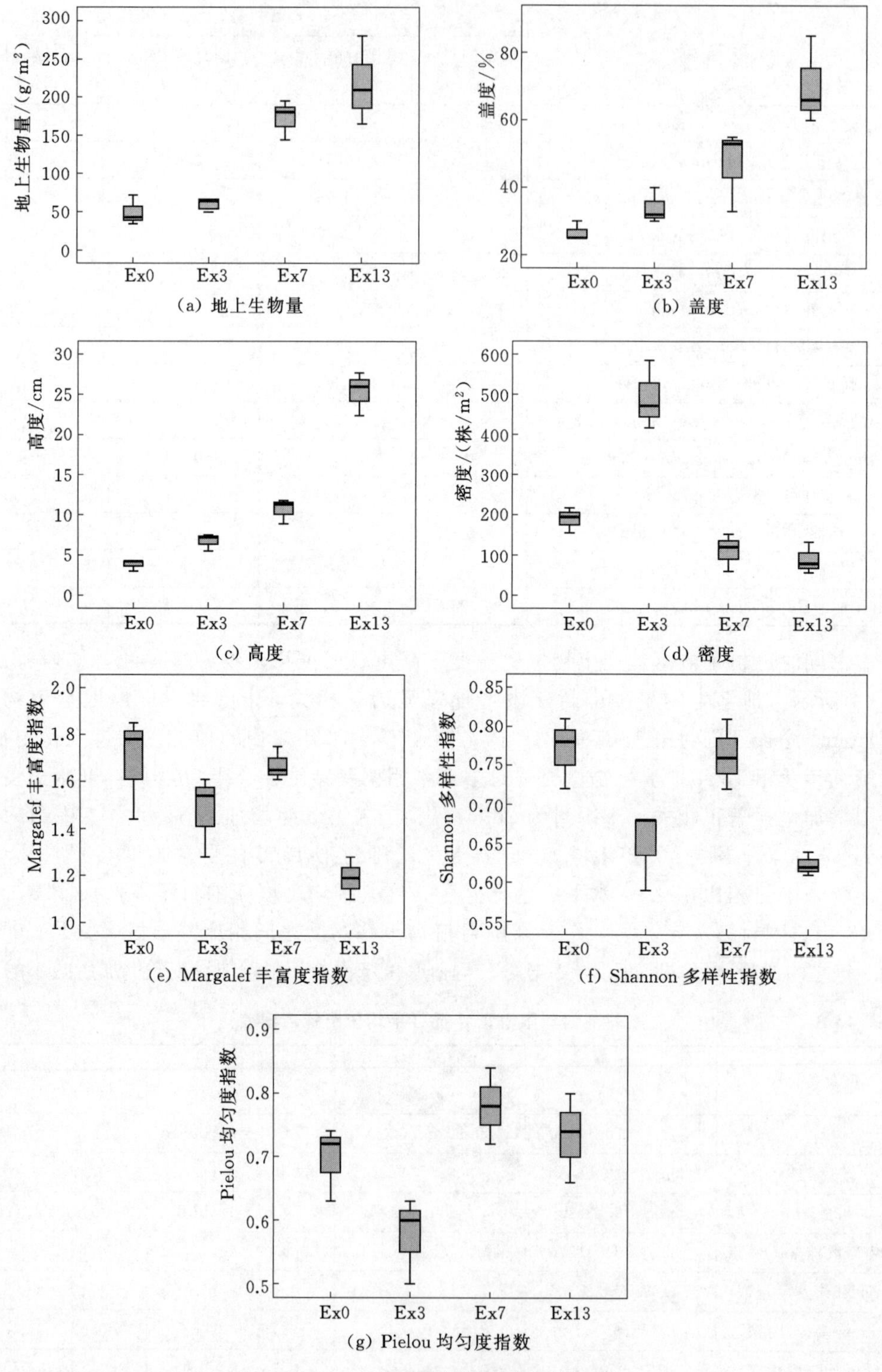

图 4-7 不同围封年限群落特征

线趋势，只有围封第 3 年的群落密度与其他围封年限相比差异显著（$P<0.01$）。群落的 Margalef 丰富度指数围封第 13 年与其他年限相比差异显著（$P<0.05$），围封 7 年 Margalef 丰富度指数之间差异不显著；Shannon 多样性指数变化与 Margalef 丰富度指数变化相一致；Pielou 均匀度指数围封第 3 年与围封第 7 年、第 13 年相比差异显著（$P<0.05$），未围封的群落 Pielou 均匀度指数与其他不同围封年限相比无显著差异。

四、围封样地土壤理化性质变化特征

土壤养分动态变化能够直接而准确地反映植物与土壤环境作用的本质关系和动态特征，特别是半干旱脆弱地带草地自然修复对其土壤生态环境产生的效应，从而达到认识草地封育恢复与管理运营模式的目的（程杰，2007）。对围封样地进行未围封前及围封后的第 3 年、第 7 年、第 13 年的土壤养分含量分析如图 4－8 所示，结果表明，放牧退化草地围封恢复后土壤养分含量显著增加。土壤 0～10cm 的有机质含量随围封年限增加呈明显的增加趋势，尤其从围封第 7 年开始，有机质含量增加显著，由未围封的 2.22％增加至围封第 7 年的 3.37％、围封第 13 年的 3.58％。土壤 0～10cm 的全氮含量随围封年限呈明显的增加趋势，但是围封第 7 年以后全氮含量的变化随围封年限的增加变化不显著，趋于较稳定的水平。土壤速效氮含量随围封年限的增加显著增加。全钾含量随围封年限的增加呈明显的先增加后减少趋势，未围封样地全钾含量为 1.71％、围封第 3 年的全钾含量为 1.85％、围封第 7 年的全钾含量为 3.53％、围封第 13 年的全钾含量为 2.61％。速效钾含量随围封年限的增加显著增大，由未围封的 62mg/kg 增加至围封第 13 年的 207mg/kg。土壤全磷含量围封 3 年之内没有明显变化，围封第 7 年后全磷含量显著增加，由未围封的 0.17％增加至围封第 7 年的 0.58％，之后随围封年限增加呈缓慢增加的趋势，围封第 13 年的全磷含量达到 0.61％。土壤速效磷的变化趋势与全钾含量的变化趋势基本一致，不同围封年限土壤速效磷含量差异显著。可见退化草地采用围封措施后，群落发育良性化，养分流失减少，加之大量枯落物归还于土壤，土壤养分含量增加。

五、围封样地群落与环境因子的关系

围封多年样地群落生态指标与环境变量之间的关系采用除趋势对应分析法（Detrended Correspondence Analysis，DCA）和典范对应分析（Canonical Correspondence Analysis，CCA）方法进行分析。借助 Canoco for Windows4.5 软件完成 DCA 和 CCA 分析。

不同围封年限草地植物群落 DCA 分析如图 4－9 所示，反映了荒漠草原围封年限对草原群落特征的影响梯度。图中，数字代表样方序号，1、2、3 为围封 0 年，4、5、6 为围封 3 年，7、8、9 为围封 7 年，10、11、12 为围封 13 年；*BI* 代表地上干物质量，*CO* 代表群落盖度，*H* 代表群落高度，*DE* 代表群落密度，*MA* 代表 Margalef 丰富度指数。DCA 第一轴的特征值为 0.297，占总特征值的 97.06％，说明第一轴（人类活动即围封时间）包含了大部分生态信息，排序效果较好。沿 DCA 第一排序轴从左到右表现出随围封年限的延长，群落的高度、盖度和地上生物量也呈增加趋势，可见围封可有效提高产量，促进群落恢复。沿 DCA 第一排序轴从左到右群落特征对围封的响应可以分为两个阶段：第一阶段围封影响不显著，这一阶段为围封 3 年以内，群落特征较围封前差异不显著；第

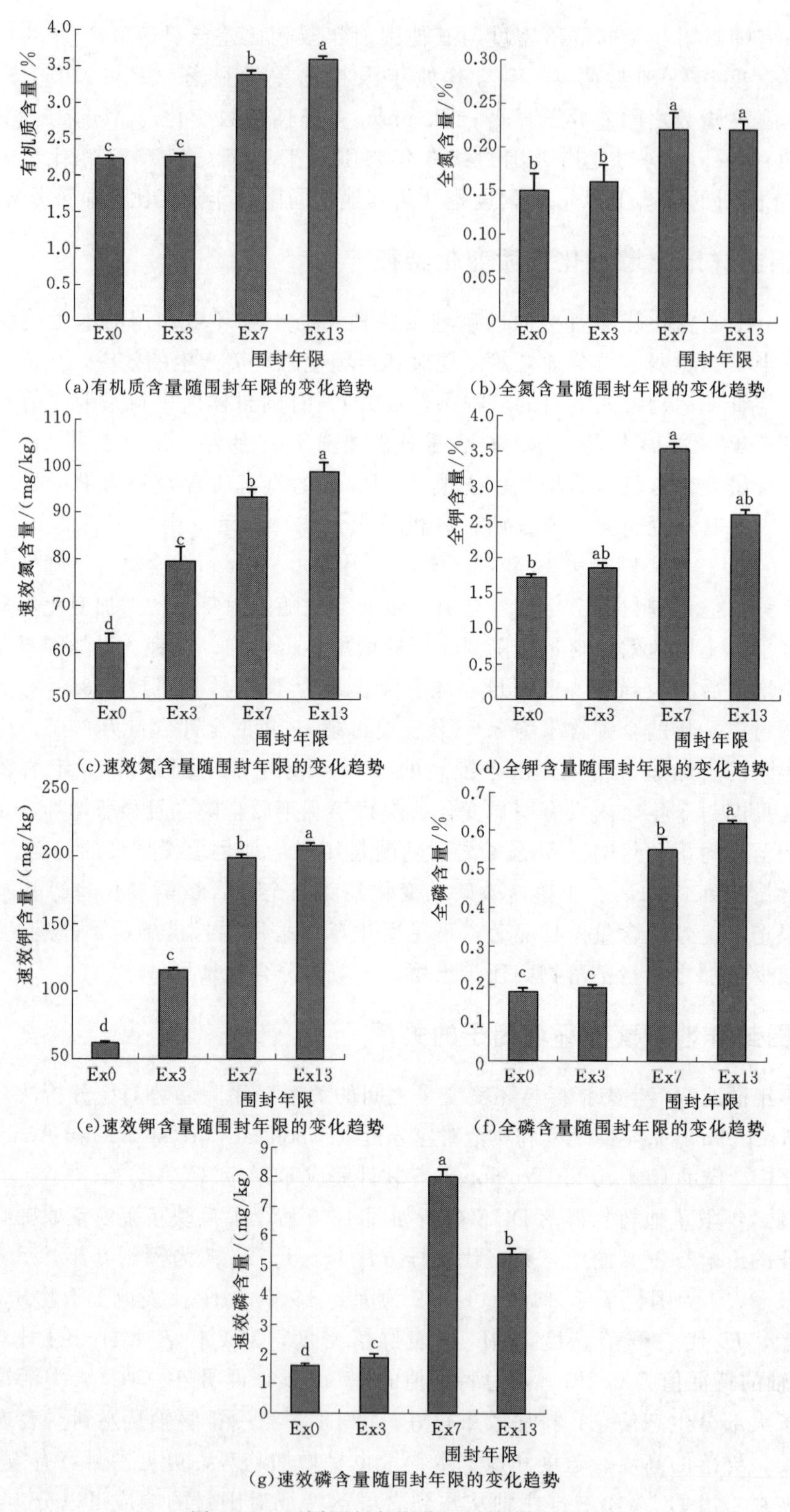

(a)有机质含量随围封年限的变化趋势

(b)全氮含量随围封年限的变化趋势

(c)速效氮含量随围封年限的变化趋势

(d)全钾含量随围封年限的变化趋势

(e)速效钾含量随围封年限的变化趋势

(f)全磷含量随围封年限的变化趋势

(g)速效磷含量随围封年限的变化趋势

图 4-8 不同围封年限草地土壤养分分布

二阶段围封显著影响群落特征，这一阶段为围封3年以上，群落特征较围封前差异显著。图4-9中变量质心连线的长度代表欧几里得距离，从图中还可以看出，群落高度、群落盖度及地上生物量与围封年限差异较显著。

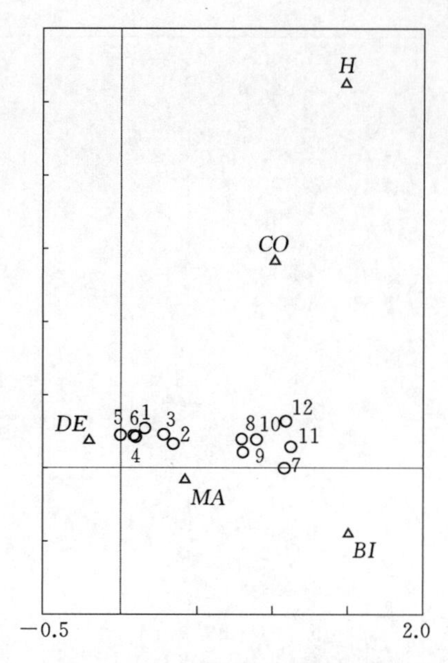

图4-9 不同围封年限草地植物群落DCA分析图

采用CCA方法研究植物群落与环境的关系。CCA要求两个数据矩阵，一个是群落数据矩阵，一个是环境数据矩阵，可以结合多个环境因子一起分析，从而更好地反映群落与环境的关系。在种类和环境因子不特别多的情况下，CCA可将样方排序、种类排序及环境因子排序表示在一个图上，从而直观地看出它们之间的关系。CCA排序的特点为箭头代表环境因子，箭头连线的长度代表植物群落的分布与该环境因子相关性的大小，线越长说明相关性越大；箭头连线与排序轴的夹角表示环境因子与排序轴相关性的大小，夹角越小，相关性越大（张金屯，1995）；箭头所处的象限表示环境因子与排序轴的正负相关关系。图4-10～图4-13分别表示围封年限（Ex0表示未围封，Ex3表示围封第3年，Ex7表示围封第7年，Ex13表示围封第13年）草地植物群落与环境因子的CCA分析图。

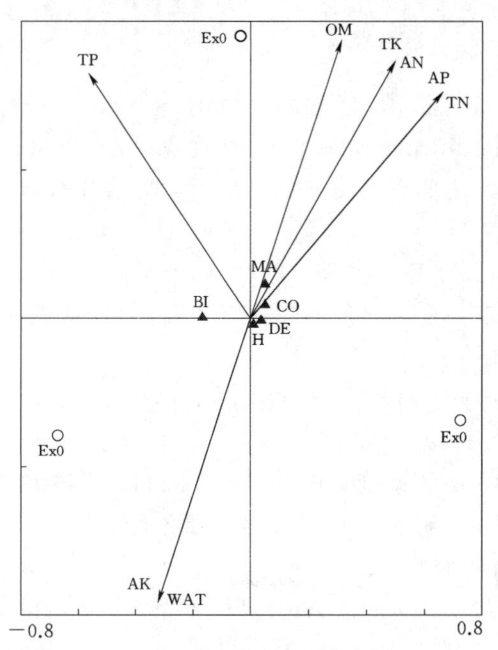

图4-10 未围封草地植物群落与环境因子的CCA分析图（箭头实线代表环境因子）

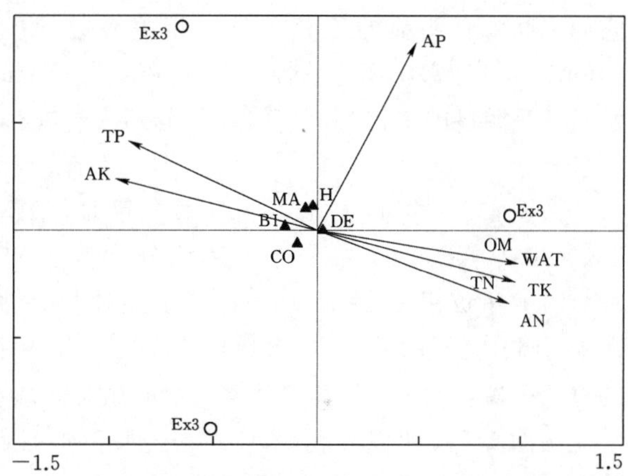

图4-11 围封第3年草地植物群落与环境因子的CCA分析图

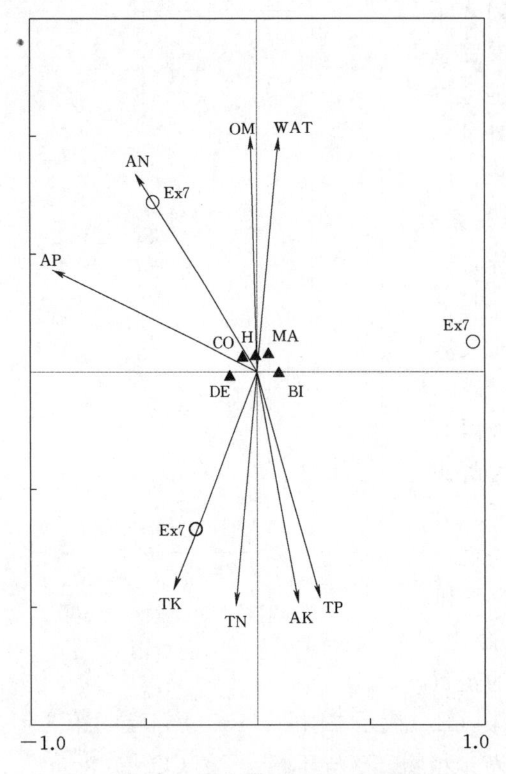

图 4-12 围封第 7 年草地植物群落与环境因子的 CCA 分析图

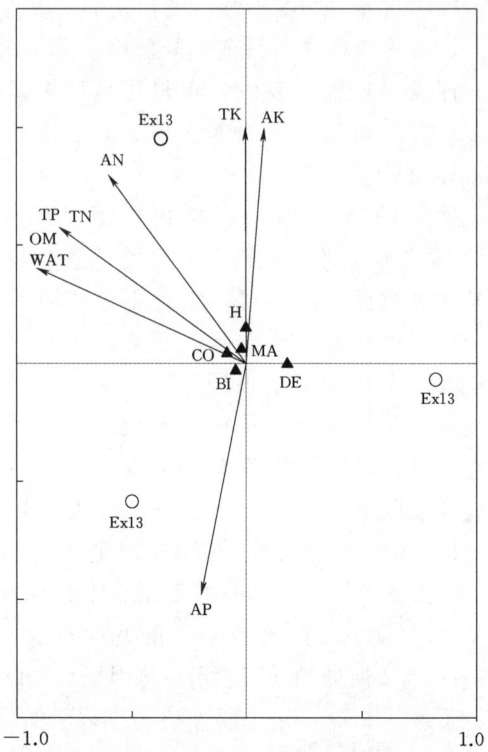

图 4-13 围封第 13 年草地植物群落与环境因子的 CCA 分析图

由图 4-10 可以看出，样地未围封时，土壤有机质（Organic Matter，OM）、全钾（Total Potassium，TK）、速效氮（Available Nitrogen，AN）、速效磷（Available Phosphorus，AP）和全氮（Total Nitrogen，TN）之间具有良好的一致性，群落分布与它们之间具有明显的正相关性，相关系数 AP＝TN（0.6560）＞TK＝AN（0.4990）＞OM（0.3177），而速效钾（Available Potassium，AK）和 WAT（0～10cm 的土壤含水量）呈明显的负相关，相关系数分别为－0.3177、－0.5660，与全磷（TP）相关性不明显。

由图 4-11 可以看出，围封第 3 年时，第一排序轴与土壤指标 OM、WAT、TN、TK、AN、AP 正相关，相关系数分别为 0.99、0.99、0.97、0.97、0.94、0.48，与 AK、TP 呈负相关关系。环境因子之间的相关性发生了改变，ON、WAT、TK、TN 和 AN 之间有良好的一致性，TP 与 AK 之间有良好的一致性，且前者与后者之间存在明显的负相关性，而 AP 与其他环境因子的相关关系不明显。

由图 4-12 可以看出，CCA 第一排序轴与围封第 7 年时的 AK、TP 和 WAT 呈正相关关系，相关性较低，相关系数分别为 0.09、0.27、0.10，与 OM、TN、AN、TK 和 AP 呈负相关关系，其中与 AP 的相关性最高，AN 次之，与 OM 的相关性最低，相关系数为－0.0278。WAT 与 OM、AN 和 AP 均存在正相关关系，相关性依次降低，但与 TK、TN、AK 和 TP 存在明显的负相关关系。

由图 4-13 可以看出，围封第 13 年的样地中仅有 AK 与第一排序轴呈正相关关系，且相关系数仅为 0.08，其余土壤指标与第一排序轴呈负相关关系，其中与 OM、TN 和 TP 的相关系数一致，均为 -0.82，WAT 的相关系数最大，为 -0.92，TK 的最小，为 -0.0038。但是，TK 和 AK 之间存在明显的正相关关系，均与 AP 存在明显的负相关关系，且与 AN、TP、TN、OM 及 WAT 之间存在不同程度的正相关关系。

不同围封年限草地植物群落与环境因子 CCA 分析图如图 4-14 所示。由图 4-14 可以看出，不同围封年限在 CCA 排序图能较好地区分出来。第一轴很好地反映了环境因子对群落的影响，从左到右依次为围封第 3 年、未围封、围封第 7 年、围封第 13 年，表明群落随着围封年限的变化呈现较有规律的变化。不同环境因子之间存在不同程度的正相关关系，其中 TN、AK 和 TP 之间为正相关关系，OM、WAT 和 AN 之间为正相关关系。

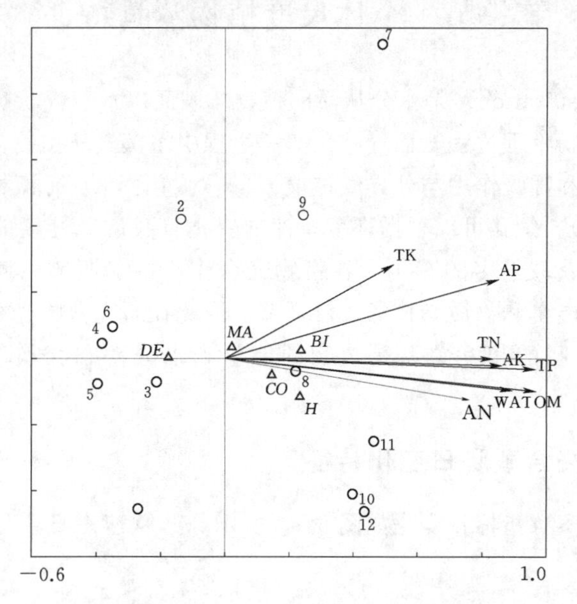

图 4-14　不同围封年限草地植物群落与环境因子 CCA 分析图
（其中 1、2、3 表示为未围封的样方；4、5、6 表示为围封第 3 年的样方；7、8、9 表示为围封第 7 年的样方；10、11、12 表示为围封第 13 年的样方）

综上所述，在同一围封年限内，植物群落的分布与不同环境因子之间的相关性基本一致；但是在不同围封年限，植物群落的分布与不同环境因子之间的相关性是不同的，植物群落的分布与 AP、TP 和 OM 的相关性较高，而与 TK 的相关性最低。

第五章

小流域植物群落蒸散发特征研究

第一节　个体尺度植物蒸腾特征

蒸腾作用（Transpiration）是水分从活的植物体表面以水蒸气状态散失到大气中的过程，是一种复杂的植物生理过程。而气孔是蒸腾过程中水蒸气从植物体内排到体外的主要出口，也是光合作用和呼吸作用与外界气体交换的“大门”，影响着蒸腾、光合、呼吸等作用（潘瑞炽，2004）。气孔可以根据环境条件的变化自我调节开度的大小而使植物在损失水分较少的条件下获取最多的 CO_2，在植物光合作用中起调节平衡的作用，是调控土壤—植被—大气之间能量和物质交换的关键环节。因此在研究植物光合蒸腾的同时叶片气孔导度与环境因子之间的相互关系是植物的能量和水分动态交换的重要问题（王芸，2013）。

一、短花针茅光合蒸腾日变化特征

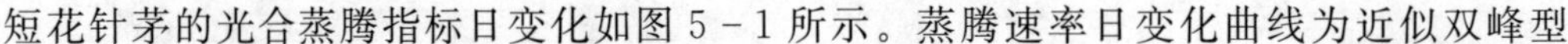

短花针茅的光合蒸腾指标日变化如图 5-1 所示。蒸腾速率日变化曲线为近似双峰型

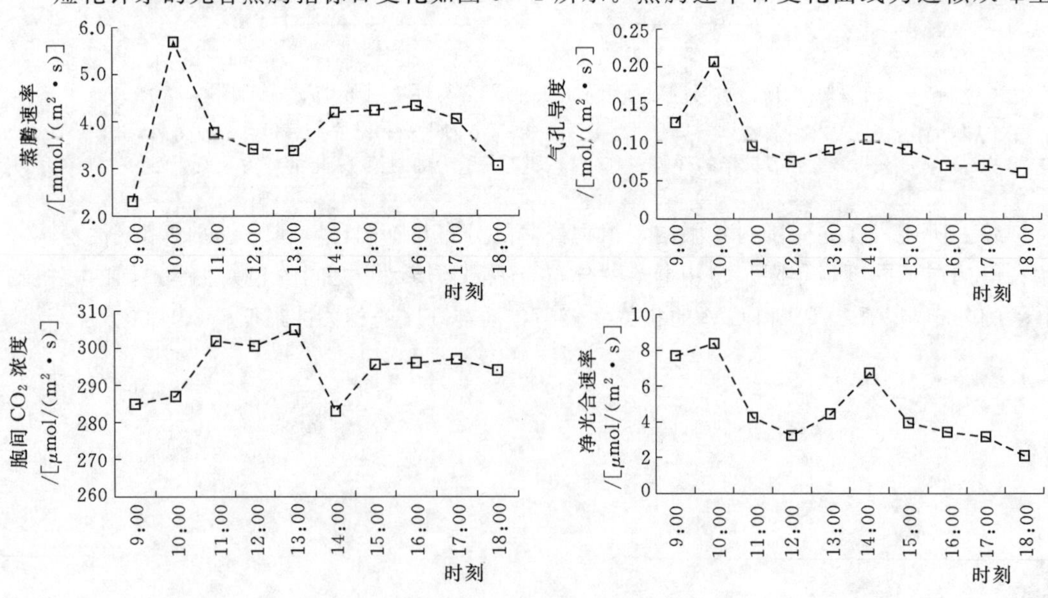

图 5-1　短花针茅的光合蒸腾指标日变化

曲线，蒸腾速率最大值出现在上午10：00左右，中午12：00—13：00蒸腾速率较低，下午16：00出现第二个峰值。气孔导度的日变化曲线与蒸腾速率的日变化曲线趋势相近，可见气孔导度大，蒸腾速率也大。胞间CO_2浓度日变化曲线也呈现双峰型，但是当蒸腾速率与净光合速率较高时，胞间CO_2浓度较低，说明净光合速率高，进入细胞参与光合作用的CO_2较多，胞间的CO_2浓度降低。

二、糙隐子草光合蒸腾日变化特征

糙隐子草光合蒸腾指标日变化如图5-2所示。蒸腾速率日变化曲线为双峰型曲线，蒸腾速率最大值出现在上午10：00左右，中午12：00—13：00蒸腾速率较低，下午15：00出现第二个峰值。气孔导度的日变化曲线与蒸腾速率的日变化曲线趋势相近，可见气孔导度大，蒸腾速率也大。胞间CO_2浓度日变化曲线波动较多，当蒸腾速率与净光合速率出现高值时，相应的胞间CO_2浓度出现低值，说明净光合速率高，进入细胞参与光合作用的CO_2较多，胞间的CO_2浓度降低。

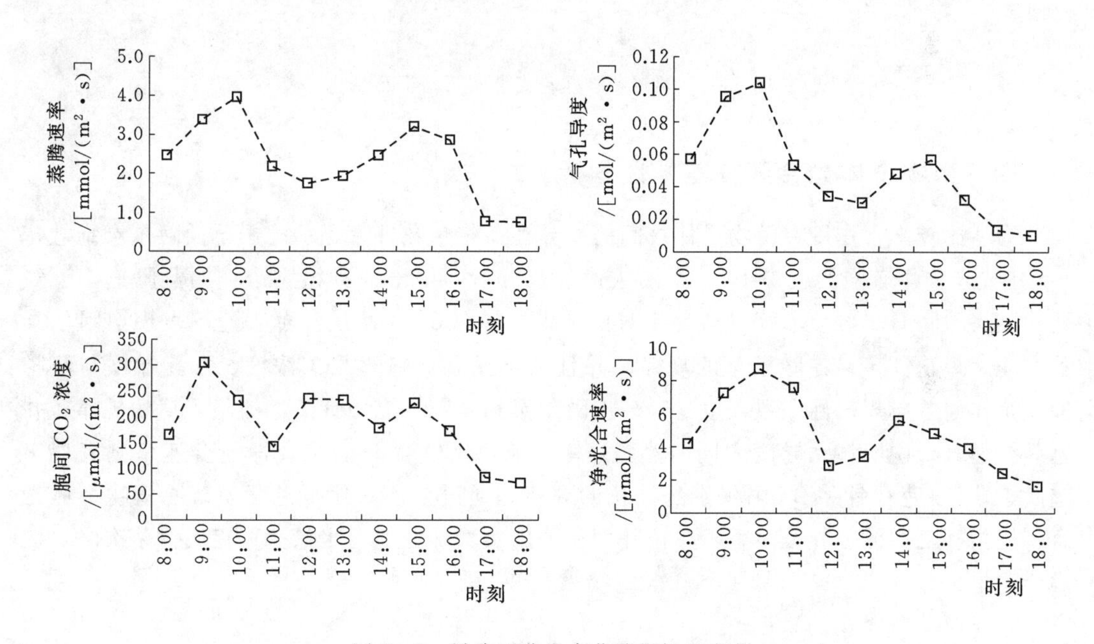

图5-2 糙隐子草光合蒸腾指标日变化

三、阿尔泰狗娃花光合蒸腾日变化特征

阿尔泰狗娃花光合蒸腾指标日变化如图5-3所示。蒸腾速率最大值出现在上午10：00左右，中午11：00—13：00蒸腾速率较低，下午15：00出现第二个峰值。气孔导度的日变化曲线与蒸腾速率的日变化曲线趋势相近，气孔导度大则蒸腾速率也大。胞间CO_2浓度日变化曲线波动较多，当蒸腾速率与净光合速率出现高值时，相应的胞间CO_2浓度出现低值，说明净光合速率高，进入细胞参与光合作用的CO_2较多，胞间的CO_2浓度降低。

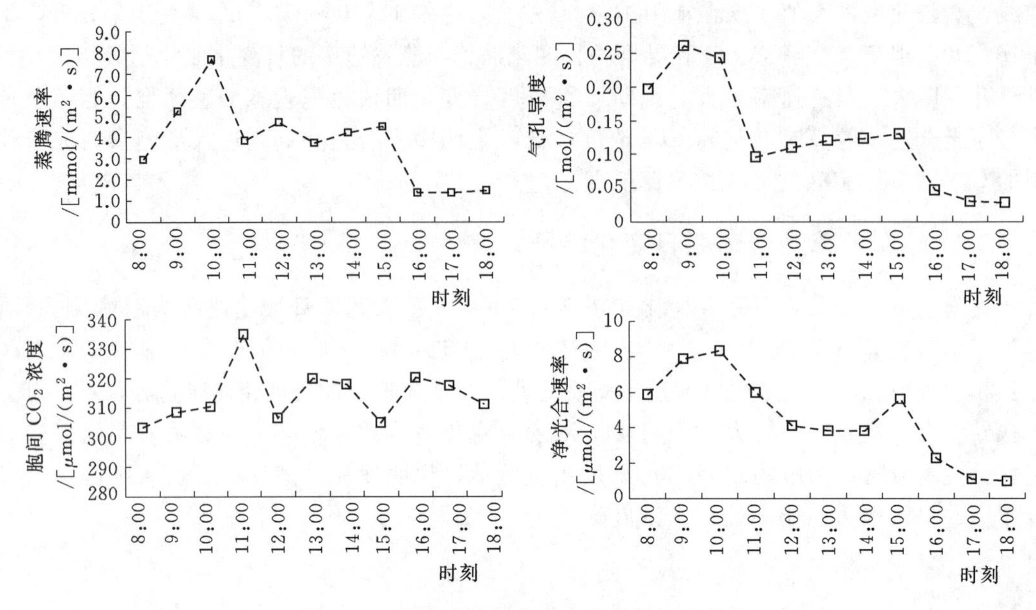

图 5-3 阿尔泰狗娃花光合蒸腾指标日变化

四、植物个体光合蒸腾差异性分析

为了比较光合作用在植物个体之间的差异性，将短花针茅、糙隐子草及阿尔泰狗娃花1天中光合作用较强的上午10：00的数值进行分析，得出3种植物个体的蒸腾速率、气孔导度、胞间CO_2浓度、净光合速率对比结果，如图5-4所示。蒸腾速率表现出阿尔泰狗娃花＞短花针茅＞糙隐子草的规律，并且差异显著；胞间CO_2浓度、气孔导度与蒸腾速率个体间差异规律性一致，也是表现出阿尔泰狗娃花＞克氏针茅＞糙隐子草的规律，并且差异显著，说明气孔导度大同时蒸腾速率、胞间CO_2浓度也大；净光合速率则表现出糙隐子草 ＞ 克氏针茅 ＞ 阿尔泰狗娃花的规律。通过上述对比可见荒漠草原植物个体光合作用指标之间的差异较显著，单位叶面积阿尔泰狗娃花的耗水最多，克氏针茅次之，糙隐子草最少。

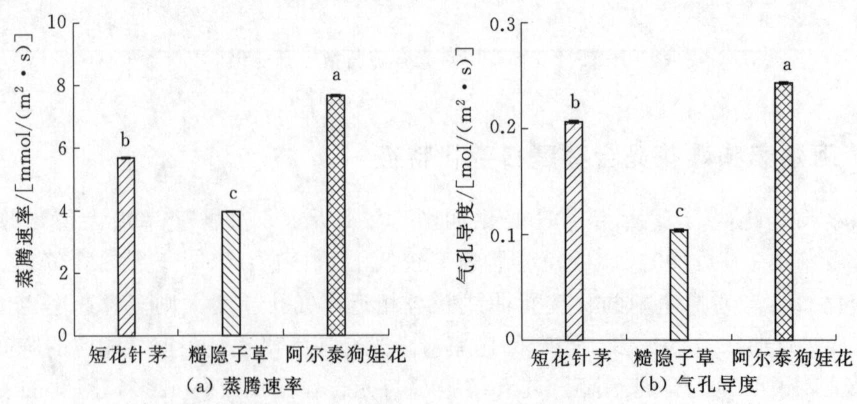

图 5-4（一） 植物个体光合指标对比

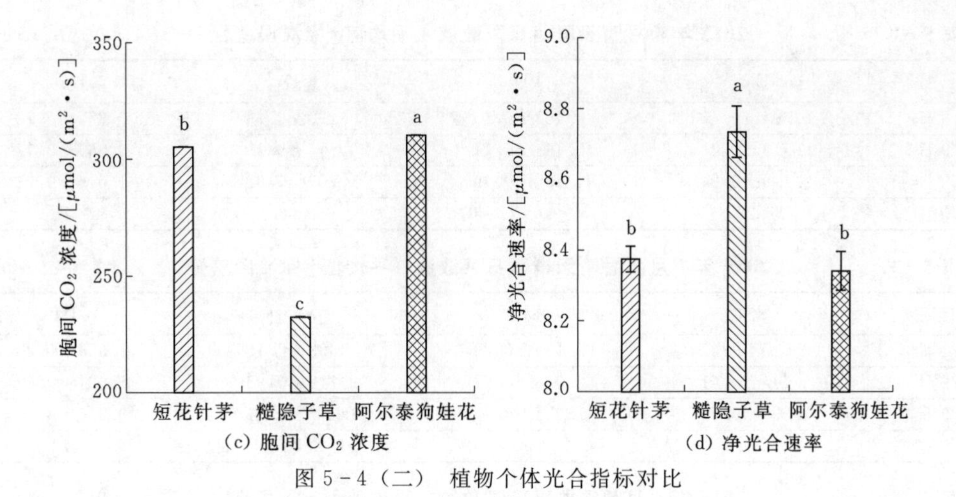

(c) 胞间 CO_2 浓度　　(d) 净光合速率

图 5-4（二）　植物个体光合指标对比

第二节　群落尺度蒸散发特征

本节对小流域内 4 个研究样地的群落蒸散量进行了实测，分析其与群落指标及其气象因素之间的关系，并估算小流域的蒸散量。

一、群落蒸散量特征分析

本书在 2015 年、2016 年、2017 年 3 年内分别对 4 个研究样地应用微型蒸渗仪法进行了群落日蒸散量的观测，每次连续观测 3 个有效蒸散日。

（一）2015 年群落蒸散特征分析

2015 年进行了 3 期日蒸散量的观测，分别为 6 月中旬、7 月下旬及 8 月中旬，观测值如表 5-1～表 5-3 及图 5-5 所示。从数据表与图可以发现，6 月下旬的日蒸散量不同退化级别样地差异明显。围封样地的日蒸散量最大，平均值为 1.20mm/d，轻度退化样地日蒸散量为 0.87mm/d，中度退化样地日蒸散量为 0.84mm/d，重度退化样地日蒸散量为 0.78mm/d，表现出不同退化样地的日蒸散量围封＞轻度＞中度＞重度。7 月下旬观测蒸散发前在 7 月 20 日 24h 降雨 14.6 mm，21 日晴天开始观测蒸散发，观测结果为围封样地 2.21mm/d，轻度退化样地 1.81mm/d，中度退化样地 2.23mm/d，重度退化样地 1.43mm/d。可见由于前期降雨使土壤初始含水量增加，再受到太阳辐射后，日蒸散量增加，雨后中度退化样地的日蒸散值较大，其原因是中度退化样地离其他 3 个样地距离偏远，降雨存在一定程度的不均匀性；另外土壤结构的差异性也会对蒸散产生影响，由于初期含水量增加，样地的差异性会对蒸散量的影响表现得较突出。8 月中旬观测蒸散发围封样地平均值为 0.85mm/d，轻度退化样地为 0.86mm/d，中度退化样地为 0.87mm/d，重度退化样地为 0.81mm/d。可见 2015 年 8 月中旬 4 个样地的日蒸散量 4 天均值比较接近，介于 0.87～0.81mm/d 之间，如果考虑 3 天有效蒸散日均值则 8 月中旬 4 个样地的蒸散量介于 1.04～0.96mm/d 之间，蒸散量差异较小的原因主要是 8 月中旬观测前 1 周内基本没有降雨，土壤含水量较低，抑制蒸发，进而表现出的群落差异性对蒸散的影响程度降低。

表 5-1　　2015 年 6 月晴天群落日蒸散量（平均值±标准误差）　　单位：mm/d

日期	EX	LD	MD	HD
18 日	0.694±0.41	0.463±0.15	0.290±0.23	0.352±0.12
19 日	0.713±0.21	0.494±0.11	0.514±0.25	0.367±0.12
20 日	2.196±0.24	1.638±0.19	1.703±0.08	1.616±0.23
均值	1.20	0.87	0.84	0.78

表 5-2　　2015 年 7 月雨后晴天群落日蒸散量（平均值±标准误差）　　单位：mm/d

日期	EX	LD	MD	HD
21 日	2.015±0.27	2.139±0.29	2.623±0.19	1.955±0.20
22 日	2.744±0.61	2.008±0.27	2.712±0.93	1.501±0.16
23 日	1.875±0.55	1.224±0.17	1.347±0.61	0.826±0.08
均值	2.21	1.81	2.23	1.43

表 5-3　　2015 年 8 月晴天群落日蒸散量（平均值±标准误差）　　单位：mm/d

日期	EX	LD	MD	HD
14 日	1.592±0.12	1.859±0.46	1.720±0.18	1.617±0.13
15 日	0.914±0.10	0.819±0.04	0.886±0.06	0.822±0.04
16 日	0.504±0.07	0.443±0.04	0.475±0.03	0.437±0.08
17 日	0.389±0.09	0.306±0.03	0.389±0.07	0.383±0.09
均值	0.85	0.86	0.87	0.81

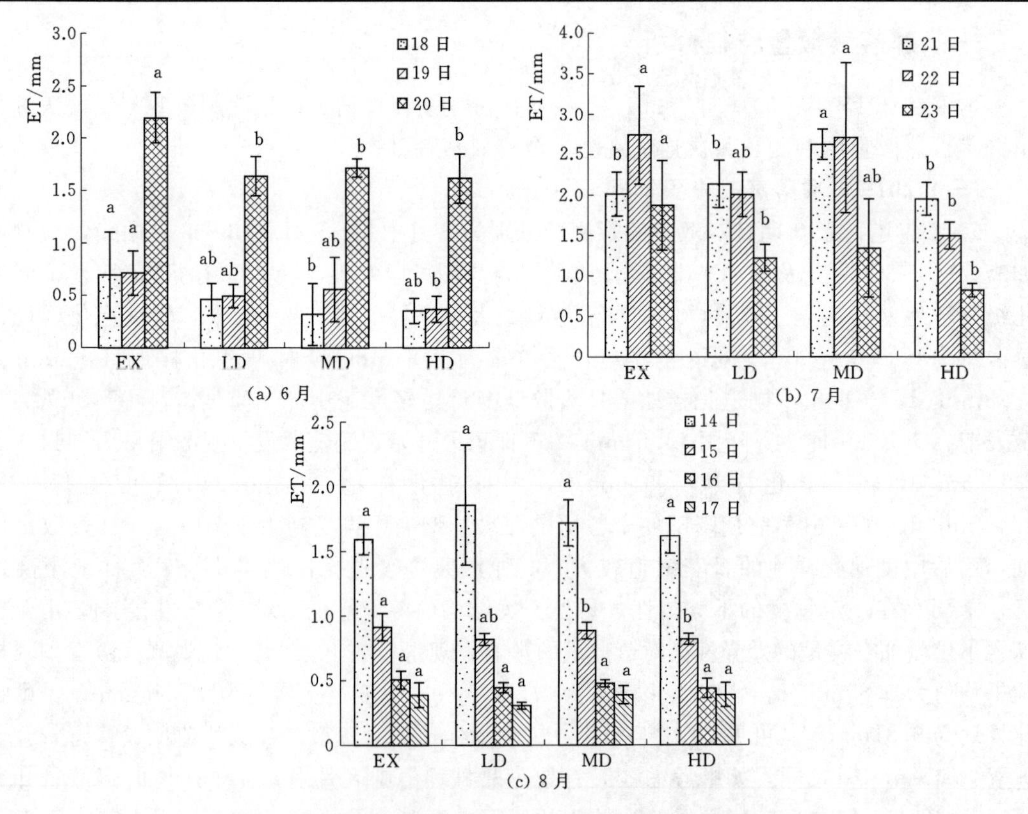

图 5-5　2015 年生长季群落日蒸散发（EX 为围封样地，LD 为轻度退化样地，MD 为中度退化样地，HD 为重度退化样地）

2015年蒸散发的观测数据总体表现出高群落覆盖度样地（对应围封样地）蒸散量最大，低覆盖度样地（对应重度退化样地）蒸散量较小，受降雨影响土壤初始含水量对蒸散发影响较大，土壤初始含水量高则不同退化级别群落差异对蒸散发的影响表现出显著水平，如果观测前一周内没有降雨，则群落蒸散发量基本在1mm/d之内。

（二）2016年群落蒸散特征分析

2016年进行了4次蒸散发的观测，于5月下旬、7月上旬、8月上旬及8月下旬选择3次雨后晴天及1次一周内晴天进行了4个样地群落的日蒸散量观测，观测值如表5-4～表5-7及图5-6所示。从数据与图可以发现，2016年4个样地的总体蒸散发量大于2015年，主要原因是2016年降雨量较大，生长季总降雨量219.70mm，而2015年生长季总降雨量181.90mm。2016年5月下旬4个样地的日蒸散量介于1.36～1.70mm/d之间，不同退化级别样地差异明显，围封样地的日蒸散量平均值为1.64mm/d，轻度退化样地日蒸散量为1.41mm/d，中度退化样地日蒸散量为1.70mm/d，重度退化样地日蒸散量为1.36mm/d，观测前于23日降雨8.50mm，24日降雨5.70mm。7月上旬围封样地日蒸散量为0.55mm/d，轻度退化样地为0.81mm/d，中度退化样地为0.48mm/d，重度退化样地为0.81mm/d。8月上旬围封样地日蒸散量为4.76mm/d，轻度退化样地为5.08mm/d，中度退化样地为4.25mm/d，重度退化样地为4.42mm/d，蒸散发量非常大，观测前7月30日降雨19.40mm，土壤初始含水量较高导致蒸散发量变大。8月下旬围封样地日蒸散量为2.11mm/d，轻度退化样地为2.20mm/d，中度退化样地为1.67mm/d，重度退化样地为2.05mm/d，观测前17日降雨6.60mm，18日降雨8.50mm。2016年观测的数据显示4个样地的蒸散量数值大小分布并没有按照退化等级排列，这与样地的群落结构变化以及降雨的影响有关。由于2016年重度退化样地没有进行放牧，加之降雨量增加，导致中度退化样地、重度退化样地的群落特征较2015年有所差异，并且一年生刺藜等植物的增多，使得该年度的蒸散量数据表现得规律性不强。

表5-4　　2016年5月下旬雨后晴天群落日蒸散量（平均值±标准误差）

日期	EX	LD	MD	HD
27日	1.956±0.32	1.524±0.09	1.896±0.27	1.553±0.08
28日	1.675±0.27	1.425±0.14	1.581±0.14	1.302±0.24
29日	1.291±0.16	1.270±0.11	1.613±0.83	1.220±0.13
均值	1.64	1.41	1.70	1.36

表5-5　　2016年7月上旬晴天群落日蒸散量（平均值±标准误差）

日期	EX	LD	MD	HD
5日	0.741±0.14	1.076±0.17	0.611±0.06	1.048±0.12
6日	0.573±0.10	0.839±0.13	0.523±0.07	0.858±0.08
7日	0.342±0.05	0.511±0.08	0.316±0.03	0.526±0.07
均值	0.55	0.81	0.48	0.81

表 5-6　2016年8月上旬雨后晴天群落日蒸散量（平均值±标准误差）

日期	EX	LD	MD	HD
1日	5.483±0.62	5.323±0.31	4.777±0.52	4.979±0.63
2日	4.709±1.02	5.042±0.26	4.143±0.87	4.296±0.58
3日	4.093±1.14	4.860±0.25	3.837±0.91	3.993±0.56
均值	4.76	5.08	4.25	4.42

表 5-7　2016年8月下旬雨后晴天群落日蒸散量（平均值±标准误差）

日期	EX	LD	MD	HD
19日	2.628±0.23	2.577±0.33	2.178±0.18	2.477±0.34
20日	2.018±0.31	2.105±0.22	1.512±0.13	1.953±0.26
21日	1.686±0.32	1.925±0.20	1.321±0.13	1.710±0.24
均值	2.11	2.20	1.67	2.05

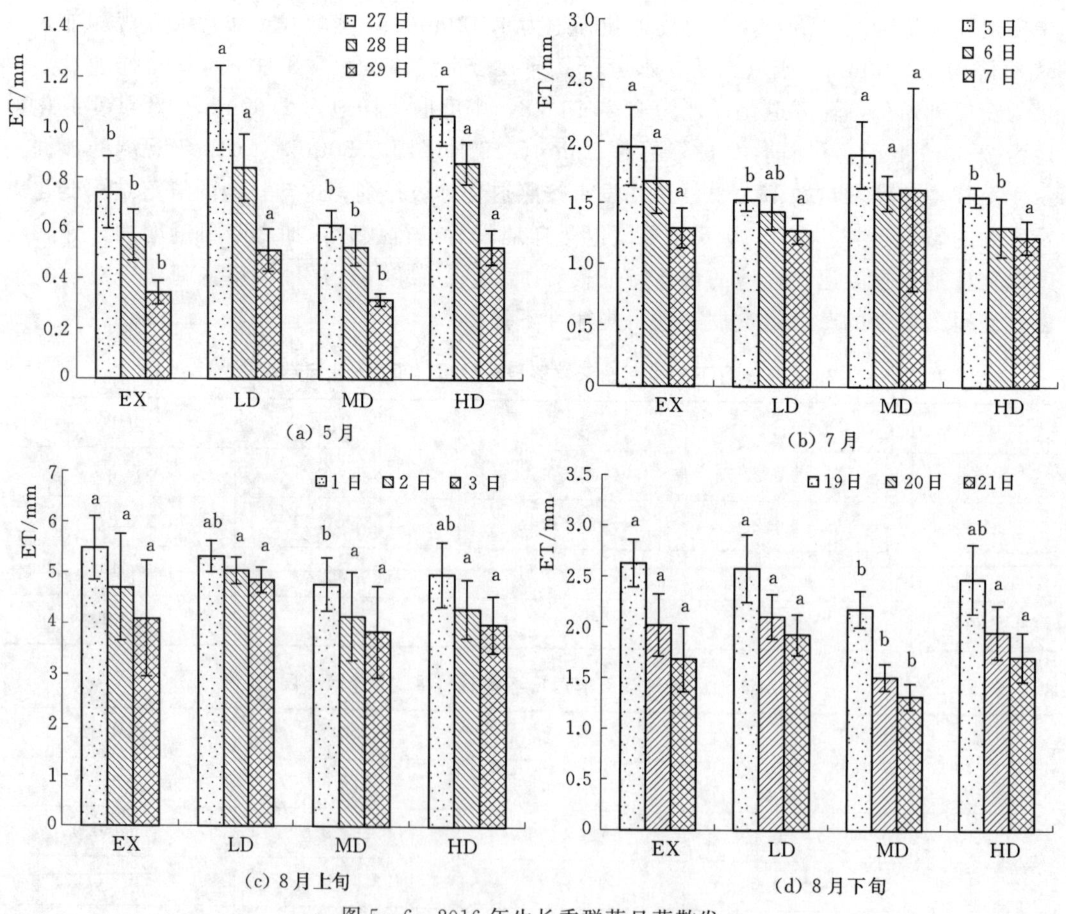

图 5-6　2016年生长季群落日蒸散发

2016 年蒸散发的观测数据总体表现为蒸散量的数值都较高，这与降雨的频繁关系密切，降雨的补给，使得土壤有一定的水分提供于蒸散发。如果有一周没有降雨的补给，那么蒸散发量会明显变小，例如 7 月上旬，蒸散发量介于 0.48～0.81mm/d 之间。

(三) 2017 年群落蒸散特征分析

2017 年进行了 4 次蒸散发的观测，于 5 月下旬、7 月下旬、8 月上旬及 9 月下旬选择 3 次晴天及 1 次雨后阴天进行了观测，同时 2017 年还进行了蒸发与蒸腾的拆分试验，即观测蒸散量的同时观测了群落的蒸腾量，观测值如表 5-8～表 5-11 及图 5-7 所示。从数据与图可以发现，2017 年 4 个样地的总体蒸散发量小于 2016 年，2017 年生长季总降雨量 185.70mm。2017 年 5 月下旬 4 个样地的日蒸散量介于 1.47～1.67mm/d 之间，日蒸腾量介于 0.99～1.23mm/d 之间。其中围封样地的日蒸散量平均值为 1.47mm/d，日蒸腾量平均值为 1.18mm/d，水分利用效率为 80.46%，水分利用效率与其他样地相比最高；轻度退化样地日蒸散量为 1.59mm/d，日蒸腾量为 0.99mm/d，水分利用效率 62.02%；中度退化样地日蒸散量为 1.67mm/d，日蒸腾量为 1.23mm/d，水分利用效率 73.60%；重度退化样地日蒸散量为 1.56mm/d，日蒸腾量为 1.14mm/d，水分利用效率 73.42%；可见 5 月下旬群落的水分利用效率较高。6 月下旬样地的日蒸散量均值介于 1.62～1.98mm/d 之间，日蒸腾量介于 0.92～1.47mm/d 之间，水分利用效率介于 52.67%～78.70%之间；8 月上旬阴天时观测蒸散量及蒸腾量数值偏低，可见太阳辐射对群落蒸散及蒸腾影响较大。9 月下旬群落临近枯黄期，各样地日蒸散量均值介于 0.86～1.03mm/d 之间，日蒸腾量介于 0.39～0.65mm/d 之间，水分利用效率介于 39.83%～70%之间，水分利用效率较其他时段偏低，可见用于蒸腾的水分减少。2017 年观测的数据显示 4 个样地的蒸散量按照退化程度分布规律不明显，主要原因是每个样地群落不同生长阶段的差异性以及降雨的不均匀性综合作用。

表 5-8　2017 年 5 月下旬晴天群落指标（平均值±标准误差）

日期	指　标	EX	LD	MD	HD
26 日	日蒸散量/(mm/d)	1.886±0.21	2.014±0.11	2.136±0.28	1.934±0.34
	日蒸腾量/(mm/d)	1.435±0.40	1.153±0.38	1.529±0.03	1.252±0.53
27 日	日蒸散量/(mm/d)	1.543±0.26	1.711±0.10	1.793±0.29	1.692±0.30
	日蒸腾量/(mm/d)	1.285±0.29	1.084±0.28	1.315±0.14	1.305±0.44
28 日	日蒸散量/(mm/d)	0.967±0.17	1.049±0.09	1.089±0.14	1.043±0.19
	日蒸腾量/(mm/d)	0.817±0.08	0.724±0.19	0.849±0.06	0.871±0.20
蒸散量均值/(mm/d)		1.47	1.59	1.67	1.56
蒸腾量均值/(mm/d)		1.18	0.99	1.23	1.14
水分利用效率/%		80.46	62.02	73.60	73.42

表 5-9 2017 年 6 月下旬晴天群落指标（平均值±标准误差）

日期	指　标	EX	LD	MD	HD
28 日	日蒸散量/(mm/d)	2.353±0.39	1.910±0.15	1.819±0.22	2.127±0.11
	日蒸腾量/(mm/d)	1.544±0.31	0.962±0.16	1.195±0.13	1.146±0.08
29 日	日蒸散量/(mm/d)	1.727±0.51	1.707±0.20	1.547±0.50	1.944±0.09
	日蒸腾量/(mm/d)	1.489±0.26	0.889±0.15	1.368±0.09	1.179±0.11
30 日	日蒸散量/(mm/d)	1.760±0.17	1.616±0.17	1.508±0.25	1.863±0.09
	日蒸腾量/(mm/d)	1.386±0.24	0.905±0.16	1.273±0.12	1.158±0.14
蒸散量均值/(mm/d)		1.95	1.74	1.62	1.98
蒸腾量均值/(mm/d)		1.47	0.92	1.28	1.16
水分利用效率/%		75.67	52.67	78.70	58.70

表 5-10 2017 年 8 月上旬雨后及阴天群落指标（平均值±标准误差）

日期	指　标	EX	LD	MD	HD
1 日	日蒸散量/(mm/d)	0.346±0.07	0.300±0.03	0.416±0.04	0.220±0.03
	日蒸腾/(mm/d)	0.203±0.07	0.184±0.04	0.323±0.12	0.188±0.03
2 日	日蒸散/(mm/d)	−0.238±0.38	0.033±0.02	0.035±0.07	−0.109±0.09
	日蒸腾/(mm/d)	−0.009±0.03	0.040±0.01	0.048±0.05	−0.008±0.02
3 日	日蒸散/(mm/d)	0.395±0.07	0.357±0.02	0.474±0.10	0.337±0.03
	日蒸腾/(mm/d)	0.266±0.02	0.227±0.04	0.347±0.04	0.253±0.07
蒸散量均值/(mm/d)		0.25	0.22	0.30	0.19
蒸腾量均值/(mm/d)		0.16	0.14	0.22	0.15
水分利用效率/%		63.29	62.56	75.28	79.17

表 5-11 2017 年 9 月下旬晴天群落指标（平均值±标准误差）

日期	指　标	EX	LD	MD	HD
23 日	日蒸散/(mm/d)	1.221±0.28	1.069±0.11	1.118±0.24	0.962±0.13
	日蒸腾/(mm/d)	0.744±0.38	0.368±0.10	0.427±0.21	0.774±0.29
24 日	日蒸散/(mm/d)	1.217±0.31	1.107±0.09	1.199±0.27	0.989±0.14
	日蒸腾/(mm/d)	0.737±0.28	0.479±0.09	0.573±0.22	0.607±0.17
25 日	日蒸散/(mm/d)	0.665±0.17	0.774±0.09	0.737±0.12	0.639±0.10
	日蒸腾/(mm/d)	0.475±0.20	0.328±0.05	0.377±0.12	0.432±0.17
蒸散均值/(mm/d)		1.03	0.98	1.02	0.86
蒸腾均值/(mm/d)		0.65	0.39	0.46	0.60
水分利用效率/%		63.04	39.83	45.09	70.00

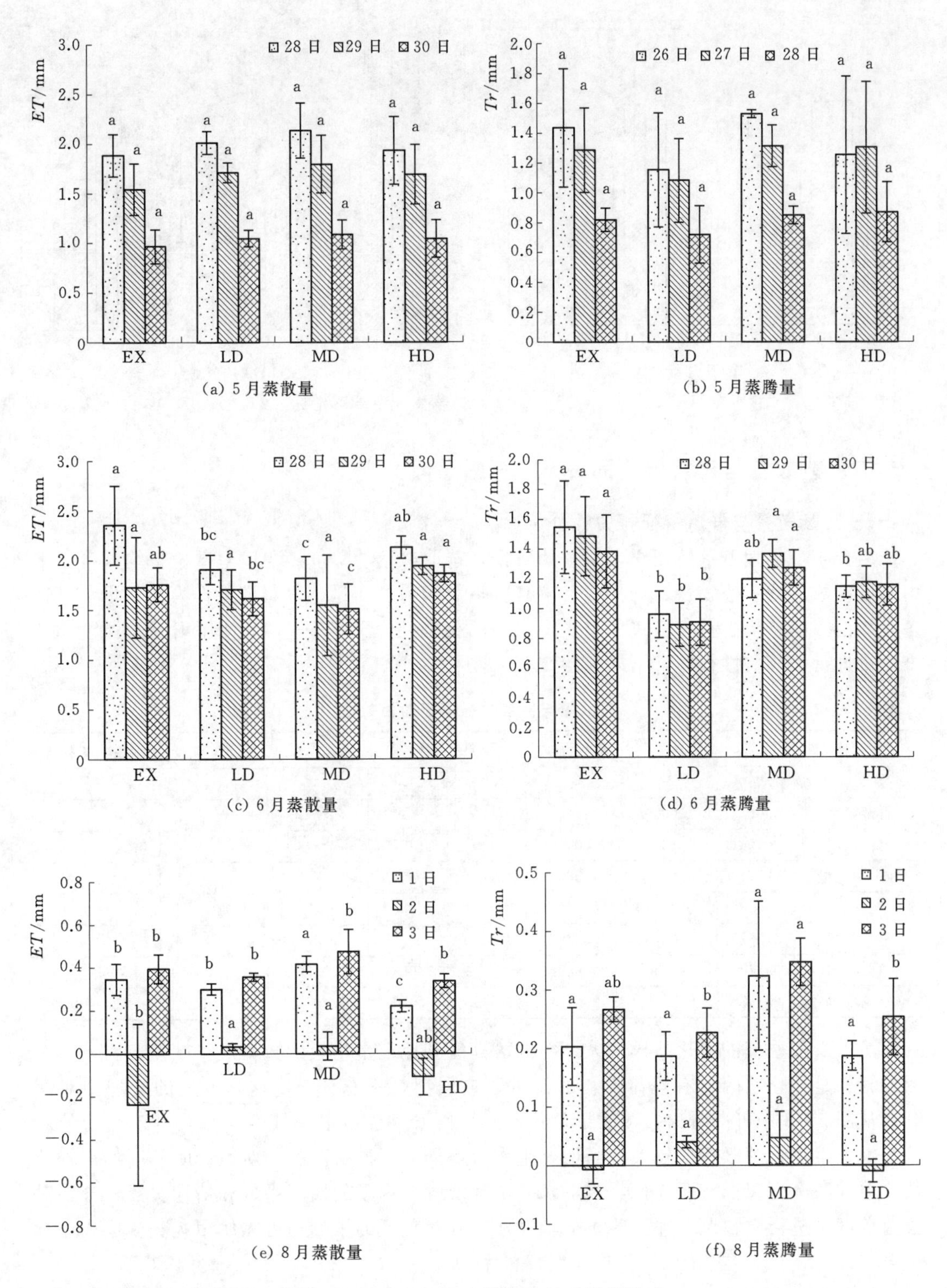

图 5-7（一） 2017 年植物生长季群落指标

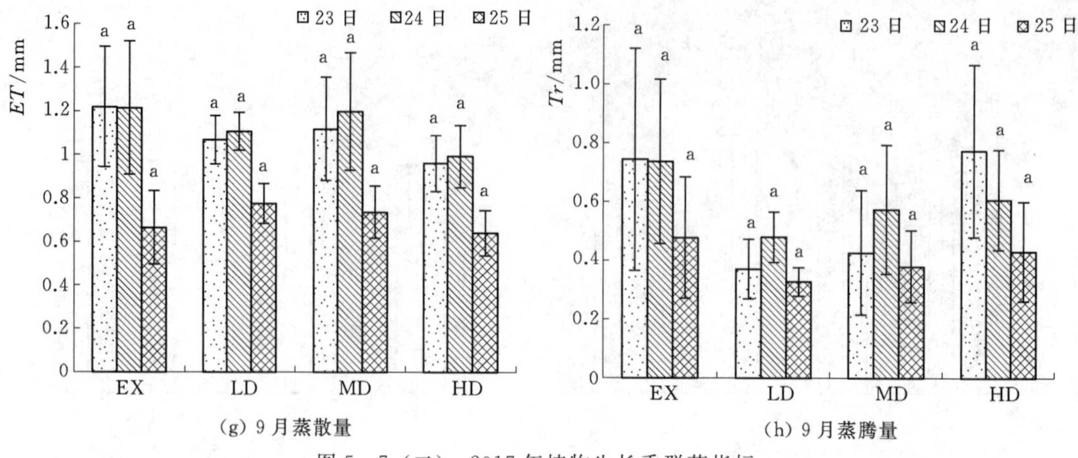

(g) 9 月蒸散量

(h) 9 月蒸腾量

图 5-7（二） 2017 年植物生长季群落指标

二、蒸散量与群落特征的关系

（一）蒸散量与群落特征相关性分析

结合 4 个样地群落特征样方调查的数据，选取群落的盖度、盖度对数、平均高度、平均高度对数、地上生物量、物种数、丰富度指数作为自变量，以蒸散量作为因变量，进行多元线性回归分析。首先检查各个变量之间的相关性，见表 5-12。使用 R 语言对上述 8 个变量进行了相关性检验，结果如图 5-8 所示。

表 5-12　　蒸散量与群落特征指标的相关性

指　标	蒸散量	群落盖度	群落高度	生物量	物种数	丰富指数	生物量对数	群落高度对数
蒸散量	1.0000							
群落盖度	0.0653	1.0000						
群落高度	0.1541	0.1872	1.0000					
地上生物量	0.5110	0.1803	0.5868	1.0000				
物种数	0.1286	0.0166	0.0369	0.3589	1.0000			
丰富指数	0.0878	0.0078	0.0395	0.3037	0.9319	1.0000		
生物量对数	0.1424	0.1880	0.9596	0.6100	0.0585	0.0590	1.000	
群落高度对数	0.3880	0.1279	0.5918	0.9292	0.4512	0.4059	0.6270	1.0000

蒸散量随季节的变化差异较大，而群落高度和地上生物量的数据规律性差。引入其对数的目的是使这些因素有规律性，由于对数数据都是正态分布，这在以后的处理中对有利。从图 5-8 中可以看出，蒸散量与其他几个因子并无明显的线性关系，群落高度的对数与地上生物量关联程度较大，当地上生物量增加时，群落高度的对数会明显增加；物种数主要在各个区域都有所变化，接下来为了确定各个因素的回归系数和估计次数，分别对群落盖度等进行次数调整并检验，检验发现在群落盖度的影响中可以使用 3 次多项式进行拟合（$p=0.004$），初步确定的广义线性模型为

$$Y_4=3.634X_4-0.011X_4^2-0.001X_4^3-13X_5+0.13X_6-0.709X_7+0.042X_7^2-0.727X_8-23.59X_9+23.9X_9^2-2.612X_{10}+9.707 \quad (5-1)$$

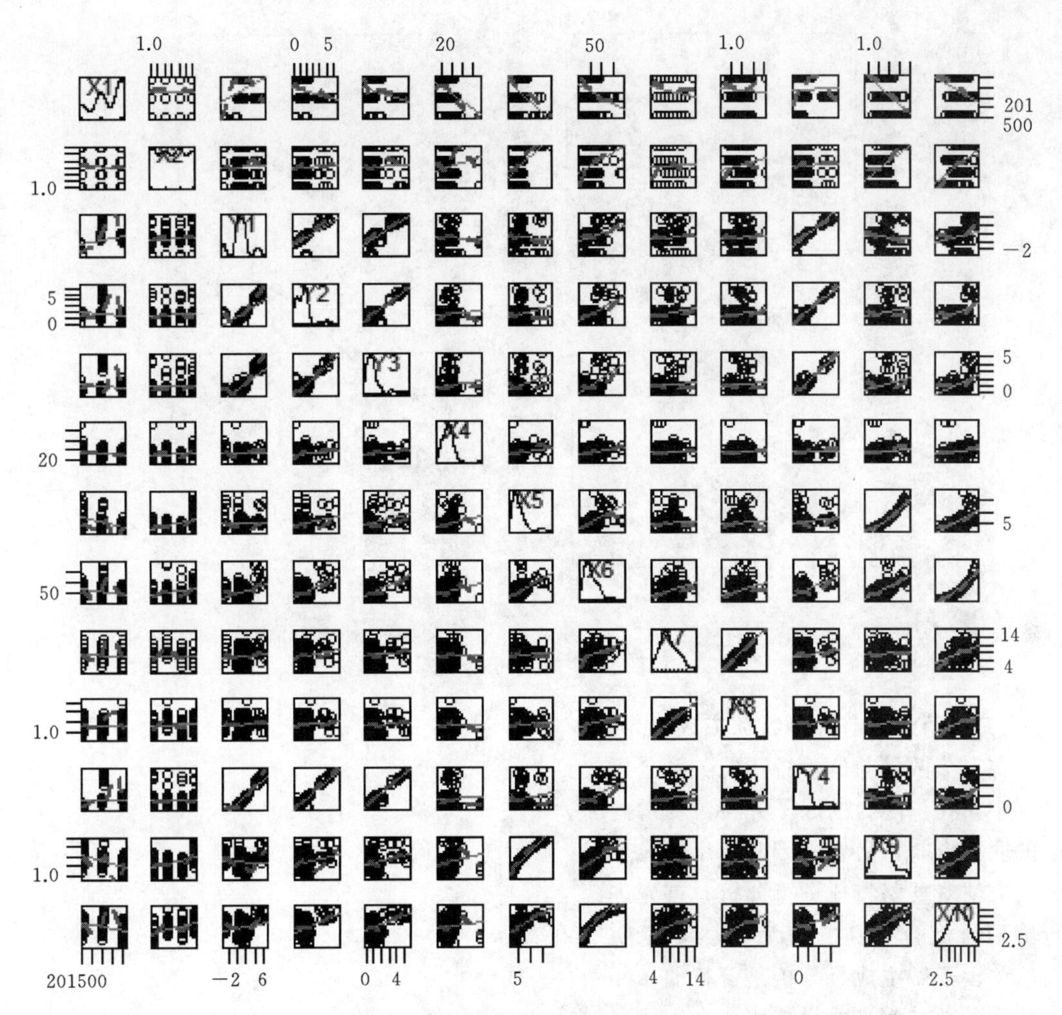

图 5-8　散点图矩阵（Y_4 为蒸散量，X_4 为盖度，X_5 为高度，X_6 为地上生物量，X_7 为物种数，X_8 为丰富指数，X_9 为高度的对数，X_{10} 为地上生物量的对数）

因为有些参数的 p 值达不到要求，因此继续把达到要求的因子留下做回归分析，得到的模型为

$$Y_4=4.289X_4-0.13X_4^2-0.0019X_4^3+1.119X_5+0.0458X_5^2+0.0868X_6-3.983 \tag{5-2}$$

式（5-2）拟合方程检验的 p 值介于 0.0009～0.002 之间，符合参数估计的要求；回归模型说明蒸散量随着群落盖度的增加呈非线性形式增加，且增加量相对于群落高度大 3 倍，地上生物量也和蒸散量呈正比例关系。继续应用 R 语言的 ANOVA 函数进行卡方检验，其结果 Chisq 值不显著（$p=0.409$），表明使用 3 个预测变量的回归模型与原来的所有预测变量的模型拟合程度一样高，可见第二个较少因子的模型可以用来进行蒸散量的模拟。运用 R 语言进行回归诊断如图 5-9 所示，从图中可以看出第二个回归模型拟合效果较好，但有极个别的离群点数量较少。

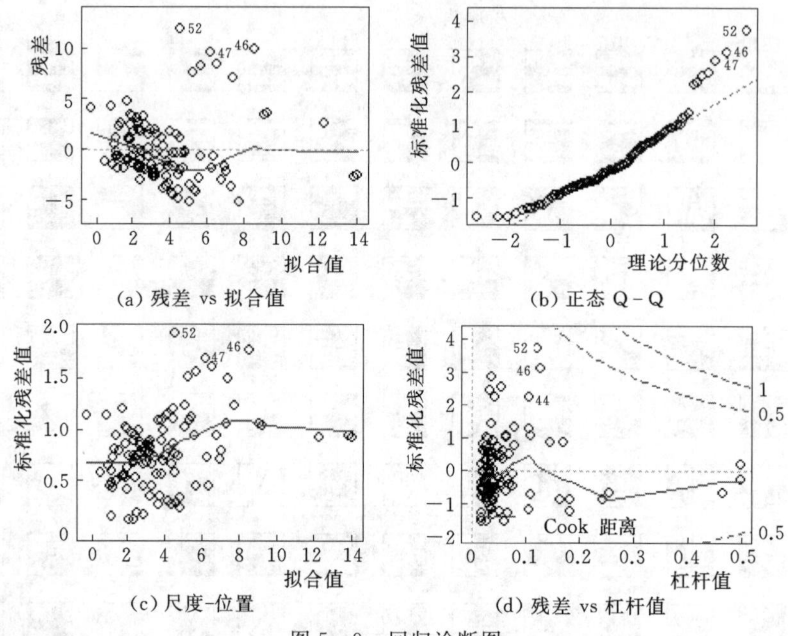

图 5-9　回归诊断图

(二) 蒸散量与群落特征主成分分析

在对蒸散量与群落特征的关系分析过程中，找出隐含的因子并考虑变量内部的联系也非常必要。因此使用主成分分析方法对群落特征进行分析，首先进行 KMO 检验得到的值为 0.68，说明对这些因子做主成分分析是可行的，并且从方差贡献率来看只需取 3 个主成分即可（总贡献率为 81.33%），如图 5-10 所示，分析得出的因子载荷矩阵见表 5-13。

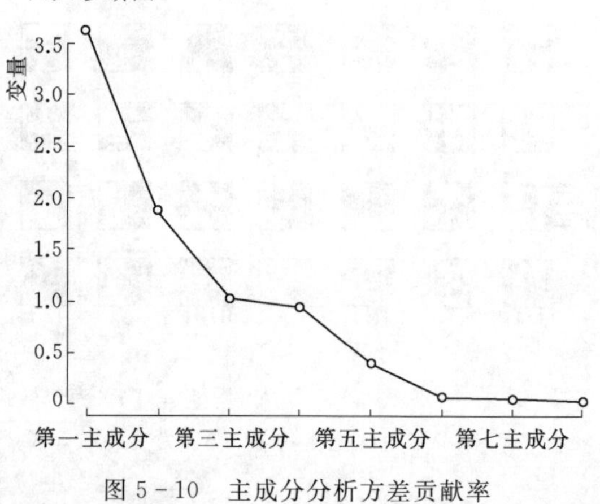

图 5-10　主成分分析方差贡献率

表 5-13　　主成分分析因子荷载矩阵

指　　标	第一主成分	第二主成分	第三主成分	未解释方差
蒸散量（Y_4）	0.45	0.01	0.83	0.111
群落盖度（X_4）	0.23	−0.19	−0.17	0.879
群落平均高度（X_5）	0.76	−0.5	−0.28	0.089
地上生物量（X_6）	0.91	−0.05	0.24	0.111
物种数（X_7）	0.51	0.82	−0.17	0.043
丰富度指数（X_8）	0.48	0.82	−0.22	0.052
群落平均高度的对数（X_9）	0.78	−0.49	−0.29	0.073
地上生物量的对数（X_{10}）	0.92	0.04	0.09	0.136

通过对3个主要因子的分析，使用方差极大旋转法对载荷矩阵的列进行去噪，通过计算主成分得分就可以得到以下模型

$$F_1=-0.04Y_4+0.35X_4+0.94X_5+0.59X_6+0.01X_7+0.01X_8+0.95X_9+0.61X_{10} \tag{5-3}$$

$$F_2=-0.01Y_4-0.01X_4-0.01X_5+0.31X_6+0.97X_7+0.97X_8+0.02X_9+0.43X_{10} \tag{5-4}$$

$$F_3=0.94Y_4-0.03X_4+0.15X_5+0.67X_6+0.11X_7+0.05X_8+0.15X_9+0.55X_{10} \tag{5-5}$$

从模型中可以看出，第一主成分主要是群落平均高度、地上生物量和群落高度对数及地上生物量对数贡献，它们占主导地位；第二主成分主要是物种数和丰富度指数影响较大；第三主成分主要是蒸散量和地上生物量及地上生物量对数贡献，这说明群落高度和地上生物量在整个蒸散量的样本中贡献了最大的方差，即它们的变动最大且差异也最大，而对于其他因素的差异较第一主成分小；对于4个样地的不同时段蒸散发的特点，可以使用主成分综合评价方法对不同月份的数据进行评价，其模型为

$$F=0.33F_1+0.27F_2+0.21F_3 \tag{5-6}$$

应用上述模型可以基于主成分分析方法判定不同月份和不同样地的各个群落特征指标哪个对蒸散量影响程度更高。

（三）群落蒸散量与气象因子的关系

蒸散发与外界环境因素密切相关，尤其受气象因素的影响最大，因此有必要分析气象指标对蒸散量的影响。根据观测蒸散发的时间，提取出研究区气象站的气象监测指标，包括气温、风速、总辐射、地表温度、空气相对湿度的日均值，见表5-14～表5-16。

表5-14　2015年群落蒸散观测日气象指标

指　标	6　月			7　月			8　月		
	18日	19日	20日	21日	22日	23日	14日	15日	16日
日均气温/℃	15.47	12.25	15.22	17.91	18.89	16.17	16.45	18.24	19.63
日均风速/(m/s)	1.51	2.89	1.34	1.47	2.59	2.54	2.12	1.09	2.1
日均总辐射/(W/m²)	351.96	276.2	263.26	200.05	313.97	247.29	324.72	327.36	261.74
日均地表温度/℃	19.83	19.04	18.95	20.3	21.97	21.43	21.15	22.69	23.5
日均空气相对湿度/%	55.5	65.88	59.59	74.14	65.08	68.55	58.92	44.1	40.78

表5-15　2016年群落蒸散观测日气象指标

指标	5　月			7　月			8　月					
	27日	28日	29日	5日	6日	7日	1日	2日	3日	19日	20日	21日
日均气温/℃	15.4	16.46	14.87	21.41	21.53	21.09	22.69	22.12	22.15	21.09	21.41	20.92
日均风速/(m/s)	2.45	4.22	1.39	2.9	2.85	2.85	1.21	0.89	1.35	0.9	1.56	0.91
日均总辐射/(W/m²)	374	335.54	365.43	357.09	327.68	294.53	331.72	342.72	340.17	271.08	255.2	311.26
日均地表温度/℃	16.74	18.16	18.51	25.2	25.27	25.31	25.3	26.32	26.81	24.22	25.47	25.43
日均空气相对湿度/%	34.13	39.32	28.21	55.35	49.16	53.06	65.8	61.69	61.89	68.6	64.67	50.37

表 5-16　　　　　　　　　**2017 年群落蒸散观测日气象指标**

指标	5月			6月			8月			9月		
	26日	27日	28日	28日	29日	30日	1日	2日	3日	31日	1日	2日
日均气温/℃	19.26	22.28	18.53	23.39	21.27	21.61	21.5	17.99	19.7	16.59	17.73	15.3
日均风速/(m/s)	1.73	3.11	5.08	3.83	1.35	1.15	2.36	1.52	1.64	2.01	2.19	2.74
日均总辐射/(W/m²)	360.02	363.93	331.13	230.59	249.42	251.7	186.59	124.78	327.25	186.15	237.69	192.98
日均地表温度/℃	20.97	22.23	22.12	23.81	23.12	22.78	25.91	21.3	22.39	20.57	20.71	19.9
日均空气相对湿度/%	36.82	23.52	35.22	44.36	58.67	59.76	63.47	86.57	72.95	50.78	50.69	66.5

在抽取气象因子和蒸散发观测的对应数据之后，首先进行蒸散量和气象因子的相关性统计。使用 R 语言中的 ggplot2 文件包作图得到图 5-11～图 5-13 的相关系数散点图矩

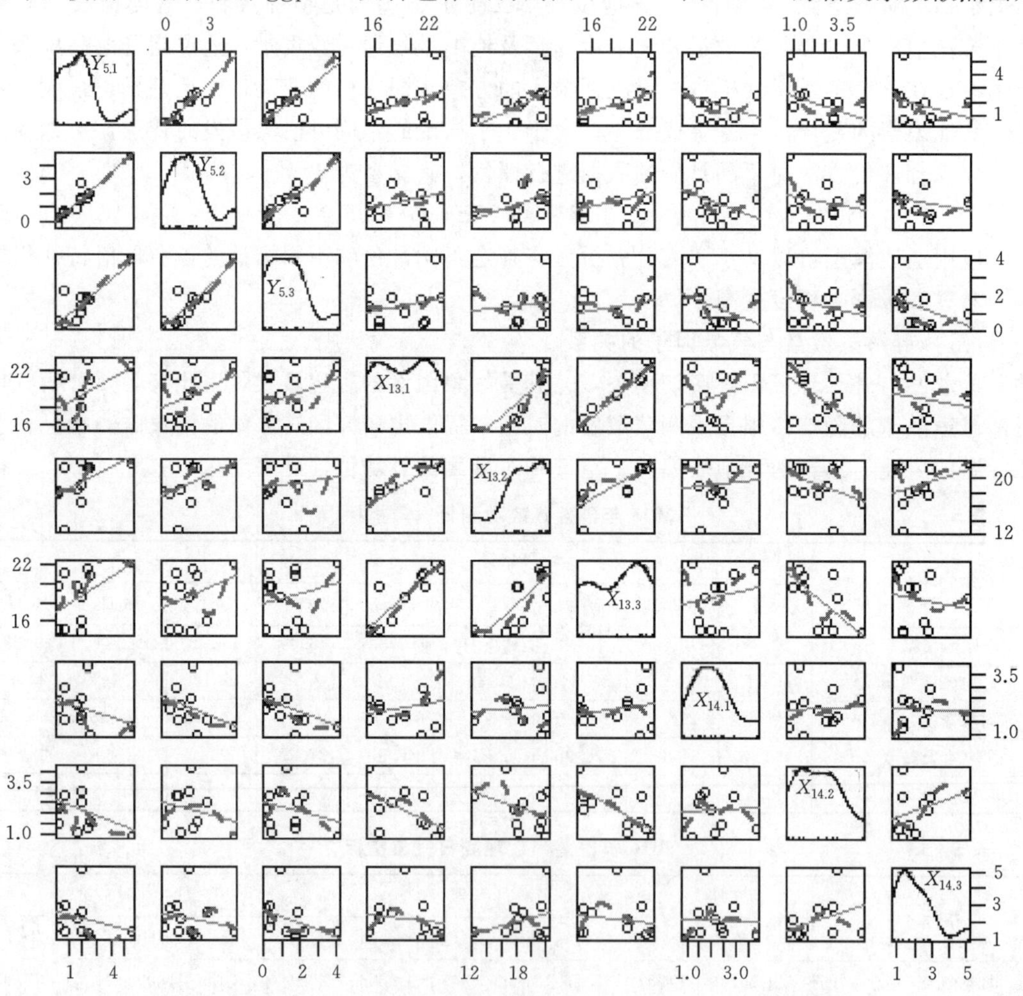

图 5-11　蒸散量与气温及风速的散点图矩阵（$Y_{5.1}$为第一天观测的蒸散量，$Y_{5.2}$为第二天蒸散量，$Y_{5.3}$为第三天蒸散量，$X_{13.1}$为对应的第一天的气温，$X_{13.2}$为第二天的气温，$X_{13.3}$为第三天的气温；$X_{14.1}$为第一天的风速，$X_{14.2}$为第二天的风速，$X_{14.3}$为第三天的风速）

阵，通过散点图矩阵可以获取各个因素与蒸散量的关系及各个气象因素间的内在关系。气温与蒸散量相关性特别强且为正相关关系，相关系数 R 达到了 0.9749，3 个有效蒸散观测日观测的数值之间相关性也较显著，同样气温、相对湿度的 3 个有效蒸散观测日内的数值内部之间也相关性明显；风速、辐射 3 个有效蒸散观测日内的数值内部之间无明显的相关性，这说明风速和辐射相对独立，并不受前一天或后一天的影响而变化；图中可以看出地表温度与气温相关程度较大，而风速、辐射和相对湿度三个因素与其他的相关性都比较小，甚至是相互独立的。

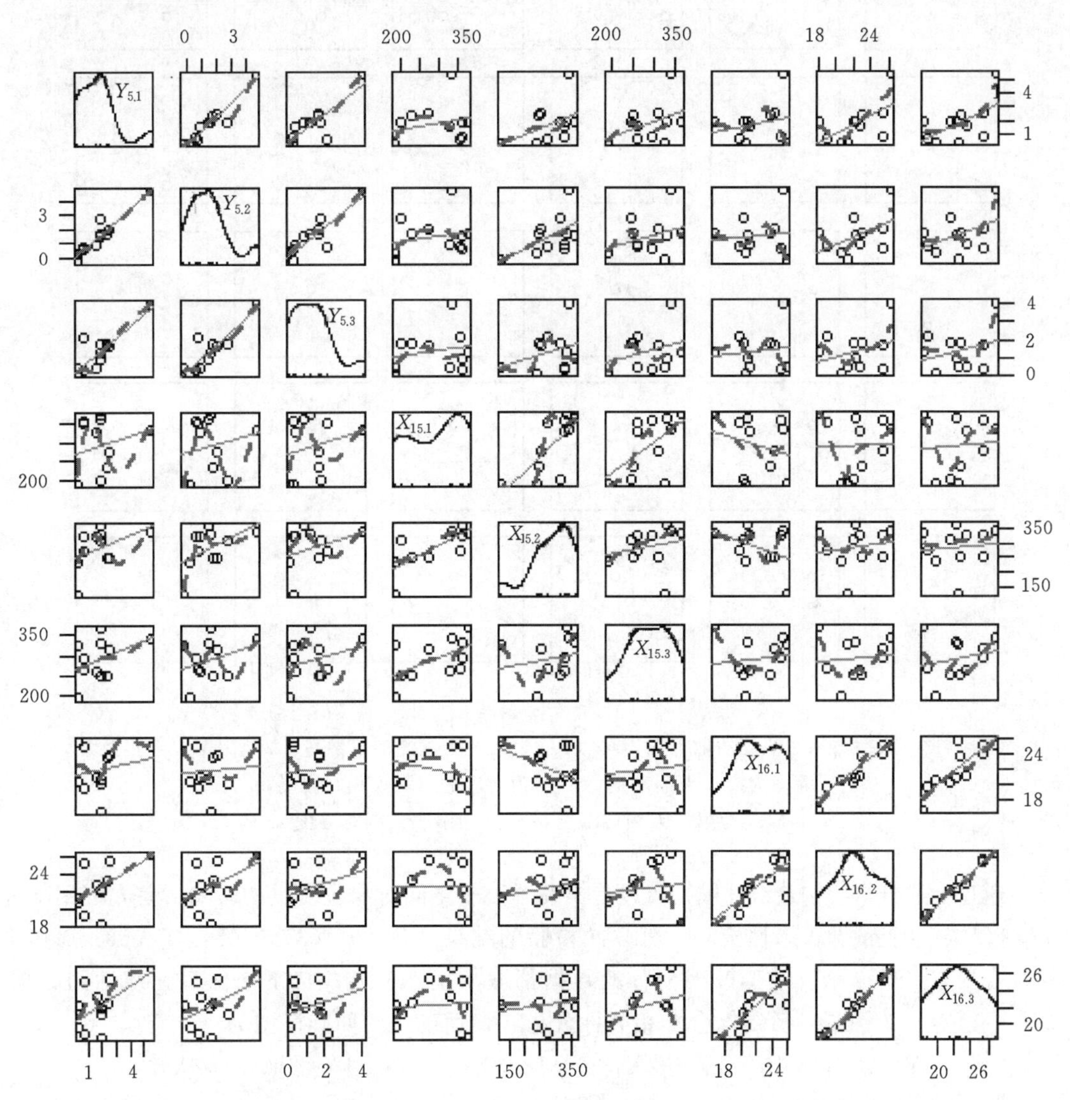

图 5-12 蒸散量与总辐射、地表温度的散点图矩阵（$Y_{5.1}$为第一天观测的蒸散量，$Y_{5.2}$为第二天蒸散量，$Y_{5.3}$为第三天蒸散量，$X_{15.1}$为对应的第一天总辐射，$X_{15.2}$为第二天总辐射，$X_{15.3}$为第三天总辐射；$X_{16.1}$为第一天地表温度，$X_{16.2}$为第二天地表温度，$X_{16.3}$为第三天地表温度）

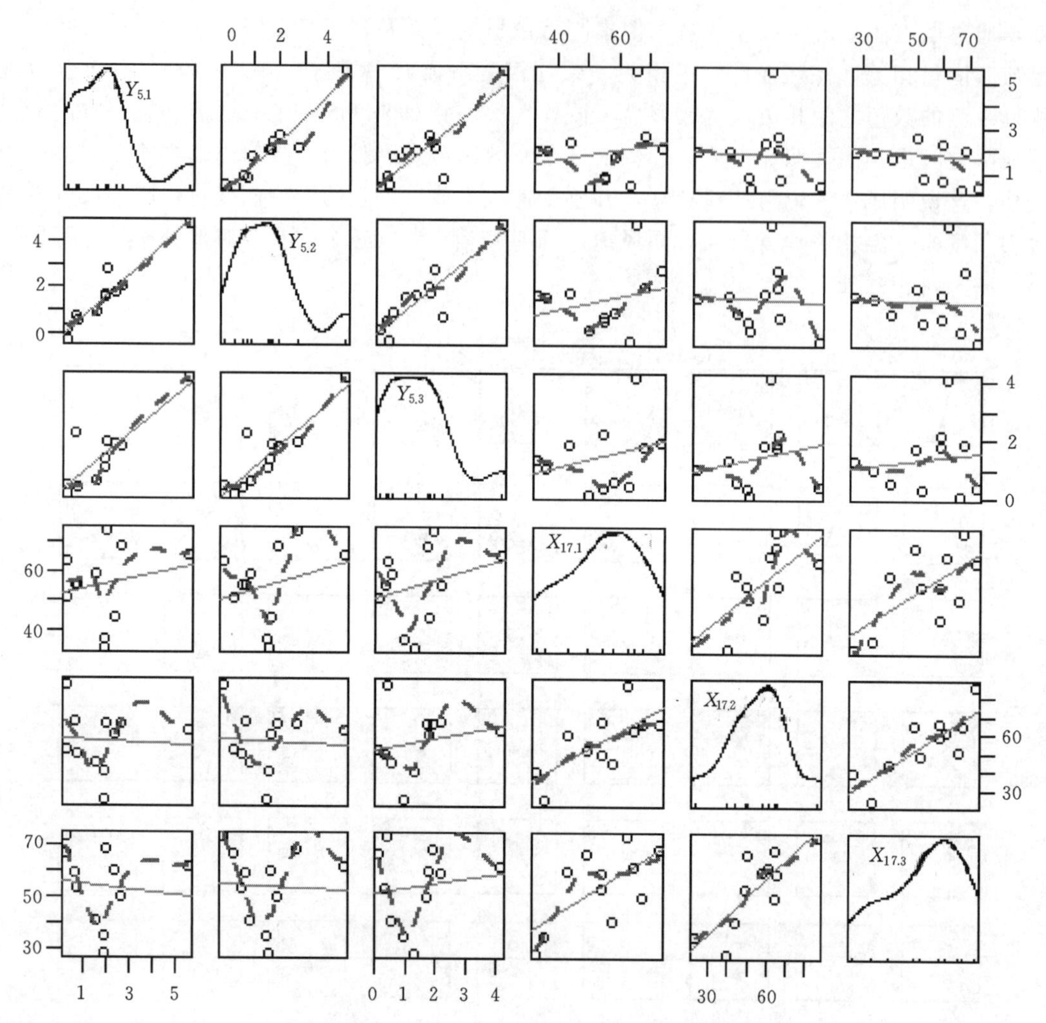

图 5-13　蒸散与相对湿度的散点图矩阵（$Y_{5.1}$为第一天观测的蒸散量，$Y_{5.2}$为第二天蒸散量，$Y_{5.3}$为第三天蒸散量，$X_{17.1}$为对应的第一天相对湿度，$X_{17.2}$为第二天相对湿度，$X_{17.3}$为第三天相对湿度）

通过上述分析，构造线性模型可以看出几个因子之间对响应变量的影响。首先使用K-S检验对响应变量做正态性检验，分3次检验的结果（$P=0.163$，0.084，$0.068>0.05$）都符合要求，即3个有效蒸散观测日的数据都服从正态分布；接下来做多元线性回归模型，经过对各个因子的反复拟合和相关性分析，最后确定的回归模型为

$$Y=1.0118X_{13}-1.6203X_{14}+0.1303X_{15}+3.2214X_{16}-0.0557X_{17}+0.0024X_{15}X_{16}+148.5192 \quad (5-7)$$

由上面的模型可知，气温与蒸散量正相关，辐射和地表温度对蒸散量交互影响，通过p值（$p=0.0000484$）可以看出这种交互项的影响是极其显著的，说明蒸散量与地表温度之间的关系依赖于预测变量辐射的水平变化，蒸散量与相对湿度的关系较弱，地表温度对蒸散量的影响最为明显。

通过 R 语言的回归诊断程序画图，从图 5-14、图 5-15 中可以看出上述模型精度可靠，在拟合时效果比较理想。

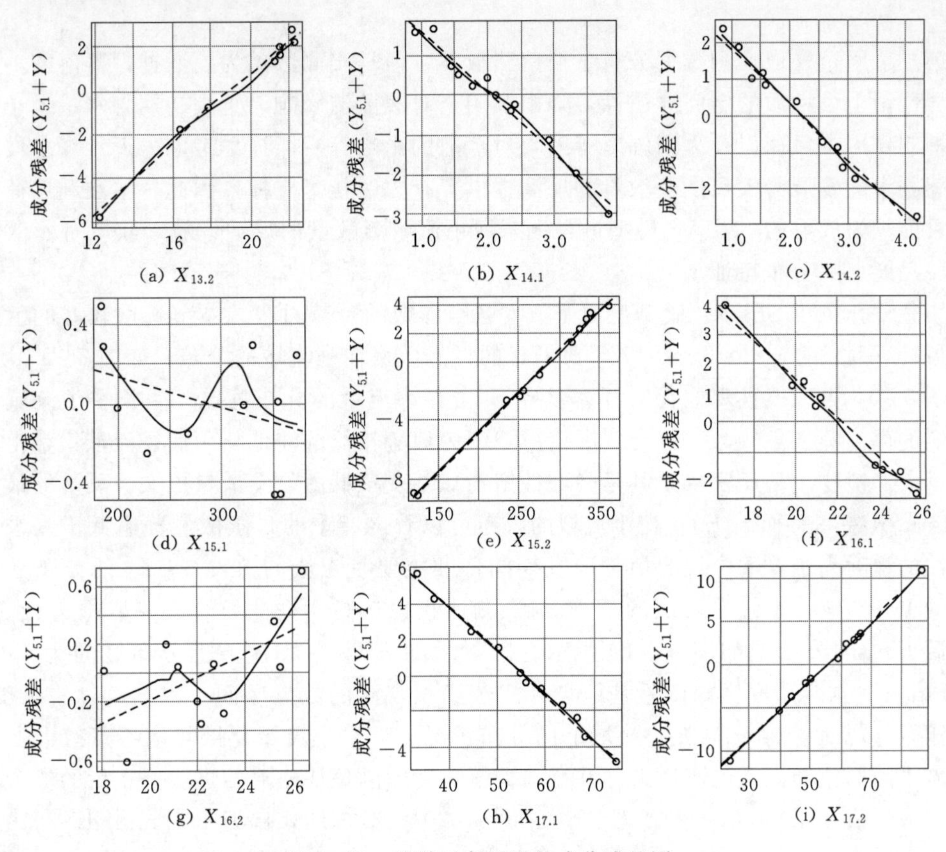

图 5-14 蒸散对各因子的成分残差图

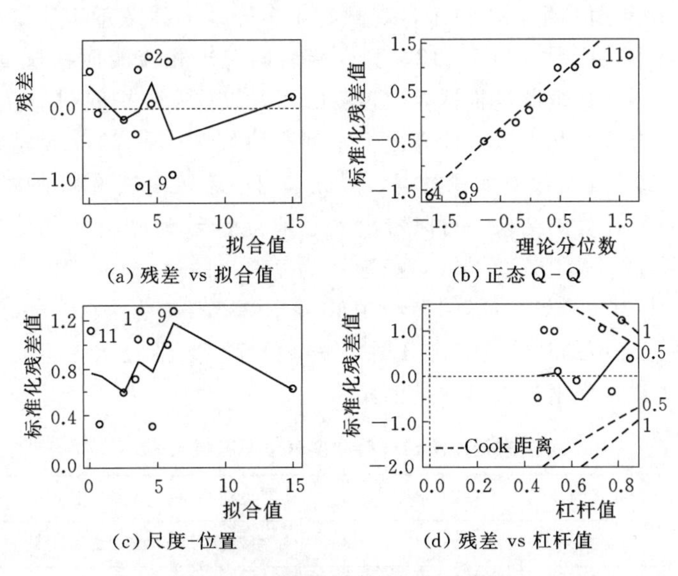

图 5-15 曲线拟合的回归诊断图

第三节　遥感反演小流域蒸散量

第二节通过样地实测数据分析了群落蒸散发，但是实测数据为点数据，群落的多样性及差异性，土壤性质的空间异质性，降雨及阴天对蒸散的影响，土壤初期含水量大小对蒸散的抑制作用，风速以及太阳辐射等因素对蒸散的影响等不能详尽考虑。近年来多波段卫星遥感技术的发展为大尺度蒸散量的反演提供了有力的技术支撑。因此，本文利用荷兰开发的目前较为成熟的SEBAL模型进行上东河小流域蒸散量的反演计算，获取日蒸散量在小流域尺度上的分布特征。

第三章介绍了SEBAL模型反演蒸散发各个参数的计算过程，本节选取较好的卫星图片经过计算反演得出2015—2017年典型日的日蒸散量在小流域的分布，如图5-16所示。通过图5-16可以很直观地看出日蒸散量ET_{24}在小流域的分布情况。生长季小流域内地势较低的部位蒸散量较大，符合实际情况，因为地势较低的洼地降雨后径流汇集，土壤水分含量大，植物生长茂密，尤其是隐域性植物如芨芨草群落的蒸散量更大，反演的最大值在10mm/d左右；而由ET_{24}在小流域的分布可以看出春季的日蒸散量普遍低于夏季，但均匀性的程度高于夏季，说明植物萌发期间蒸散主要是土壤的蒸发，ET_{24}的分布受土壤性质的单一影响。总体看反演的ET_{24}与实测值相比偏高，据此结合实测数据进行修正，修正后ET_{24}的分布图如图5-17所示。修正后的ET_{24}在小流域上分布区间为1.00～5.00mm/d，这与研究区内试验基地自计式蒸渗仪观测的数据区间一致。通过遥感反演，可以比较直观地看到ET_{24}在小流域上的分布情况。春季小流域北部与南部蒸散大，夏季小流域中间部位即汇流区蒸散大，并且与群落盖度图的斑块格局相近。修正后的整个小流域日蒸散均值2015年8月2日为2.90mm/d，2016年6月8日为1.53mm/d，2016年8月4日为4.54mm/d（降雨之后），2017年9月24日为1.10mm/d。

将2015—2017年植物生长季每个月观测的4个样地的蒸散量扩展到小流域尺度，首先根据小流域的群落盖度图（图5-18）分4级后确定出相应的面积权重系数，见表5-17，将实测的4个样地日蒸散量根据相应盖度的面积权重系数扩展到小流域尺度，然后统计出生长季每年的有效蒸散天数，计算出上东河小流域2015—2017年植物生长季的蒸散量，见表5-18。其中4月没有实测数据，因此采用小流域内试验基地的自计称重式蒸渗仪的实测蒸散量。从计算的结果中可以看出，上东河小流域2015年植物生长季（4月15日—9月15日）蒸散量为167.30mm，蒸散比为91.98%；2016年植物生长季蒸散量为206.2mm，蒸散比为93.85%；2017年植物生长季蒸散量为172.90mm，蒸散比为93.09%。可见该区降雨的补给绝大部分用来提供群落生长的耗水，生长季总降雨量与总蒸散量呈正相关关系，降雨量大蒸散量也大。

表5-17　　上东河小流域群落盖度分级面积系数表

盖度级别	盖度区间	面积权重系数/%	盖度级别	盖度区间	面积权重系数/%
较高	>35%	0.97	中	30%～20%	38.69
高	35%～30%	5.61	低	<20%	54.73

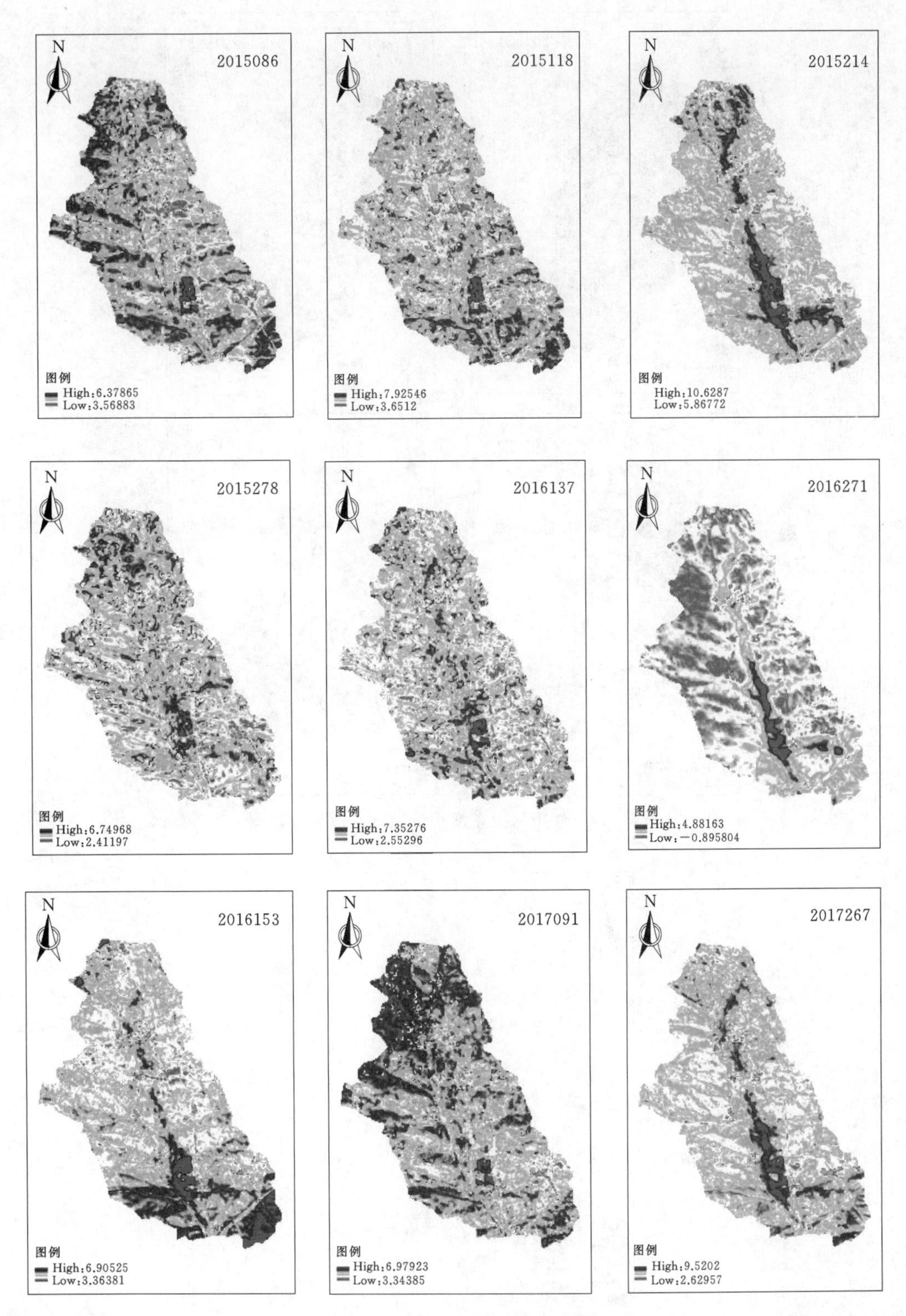

图 5－16 上东河小流域日蒸散量分布图

图 5-17 修正后上东河小流域日蒸散量分布图

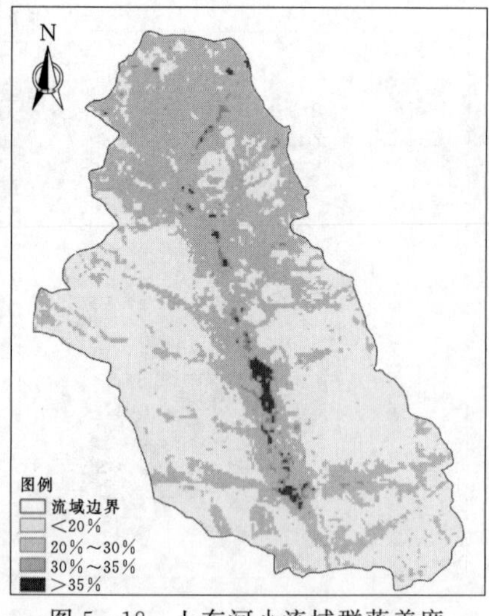

图 5-18 上东河小流域群落盖度

表 5-18 植物生长季小流域蒸散量计算表

年份	月份	天数	蒸散量 /mm	降雨量 /mm	蒸散比 /%
2015	4	13	13.8	5.8	237.59
	5	23	23.2	9.4	247.13
	6	13	19.2	63.6	30.25
	7	18	46.8	58.7	79.73
	8	19	51.5	11.3	455.66
	9	9	12.8	33.1	38.61
小计		95	167.3	181.9	91.98
2016	4	13	13.4	0.5	2678.00
	5	22	27.5	18.4	149.46
	6	16	26.4	71.4	36.97
	7	19	55.9	95.1	58.74
	8	22	65.3	22.9	285.33
	9	10	17.7	11.4	155.26
小计		102	206.2	219.7	93.85
2017	4	12	10.44	3.0	348.00
	5	27	29.16	30.6	95.29
	6	18	27.18	59.1	45.99
	7	21	46.41	27.0	171.89
	8	21	50.61	25.9	195.41
	9	6	9.06	40.1	22.59
小计		105	172.9	185.7	93.09

第六章

小流域降雨产流过程

第一节　不同退化样地模拟降雨产流过程分析

本研究在三个不同退化程度研究样地的径流小区上进行了人工降雨模拟试验，观测了降雨后产流的整个过程，记录了产流的发生时间即产流时间（降雨开始时计时至集流桶里流进水流的时间，也称作滞后时间），记录了径流量随时间的变化过程以及累积径流量。

一、轻度退化样地产流过程

轻度退化样地内模拟降雨产流过程如表 6-1 和图 6-1 所示。轻度退化样地在雨强为 20.00mm/h 时降雨 27min18s 后地表开始产生径流，降雨 40min 内的累积径流量为 0.77L；降雨强度 40.00mm/h 时降雨 22min05s 后地表产生径流，降雨 40min 内的累积径流量为 5.75L；降雨强度 60.00mm/h 时降雨 5min08s 后地表产生径流，降雨 40min 内的累积径流量为 92.81L。

表 6-1　　轻度退化样地径流过程特征表

降雨强度/(mm/h)	径流滞后时间/(min：s)	径流平稳历时/min	40min 累积径流量/L
20	27：18	60	0.77
40	22：05	45	5.75
60	5：08	35	92.81

从单位时间径流量曲线可以发现，降雨强度 20.00～40.00mm/h 径流曲线呈现先逐渐增加之后剧烈增加的趋势最后接近平缓稳定，当降雨强度为 60.00mm/h 时，单位时间径流量曲线呈现从降雨产流开始急剧增加的趋势直到平缓，说明降雨强度小的时候降雨后土壤入渗明显，产流存在一个缓慢变化的过程，降雨强度较大时，径流发展迅速，使得土壤入渗过程变得不是特别显著，降雨强度为 20.00mm/h 时径流量达到稳定趋势历时约 60min，降雨强度为 40.00mm/h 时径流量达到稳定趋势历时 45min 左右，降雨强度为 60.00mm/h 时径流量达到稳定趋势历时约 35min。

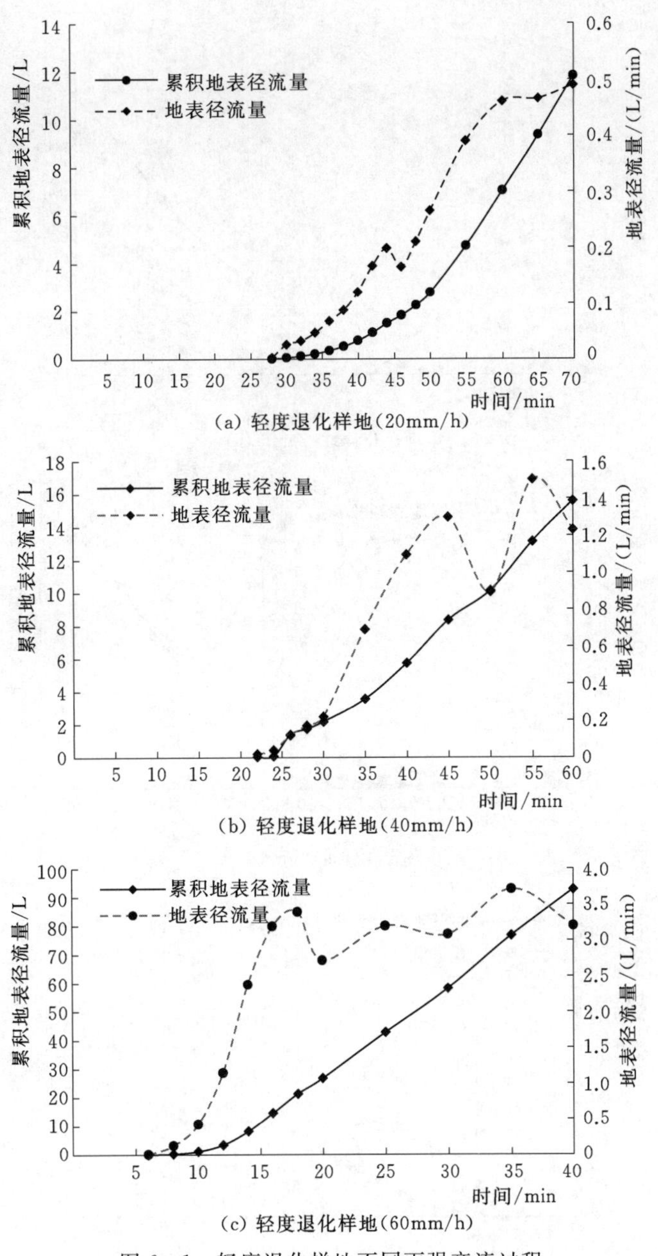

(a) 轻度退化样地(20mm/h)

(b) 轻度退化样地(40mm/h)

(c) 轻度退化样地(60mm/h)

图 6-1 轻度退化样地不同雨强产流过程

二、中度退化样地产流过程

中度退化样地内模拟降雨产流过程如图 6-2 和表 6-2 所示。中度退化样地在降雨强度为 20mm/h 时降雨 17min21s 后地表开始产生径流，降雨 40min 内的累积径流量为 10.10L；降雨强度 40mm/h 时降雨 14min56s 后地表产生径流，降雨 40min 内的累积径流量为 10.99L；降雨强度 60mm/h 时降雨 5min04s 后地表产生径流，降雨 40min 内的累积径流量为 137.20L。

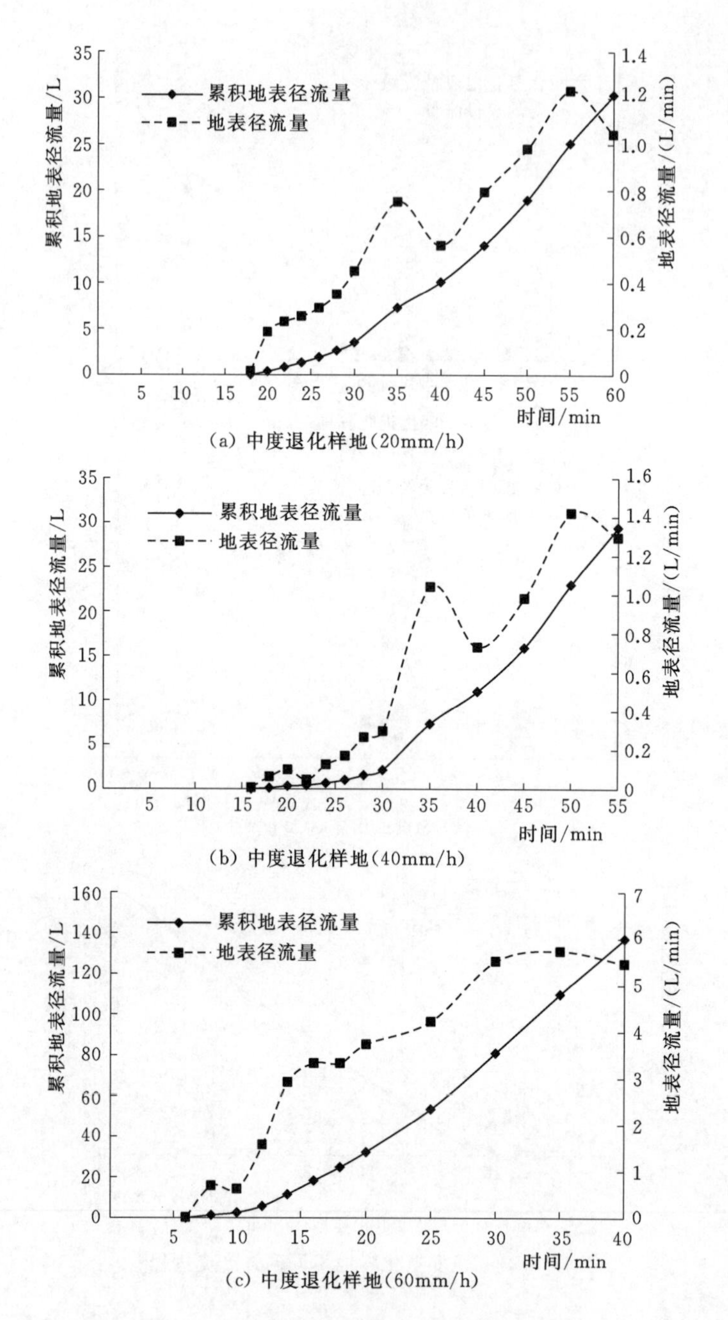

(a) 中度退化样地(20mm/h)

(b) 中度退化样地(40mm/h)

(c) 中度退化样地(60mm/h)

图 6-2 中度退化样地不同雨强产流过程

表 6-2 **中度退化样地径流过程特征表**

降雨强度/(mm/h)	径流滞后时间/(min：s)	径流平稳历时/min	40min 累积径流量/L
20	17：21	55	10.10
40	14：56	40	10.99
60	5：04	30	137.20

由地表径流量曲线可以发现，中度退化样地径流随时间的变化过程与轻度退化样地相近，径流曲线呈现先逐渐增加之后剧烈增加的趋势最后接近平缓稳定，但是会很明显的出现一个低谷，这与坡面径流汇流填洼有关。当降雨强度为 60mm/h 时，地表径流量曲线呈现出两个阶段的急剧增加的趋势直到最后平缓，累积径流量曲线在 25min 后表现出线性增加趋势，说明雨强较大时，径流发展迅速较快达到平缓阶段。降雨强度为 20mm/h 时径流量达到稳定趋势历时 55min 左右，当降雨强度为 40mm/h 时径流量达到稳定趋势历时 40min 左右，当降雨强度为 60mm/h 时径流量达到稳定趋势历时 30min 左右。

三、重度退化样地产流过程

重度退化样地内模拟降雨产流过程如图 6－3 和表 6－3 所示。重度退化样地在降雨强

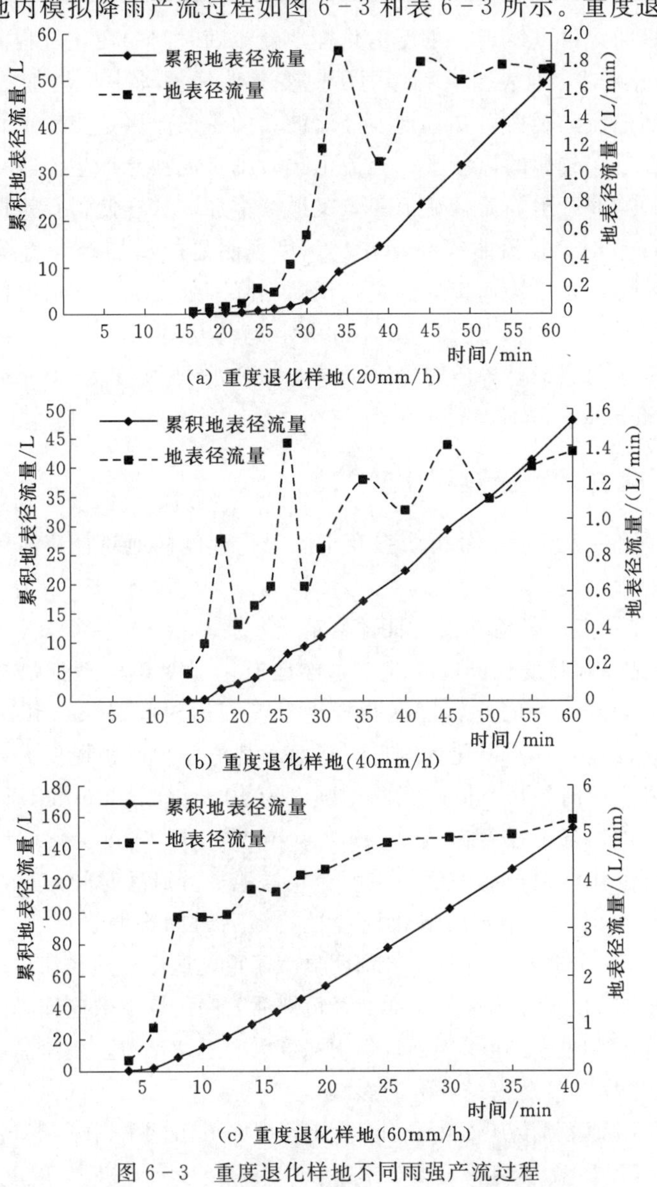

图 6－3　重度退化样地不同雨强产流过程

度为 20mm/h 时降雨 14min59s 后地表开始产生径流，降雨 40min 内的累积径流量为 16.66L；降雨强度 40mm/h 时降雨 13min17s 后地表产生径流，降雨 40min 内的累积径流量为 22.29L；降雨强度 60mm/h 时降雨 3min20s 后地表产生径流，降雨 40min 内的累积径流量为 153.37L。

表 6-3　　重度退化样地径流过程特征表

降雨强度/(mm/h)	径流滞后时间/(min：s)	径流平稳历时/min	40min 累积径流量/L
20	14：59	45	16.66
40	13：17	35	22.29
60	3：20	25	153.37

由地表径流量曲线可以发现，重度退化样地径流随时间的变化过程波动较大，尤其当降雨强度为 40mm/h 时，地表径流随降雨历时变化曲线波动中呈增加的趋势直至最后平缓，经过现场坡面汇流的观察可知，地表径流波动的主要原因是重度退化样地由于群落盖度低，表层土存在一层较薄的风沙土，径流汇集时携带泥沙会产生淤积，水流受到阻隔使径流汇集量变小，当冲开阻隔后径流汇集量又继续增加，这样使得径流曲线产生波动。当降雨强度为 60mm/h 时，径流曲线波动较小，呈现明显的增加趋势直至趋于平缓，尤其产流后径流急剧增加，之后快速接近稳定，反映出降雨强度大，产流时间快，超渗产流明显。当降雨强度为 20mm/h 时径流量达到稳定趋势历时 45min 左右；当降雨强度为 40mm/h 时径流量达到稳定趋势历时 35min 左右；当降雨强度为 60mm/h 时径流量达到稳定趋势历时 25min 左右。

四、不同退化样地产流过程比较

如图 6-4～图 6-7 所示，分析雨强及不同退化程度样地对径流滞后时间、相同降雨时间累积径流量的影响规律。

（一）样地退化程度对径流滞后时间的影响

图 6-4 中可见降雨强度相同的情况下，样地退化程度对径流滞后时间产生了显著的影响，降雨强度为 20mm/h 时，轻度退化样地径流滞后时间最长，其次是中度退化，时间最短是重度退化样地，说明退化程度低，群落长势好，地表粗糙度大，增加了土壤入渗时间，使得径流发生历时较长。同样，降雨强度为 40mm/h、60mm/h 径流滞后时间仍然是轻度＞中度＞重度。降雨强度为 20mm/h、40mm/h 时，轻度退化样地径流滞后时间明显大于中度与重度退化样地，而中度与重度退化样地径流滞后时间亦存在一定的差异，当降雨强度为 60mm/h 时，三个不同退化样地径流滞后时间都明显减小，但轻度与中度退化样地径流滞后时间差异较小，并且二者都明显大于重度退化样地径流滞后时间，说明降雨强度较大时，轻度与中度退化样地下垫面对径流滞后时间的影响效应在降雨强度超大下表现得不显著，重度退化样地由于植物较稀疏降雨强度大时迅速产流，径流滞后时间较短。

（二）样地退化程度对累积径流量的影响

图 6-5 中可见降雨强度从 20mm/h 增加至 60mm/h 过程中，不同退化程度样地降雨历时 40min 的累积径流量变化明显，都表现出了轻度＜中度＜重度。这说明同等降

雨强度下，轻度退化样地土壤入渗量最大，中度退化样地次之，重度退化样地土壤入渗量最小。

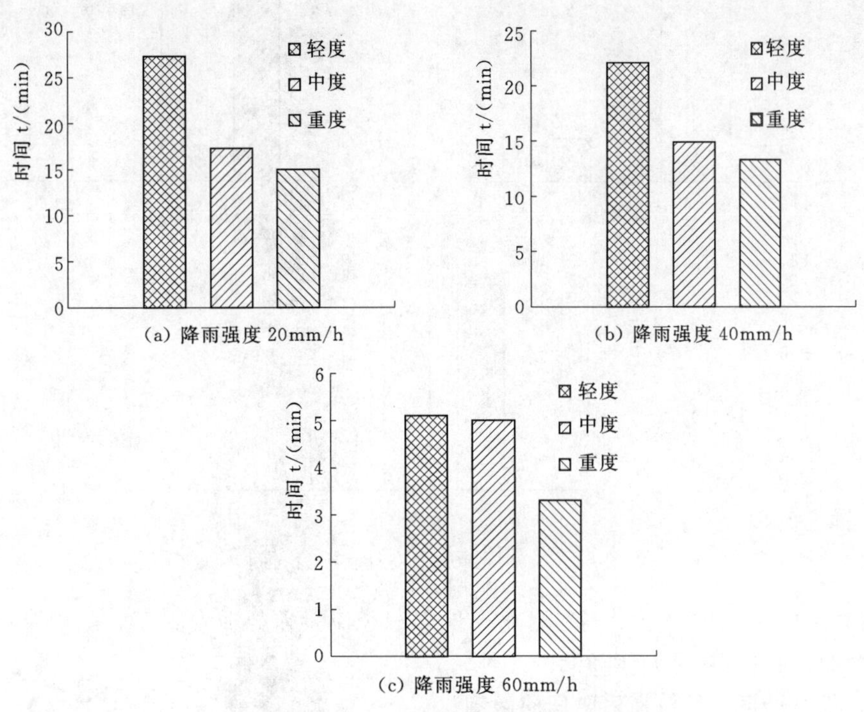

图 6-4　不同退化程度样地径流滞后时间

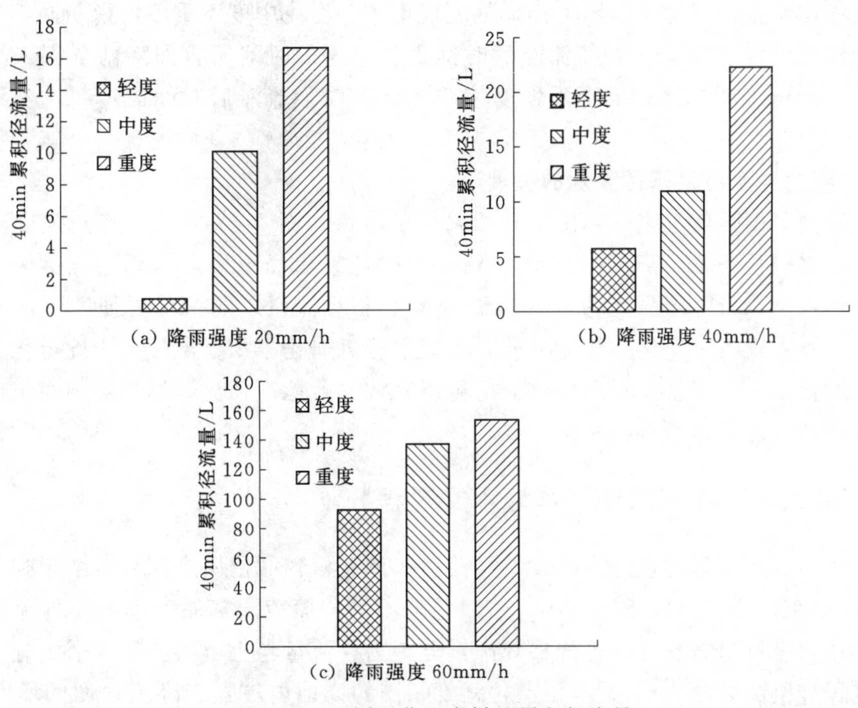

图 6-5　不同退化程度样地累积径流量

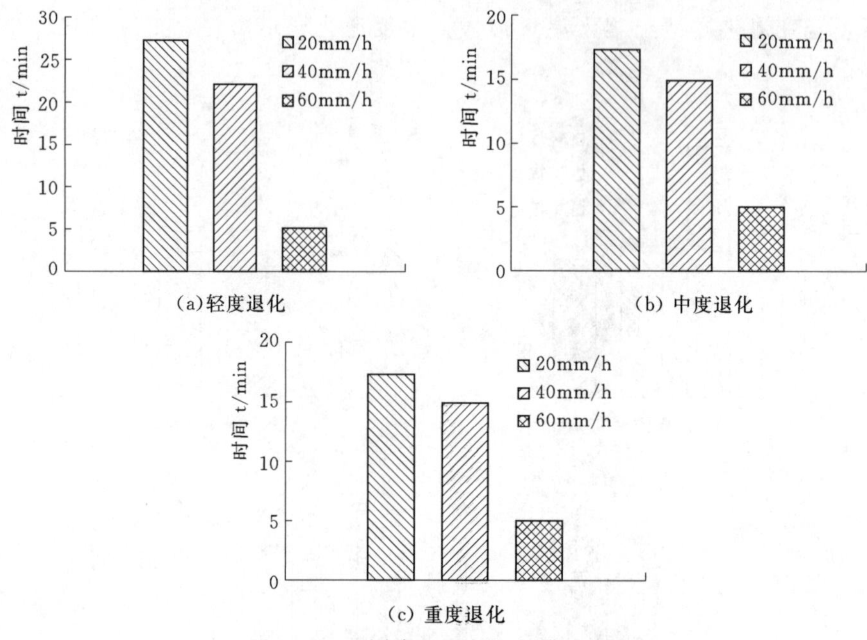

图 6-6 不同降雨强度径流滞后时间

降雨强度为 20mm/h 时，三个不同退化样地累积径流量差异非常显著，随着降雨强度的增加，累积径流量差异显著性降低。

(三) 降雨强度对径流滞后时间的影响

图 6-6 中可见降雨强度从 20mm/h 增加至 60mm/h 过程中，不同退化程度样地径流滞后时间变化明显，三个不同退化样地都表现出了轻度>中度>重度，说明同等退化程度下，当降雨强度为 20mm/h 时径流滞后时间最长，这段时间所有的降雨全部入渗；当降雨强度为 40mm/h 时次之；当降雨强度为 60mm/h 时径流滞后时间最短即最容易发生地表径流。

(四) 降雨强度对累积径流量的影响

对于不同降雨强度下相同降雨历时的累积径流量如图 6-7 所示。降雨强度对累积径流量的影响比较显著，当降雨强度为 20mm/h 时的累积径流量<当降雨强度为 40mm/h 时的累积径流量<当降雨强度为 60mm/h 时的累积径流量。同一降雨强度下，不同退化程度的样地累积径流量变化亦较为显著，表现出轻度退化累积径流量<中度退化累积径流量<重度退化累积径流量。说明植物群落可以有效拦蓄地表径流，增加降雨在土壤中的入渗量，有效增加土壤储水量。

五、模拟降雨在不同退化样地水文过程分割

模拟降雨过程中降雨量分为蒸发、径流、入渗、植物截留四个部分。由于降雨过程基本在 1h 内结束，所以蒸发量非常小，可以忽略不计。而荒漠草原群落植物稀疏低矮，植物的降雨截留亦可忽略不计。这样将降雨量分割为径流量与土壤入渗量两个组分，模拟降雨水文过程分割图如图 6-8 所示。退化程度相同的样地内，随着降雨强度的增大，地表

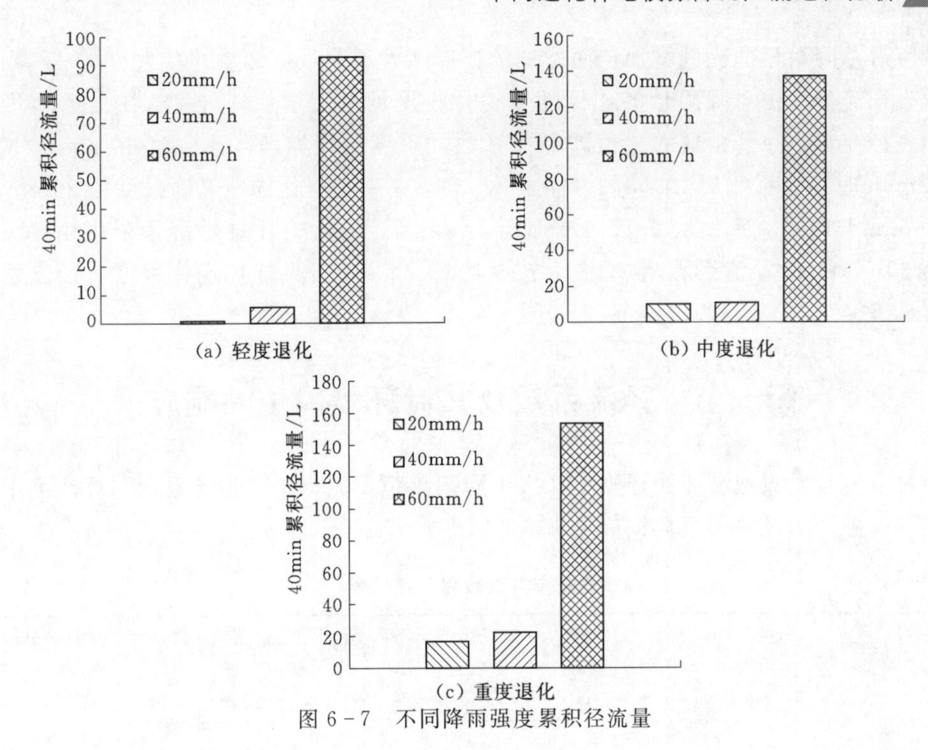

图 6-7 不同降雨强度累积径流量

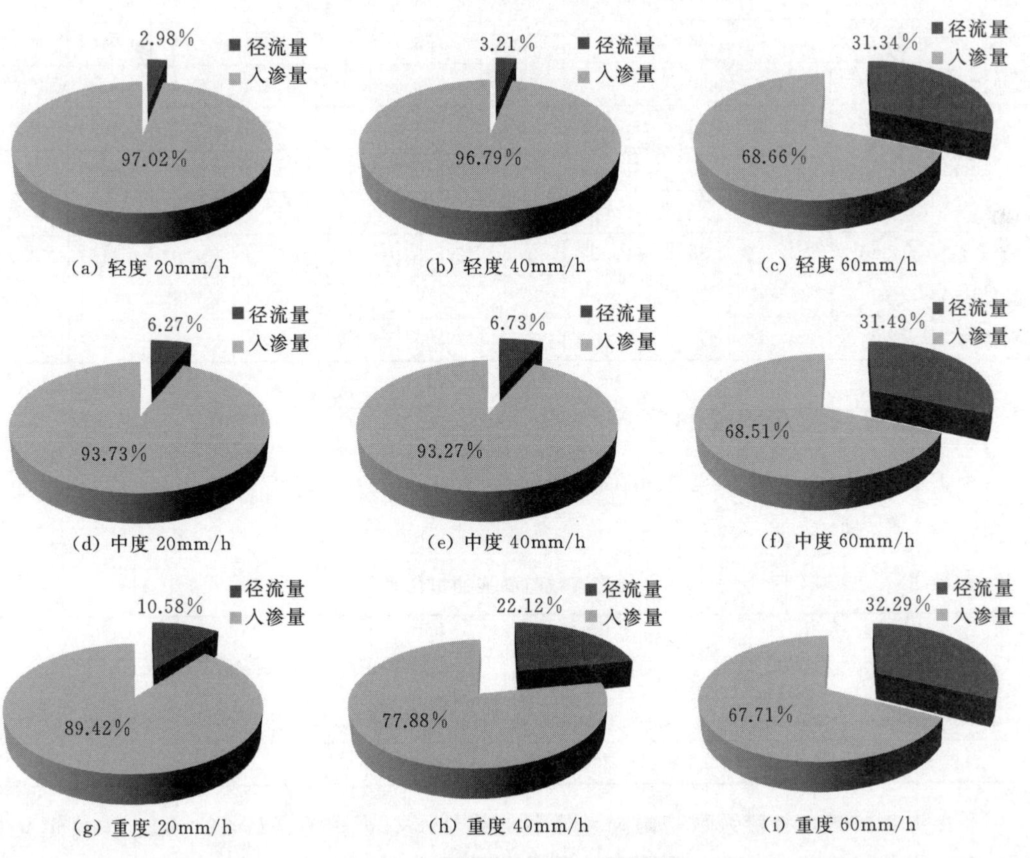

图 6-8 模拟降雨水文过程分割图

径流量所占总降雨量的比例增加，而增加的幅度随着退化程度加重而变大；同一降雨强度时，地表径流量所占总降雨量的比例随着退化程度加重而增加即轻度＜中度＜重度。其中，地表径流量占总降雨量的比值即径流系数，重度退化样地降雨强度由 20mm/h 增加至 60mm/h 时径流系数从 10.58％增加至 32.29％；中度退化样地降雨强度由 20mm/h 增加至 60mm/h 时径流系数从 6.27％增加至 31.49％；轻度退化样地降雨强度由 20mm/h 增加至 60mm/h 时径流系数从 2.98％增加至 31.34％，可见样地退化程度对径流系数影响非常显著。

第二节　径流系数及其对环境因子的响应

通过荒漠草原天然坡面的径流小区人工降雨模拟试验得出了径流系数与环境因子之间的关系。模拟降雨试验因子数据表见表 6－4。

表 6－4　　模拟降雨试验因子数据表

样地	降雨强度/(mm/h)	径流滞后时间/(min：s)	降雨历时/min	径流总量/mL	径流系数/%	群落盖度/%	群落平均高度/cm	群落均匀度指数	群落多样性指数	物种丰富度指数	地上生物量/(g/m²)
重度退化	20	14：59	60	55016.6	10.58	19.73	6.42	0.1874	0.3646	0.9163	29.95
	40	13：17	60	57500.9	22.12	19.73	5.31	0.1874	0.3646	0.9163	30.77
	60	3：20	50	209856.5	32.29	19.48	6.50	0.1874	0.3646	0.9163	30.82
中度退化	20	17：21	70	19009.8	6.27	27.27	6.54	0.1795	0.4862	2.1052	42.07
	40	14：56	55	32070.8	6.73	27.10	6.48	0.1795	0.4862	2.1052	44.11
	60	5：04	40	163762.9	31.49	27.17	6.31	0.1795	0.4862	2.1052	44.23
轻度退化	20	27：18	50	6461.8	2.98	29.33	7.30	0.7541	1.7365	1.4183	53.55
	40	22：05	60	16709.7	3.21	29.47	7.12	0.7541	1.7365	1.4183	53.64
	60	5：08	50	203693.9	31.34	29.80	7.18	0.7541	1.7365	1.4183	53.42

一、径流系数与雨强的关系

根据表 6－4 中的径流系数与降雨强度进行回归分析，得出两者之间的关系，如图 6－9、表 6－5 所示。

表 6－5　　径流系数与雨强的拟合表

样地退化程度	拟合公式	R^2	P
重度退化	$\alpha=0.5428P-0.0467$	0.9987	0.000（<0.05）
中度退化	$\alpha=2.189e^{0.0403P}$	0.7828	0.004（<0.05）
轻度退化	$\alpha=0.6364e^{0.0588P}$	0.7737	0.004（<0.05）

重度退化样地，径流系数与雨强呈显著的线性函数正相关（$P<0.05$），中度退化样地与轻度退化样地径流系数与雨强呈显著的指数函数正相关（$P<0.05$）。说明重度退化

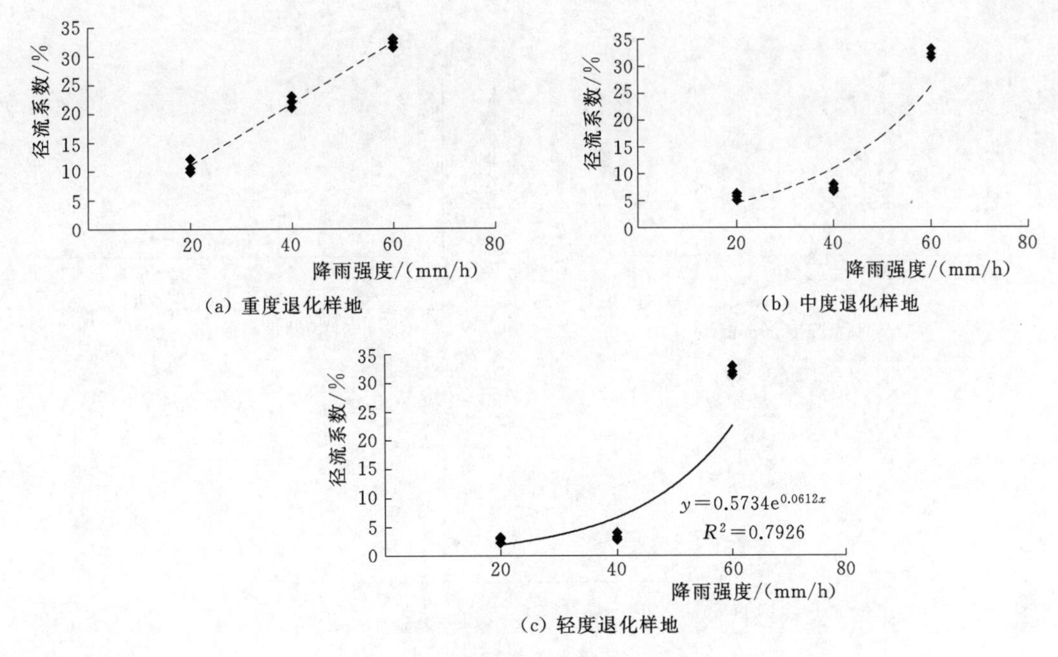

图 6-9 径流系数与降雨强度的拟合图

样地植物群落及其他下垫面因子对径流的影响程度与降雨强度的影响程度相比非常弱，表现出径流系数与雨强的线性正相关，而轻度及中度退化样地之所以表现出指数函数正相关，说明下垫面的其他因子对径流系数的影响程度也较大。

二、径流系数与植物群落的关系

（一）径流系数与群落地上生物量的关系

将径流系数与群落地上生物量进行回归分析，得出二者之间的关系，如图 6-10、表 6-6 所示。

表 6-6　　径流系数与生物量的拟合表

降雨强度/(mm/h)	拟合公式	R^2	P
20	$\alpha=-0.3223m+20.102$	0.9962	0.002 (<0.05)
40	$\alpha=3\times10^6 m^{-3.452}$	0.9987	0.014 (<0.05)
60	$\alpha=39.118m^{-0.056}$	0.9624	0.017 (<0.05)

降雨强度为 20mm/h 时，径流系数与三个不同退化样地的地上生物量呈显著的线性负相关（$P<0.05$），随着降雨强度分别增加到 40mm/h 及 60mm/h 时，径流系数与三个不同退化样地的地上生物量呈显著的幂函数负相关（$P<0.05$），可见地上生物量的增加，径流系数会明显的减小。

（二）径流系数与群落盖度的关系

将径流系数与群落盖度进行回归分析，得出两者之间的关系，如图 6-11、表 6-7 所示。

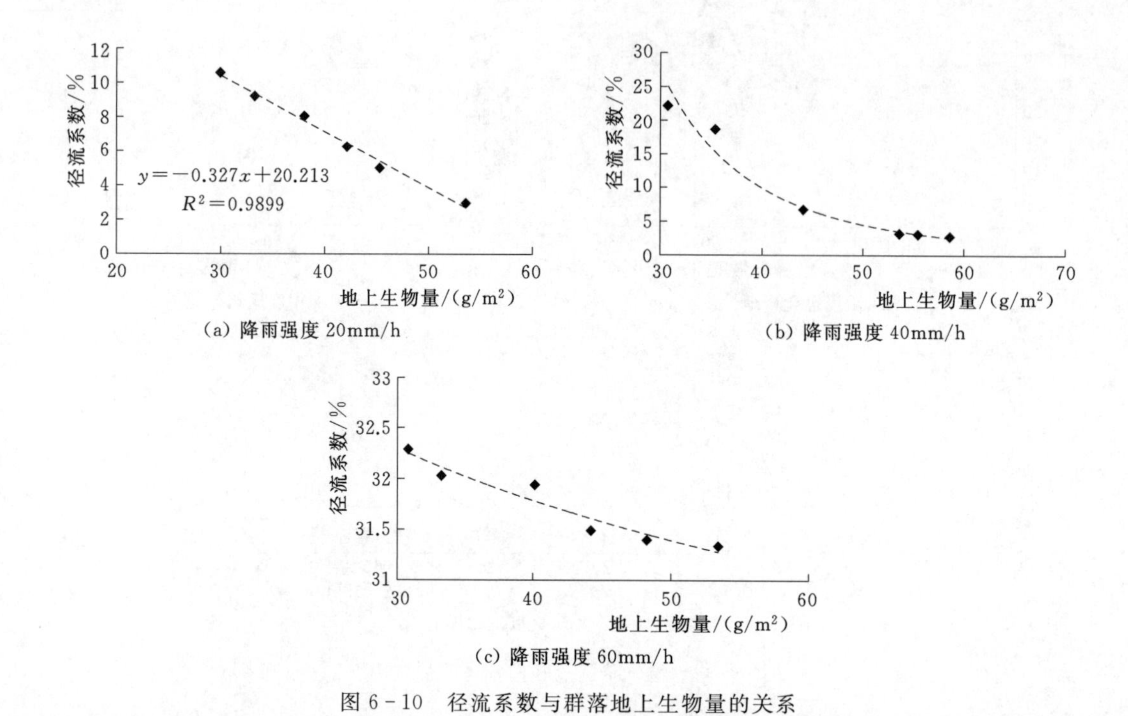

(a) 降雨强度 20mm/h

(b) 降雨强度 40mm/h

(c) 降雨强度 60mm/h

图 6-10 径流系数与群落地上生物量的关系

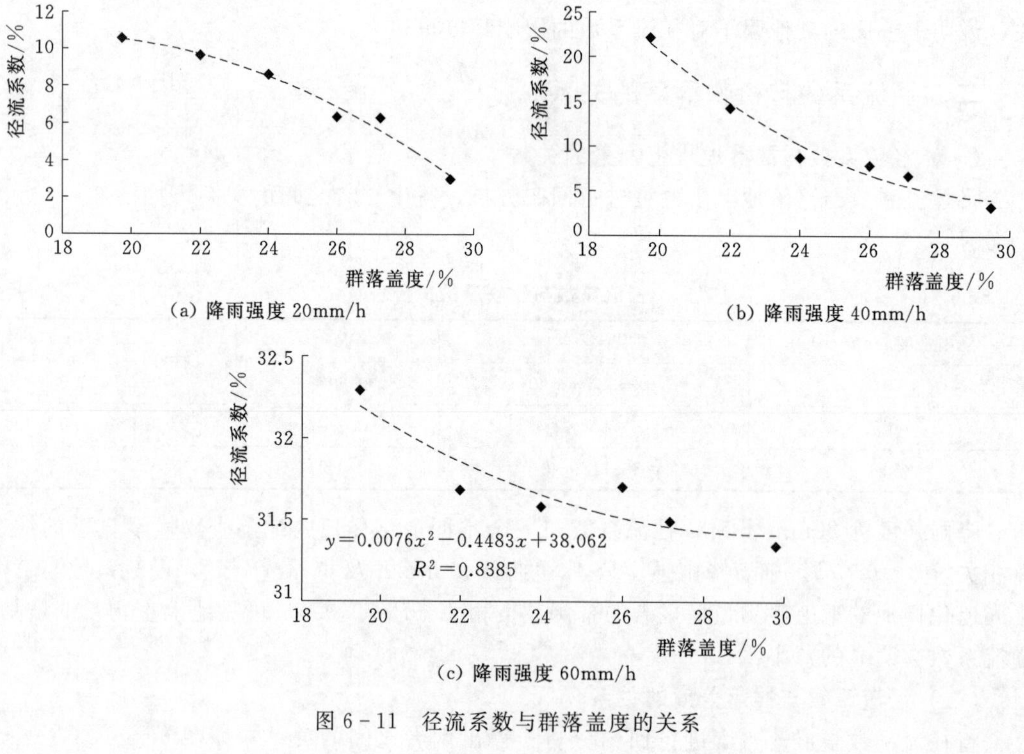

径流系数/%

群落盖度/%

(a) 降雨强度 20mm/h

径流系数/%

群落盖度/%

(b) 降雨强度 40mm/h

径流系数/%

$y=0.0076x^2-0.4483x+38.062$

$R^2=0.8385$

群落盖度/%

(c) 降雨强度 60mm/h

图 6-11 径流系数与群落盖度的关系

表 6-7　径流系数与群落盖度的拟合关系表

降雨强度/(mm/h)	拟合公式	R^2	P
20	$\alpha=-0.1068C^2+4.4489C-35.615$	0.9934	0.019 (<0.05)
40	$\alpha=0.0619C^2-4.9872C+96.42$	0.9998	0.001 (<0.05)
60	$\alpha=0.0046C^2-0.3165C+36.73$	0.9907	0.006 (<0.05)

降雨强度相同时，径流系数与三个样地的群落盖度呈显著的二次多项函数式负相关（$P<0.05$），群落盖度的增加，径流系数明显的减小。降雨强度为20mm/h时，群落盖度从19.73%增加至29.33%时，径流系数从10.58%减小至2.98%；降雨强度为40mm/h时，群落盖度从19.73%增加至29.47%时，径流系数从22.12%减小至3.21%；降雨强度为60mm/h时，群落盖度从19.48%增加至29.80%时，径流系数从32.29%减小至31.34%，可见地表群落覆盖度的增加，可以减缓径流的发生，增加降雨水分的土壤入渗。

三、不同坡度小区降雨模拟试验结果分析

（一）径流系数与坡度的关系

通过不同坡度小区降雨模拟试验，得出不同退化样地坡度对径流系数的影响，如图6-12～图6-14所示。在降雨强度为20～60mm/h，坡度与径流系数之间的关系为指数函数正相关，二者相关性极显著，随着坡度增加，径流系数呈指数函数增加。尤其降雨强度较大时（60mm/h），坡度对径流系数的影响甚至接近于线性正相关。径流系数与坡度的拟合见表6-8。

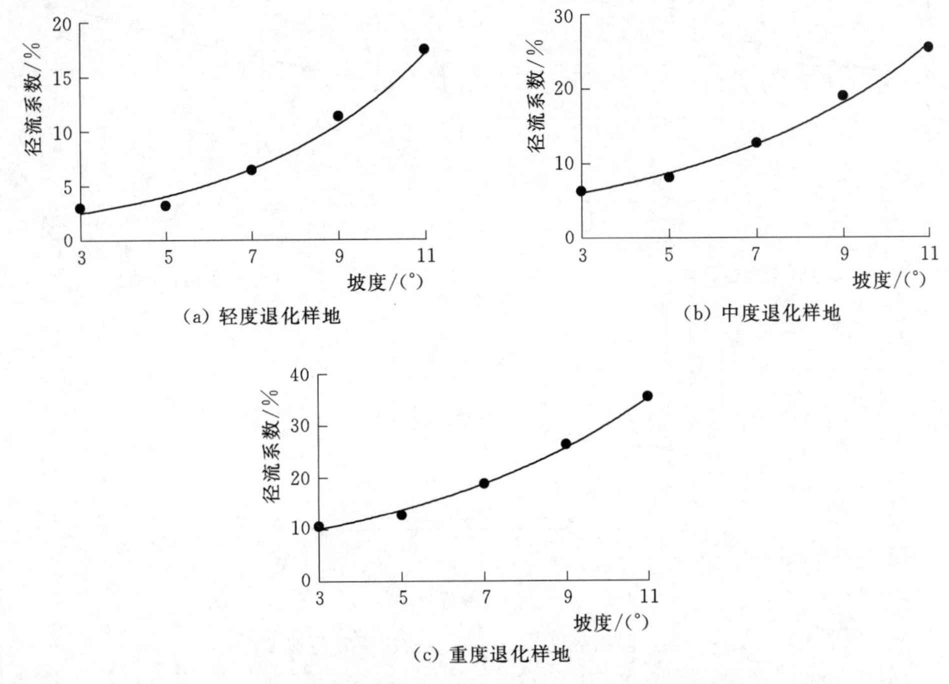

图 6-12　降雨强度为20mm/h径流系数与坡度

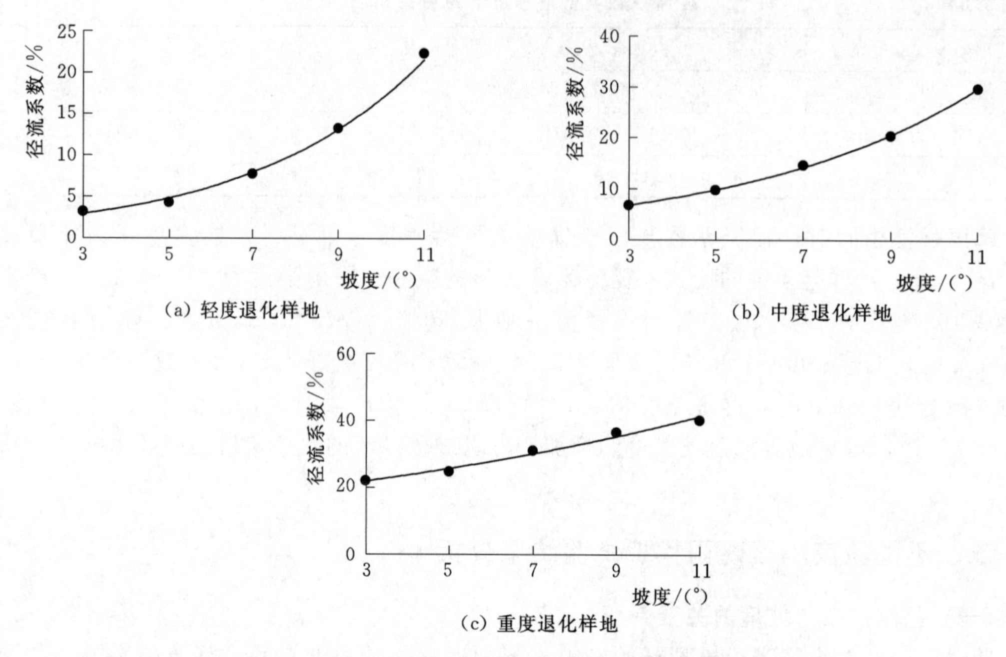

图 6-13 降雨强度为 40mm/h 径流系数与坡度

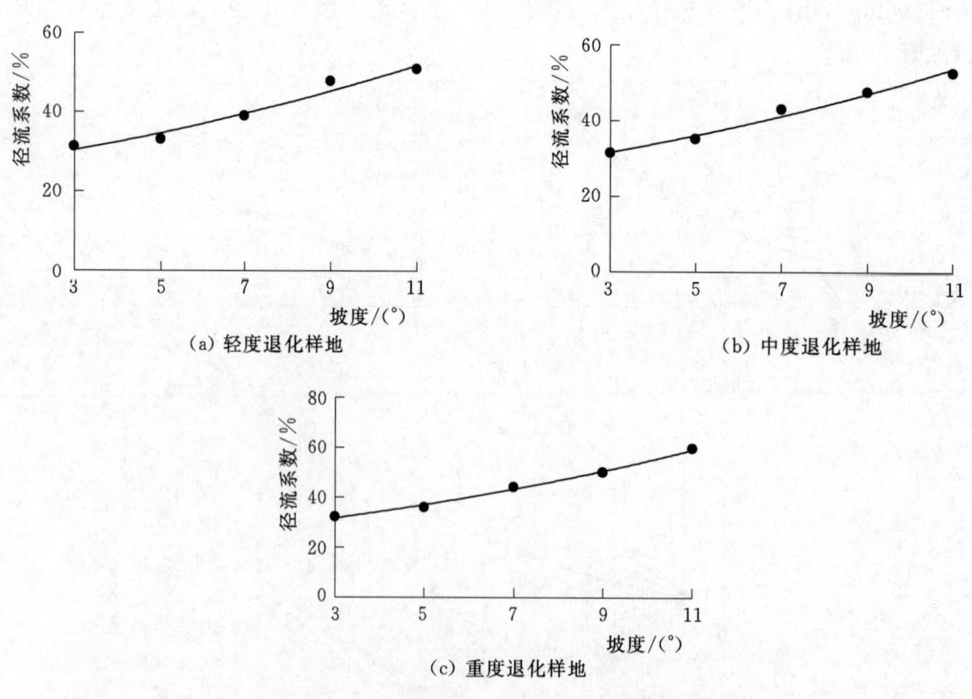

图 6-14 降雨强度为 60mm/h 径流系数与坡度

表 6-8 径流系数与坡度的拟合表

降雨强度/(mm/h)	下垫面土体	拟合公式	R^2	P
20	轻度退化样地	$\alpha=1.2256e^{0.2395}$	0.9626	0.002 (<0.01)
	中度退化样地	$\alpha=3.4941e^{0.1824}$	0.9925	
	重度退化样地	$\alpha=6.2454e^{0.1572}$	0.9903	
40	轻度退化样地	$\alpha=1.3819e^{0.2498}$	0.9910	
	中度退化样地	$\alpha=3.8866e^{0.1854}$	0.9992	
	重度退化样地	$\alpha=17.33e^{0.0793}$	0.9822	
60	轻度退化样地	$\alpha=24.881e^{0.0668}$	0.9644	
	中度退化样地	$\alpha=25.921e^{0.0664}$	0.9833	
	重度退化样地	$\alpha=25.148e^{0.0778}$	0.9932	

(二) 径流系数与坡度及群落盖度的关系

综合分析坡度及群落盖度对径流系数的影响，将群落盖度作为表征样地退化程度的主要体现因子，进行相关性检验，见表 6-9。径流系数与坡度之间极显著正相关（$P=0.000$，$P<0.01$），径流系数与群落盖度之间为极显著负相关（$P=0.013$，$P<0.01$），而坡度与群落盖度之间相关性不显著（$P=0.5$，$P>0.05$）。

表 6-9 径流系数与坡度及群落盖度的相关性

参数	径流系数	坡度	群落盖度
径流系数	1.000		
坡度	0.783	1.0000	
群落盖度	−0.569	0.000	1.0000

在相关性检验后，进行多元回归分析，得出在降雨强度为 20～60mm/h，径流系数与坡度及群落盖度的关系式为

$$\alpha=-62.26C+2.472i+15.775 \tag{6-1}$$

$$R^2=0.927$$

式中：α 为径流系数，%；C 为群落盖度，%；i 为地表坡度，(°)。

四、径流系数在小流域上分布

根据径流系数与坡度及群落盖度的关系，结合遥感影像图反演出上东河小流域径流系数在空间的分布，如图 6-15 所示。小流域内的径流系数基本在 20%以内，只有群落盖度较低和坡度较大的部位超过 20%。通过径流系数的分布结合次降雨量即可估算出小流域内的径流量。

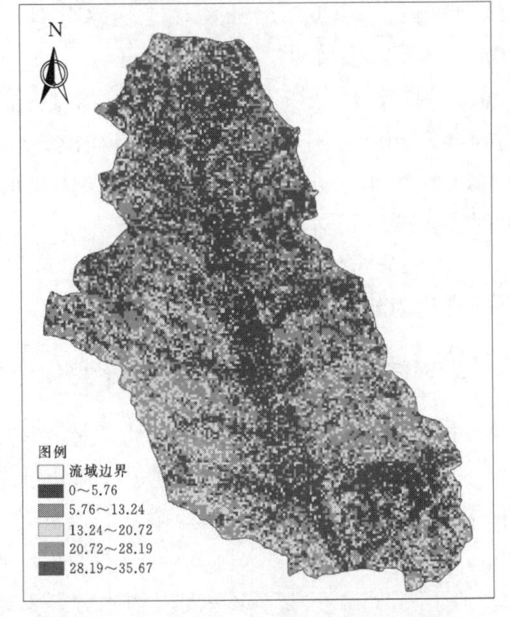

图 6-15 上东河小流域径流系数空间分布图

第三节 降雨产流条件下土壤水分动态变化过程

干旱地区降水稀少，气候干燥，蒸发量大，导致干旱地区水资源严重匮乏。因此，水分传输和水分平衡显得尤为重要，而土壤含水量又是水分传输和平衡过程中的主要驱动力。土壤水分的时空动态决定着生态系统格局和动态，而生态系统演变又不断改变着沙地的水文过程。

通过人工模拟降雨试验次降雨前后土壤水分的变化过程的观测，得出了次降雨在降雨强度、降雨历时以及样地退化程度影响下的水分入渗随时间的变化特征以及土壤水分平衡稳定过程。

一、轻度退化样地土壤水分变化过程

轻度退化样地次降雨条件下土壤水分动态变化如图 6-16 所示。降雨前，土壤水分含量较低，0～20cm 土壤含水率差异较小，都小于 6%。随着降雨开始，2cm 深度土壤水分迅速响应，含水率立即增加；当降雨强度为 60mm/h 时，降雨 20min 后 5cm 深度土壤水分开始响应增加，降雨 40min 后 10cm 深度土壤水分开始响应增加，降雨 59min 后（降雨历时 50min，即降雨结束后 9min）15cm 深度土壤水分开始响应略有增加，而 20cm 深度土壤水分在降雨后 90min 内都没有变化；当降雨强度为 40mm/h 时，降雨 5min 后 5cm 深度土壤水分稍有变化，19min 后开始显著增加，降雨 28min 后 10cm 深度土壤水分开始略有增加，40min 后开始显著增加，降雨 55min 后 15cm 深度土壤水分开始响应增加，而 20cm 深度土壤水分在降雨后 230min 内都没有变化；当降雨强度为 20mm/h 时，降雨 33min 后 5cm 深度土壤水分开始响应增加，降雨 49min 后 10cm 深度土壤水分开始响应增加，降雨 62min 后 15cm 深度土壤水分开始响应增加，而 20cm 深度土壤水分在降雨后 90min 内都没有变化。降雨强度不小于 40mm/h 时，水分渗透至 5cm 土壤深度时需要 20min 左右，水分渗透至 10cm 土壤深度时需要 40min 左右，水分渗透至 15cm 土壤深度时需要 55min 左右，在降雨历时 1h 内水分难以入渗到 20cm 土壤深度处；降雨强度较小为 20mm/h 时，水分渗透至 5cm 土壤深度时需要 30min 左右，水分渗透至 10cm 土壤深度时需要 50min 左右，水分渗透至 15cm 土壤深度时需要 60min 左右，同样在场次降雨历时 1h 内水分难以入渗到 20cm 深度处。可见降雨土壤入渗速率较低，样地土壤导水性差，降雨产流为超渗产流。

二、中度退化样地土壤水分变化过程

中度退化样地次降雨条件下土壤水分动态变化如图 6-17 所示。与轻度退化样地相同，降雨前土壤水分含量较低，0～20cm 土壤含水率差异较小并且都小于 6%。随着降雨开始，2cm 深度土壤水分迅速响应，含水率立即增加；当降雨强度为 60mm/h 时，降雨 5min 后 5cm 深度土壤水分开始响应增加，降雨 15min 后 10cm 深度土壤水分开始响应增加，降雨 43min 后 15cm 深度土壤水分开始响应增加，20cm 深度土壤水分基本没有变化；当降雨强度为 40mm/h 时，降雨 6min 后 5cm 深度土壤水分开始增加，降雨 20min 后

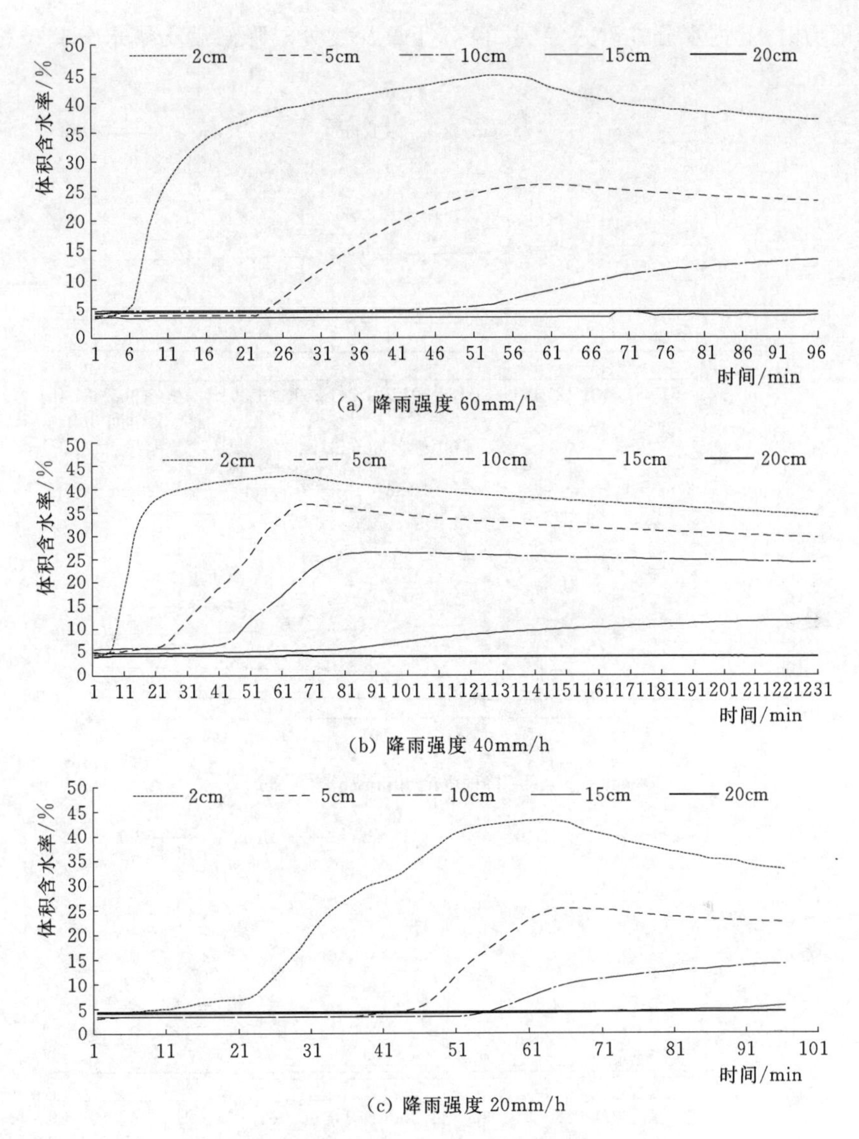

图 6-16 轻度退化样地次降雨条件下土壤水分动态变化
(图中虚线对应降雨结束时间，下同)

10cm 深度土壤水分开始增加，降雨 45min 后 15cm 深度土壤水分开始响应增加，而 20cm 深度土壤水分基本没有变化；当降雨强度为 20mm/h 时，降雨 24min 后 5cm 深度土壤水分开始响应增加，降雨 54min 后 10cm 深度土壤水分开始响应增加，降雨 68min 后 15cm 深度土壤水分开始响应增加，而 20cm 深度土壤水分基本没有变化。降雨强度 40～60mm/h 时，水分渗透至 5cm 土壤深度处需要 6～5min 左右，水分渗透至 10cm 土壤深度处需要 15～20min 左右，水分渗透至 15cm 土壤深度处需要 45～43min 左右，随着降雨强度的增加渗透所需时间略有缩短，在降雨历时 1h 内水分难以入渗到 20cm 土壤深度处；降雨强度较小为 20mm/h 时，水分渗透至 5cm 土壤深度处需要 24min 左右，水分渗透至 10cm 土壤深度处需要 54min 左右，水分渗透至 15cm 土壤深度处需要 68min 左右，同样在场次降雨历时 1h 内水分难以入渗到 20cm 土壤深度处。降雨后土壤水分趋于稳定的时间需要 150min 左右。

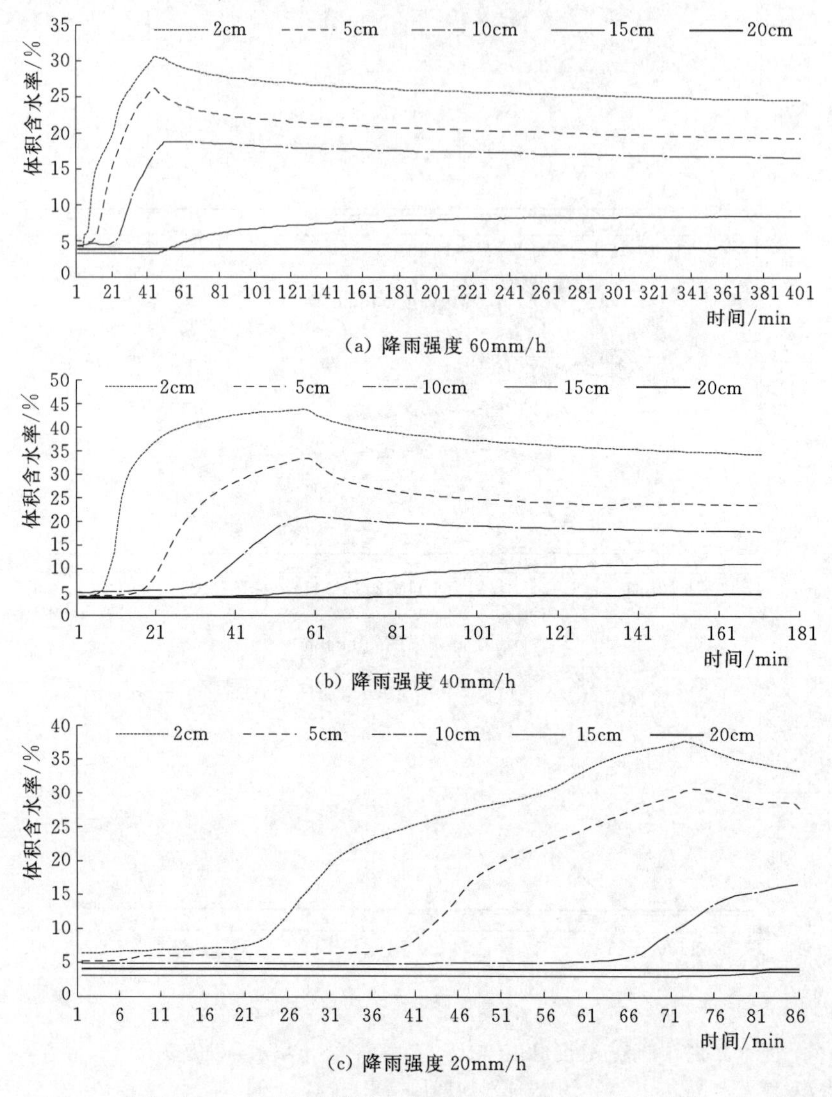

图 6-17 中度退化样地次降雨条件下土壤水分动态变化

三、重度退化样地土壤水分变化过程

重度退化样地次降雨条件下土壤水分动态变化如图 6-18 所示，重度退化样地土壤水分对降雨的响应数据只有雨强为 60mm/h 与 20mm/h 的数据。与其他样地相同，降雨前土壤水分含量较低，0～20cm 土壤含水率差异较小并且都小于 6%，随着降雨开始，2cm 深度土壤水分迅速响应，含水率立即增加。当雨强为 60mm/h 时（降雨历时 55min），降雨 10min 后 5cm 深度土壤水分开始响应增加，降雨 30min 后 10cm 深度土壤水分开始响应增加，降雨 59min 后 15cm 深度土壤水分开始响应增加，降雨 71min 后 20cm 深度土壤水分略有增加；当雨强为 20mm/h 时（降雨历时 65min），降雨 25min 后 5cm 深度土壤水分开始响应增加，降雨 45min 后 10cm 深度土壤水分开始响应增加，降雨 50min 后 15cm 深度土壤水分开始响应增加，降雨 57min 后 20cm 深度土壤水分开始响应增加。

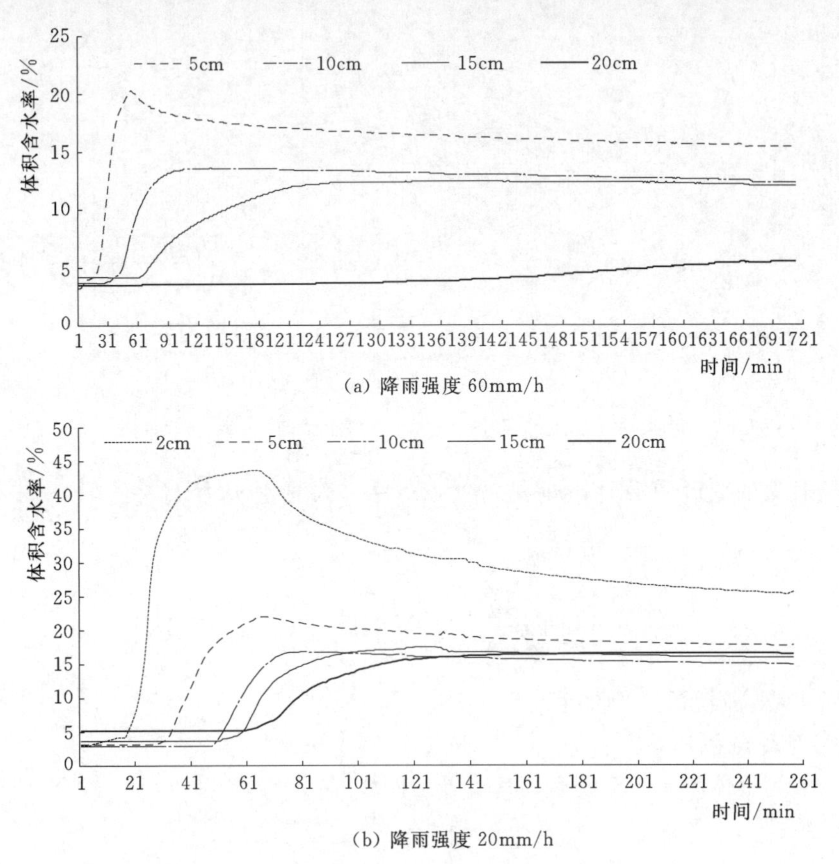

图 6-18　重度退化样地次降雨条件下土壤水分动态变化

四、不同退化样地土壤水分运动过程模拟

本书第三章介绍了土壤入渗的基本方程以及一维及三维方程之间的转化关系，分析了非饱和介质渗透系数的变化特征，是建立土壤水分运动过程渗流控制方程的基础。

(一) 模型建立与求解过程

1. 基本控制方程

基于上述渗流基本方程以及非饱和介质渗透系数的变化特征，建立在降雨过程中土壤入渗模型。首先在渗流区取微元体，流体伴随土骨架以加速度 $\ddot{u}$、$\ddot{v}$、$\ddot{w}$ 运动，同时以流速 v_x、v_y、v_z 作相对于土骨架的渗流运动。一般情况下，渗流的流速很小，因此以流速惯性力（即 $\rho_w \dot{v}_x$、$\rho_w \dot{v}_y$、$\rho_w \dot{v}_z$，作用方向与渗流方向相反）可忽略不计。故需考虑的作用于微元体上的力有：孔压 p；重力引起的体力 $\rho_w g$（ρ_w 为水的密度）；土骨架对孔隙水所施加的渗流阻力 f_x、f_y、f_z，作用方向与渗流方向相反；土骨架运动所引起的惯性力 $\rho_w \ddot{u}$、$\rho_w \ddot{v}$、$\rho_w \ddot{w}$，作用方向与加速度方向相反，如图 6-19 所示。

根据水力学原理，渗流阻力 $f=\rho_w gi$（i 为水力坡度），故有

$$\left.\begin{aligned} f_x&=\rho_w g i_x=\rho_w g\,\frac{v_x}{k_h}\\ f_y&=\rho_w g i_y=\rho_w g\,\frac{v_y}{k_h}\\ f_z&=\rho_w g i_z=\rho_w g\,\frac{v_z}{k_v}\end{aligned}\right\}\tag{6-2}$$

$$\frac{\partial}{\partial x}\left(k_h\,\frac{\partial p}{\partial x}\right)+\frac{\partial}{\partial y}\left(k_h\,\frac{\partial p}{\partial y}\right)+\frac{\partial}{\partial_z}\left[k_v\left(\frac{\partial p}{\partial z}-\rho_w g\right)\right]-\rho_w g\,\frac{\partial}{\partial t}\left(\frac{\partial u}{\partial x}+\frac{\partial v}{\partial y}+\frac{\partial w}{\partial z}\right)+$$
$$\rho_w\left[\frac{\partial}{\partial x}(k_h\,\ddot{u})+\frac{\partial}{\partial y}(k_h\ddot{v})+\frac{\partial}{\partial z}(k_v\ddot{w})\right]=0\tag{6-3}$$

式（6-2）与式（6-3）为孔隙流体的基本控制方程。

当土壤骨架的变形为零时，即 $u=v=w=0$，因总水头为 $H=-z+\dfrac{p}{\rho_w g}$，故可将式（6-3）化为

$$\frac{\partial}{\partial x}\left(k_h\,\frac{\partial H}{\partial x}\right)+\frac{\partial}{\partial y}\left(k_h\,\frac{\partial H}{\partial y}\right)+\frac{\partial}{\partial z}\left(k_v\,\frac{\partial H}{\partial z}\right)=0\tag{6-4}$$

此方程即渗流问题的控制方程。

2. 边界条件与初始条件

图 6-20 为土体渗流计算模型，其边界条件如下：

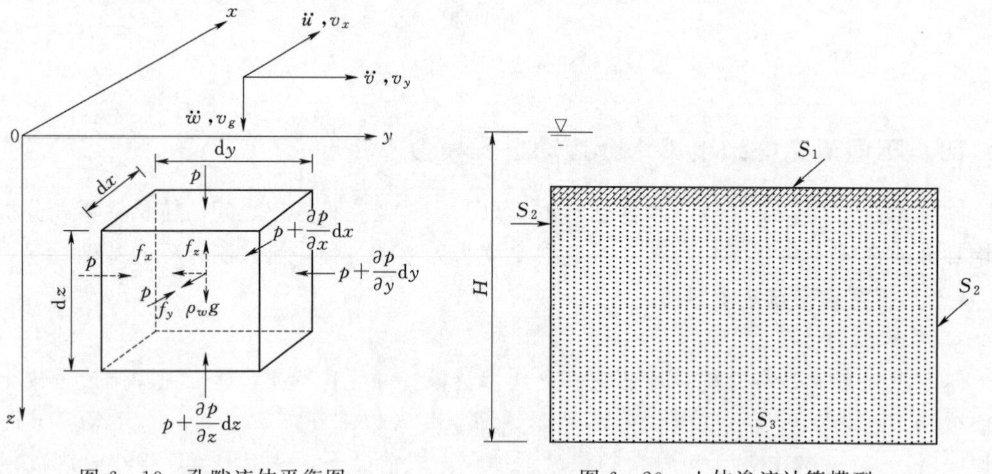

图 6-19 孔隙流体平衡图

图 6-20 土体渗流计算模型

（1）S_1 为已知总水头边界条件，即总水头 H。对于已知总水头边界条件，ABAQUS/Standard 中指定边界上的孔隙水压力即可，即 $u_w=(H-z)\gamma_w$。

（2）S_2 为不透水边界条件，即通过该边界的流量为零。由于 ABAQUS/Standard 默

认所有边界条件是不透水的，因此分析中无须额外设置。

(3) S_3 为自由渗出段边界，孔压 u_w 为零，且渗流只能沿着下游坡面。ABAQUS/Standard 提供了针对孔隙流体的特殊边界条件，可以满足这一要求。初始条件即为未入渗前沿土体深度上的含水率分布。

3. 求解过程

建立一个宽 300mm 的半无限平面模型，相应的土壤属性参数、孔压和饱和数据见表 6-10、表 6-11。由于本模型仅分析水分的渗流情况，在建模中会约束所有点的位移自由度，力学模型的具体参数并无影响。

表 6-10 土壤属性参数

属性	弹性模量/MPa	泊松比	密度/(g/cm³)	渗透系数/(cm/s)
数值	10	0.3	1.45	6×10^{-4}

表 6-11 孔压和饱和度数据

退化程度	孔压/kPa	饱和度	退化程度	孔压/kPa	饱和度
轻度退化	−200	0.8	重度退化（降雨强度 20mm/h）	−200	0.7
轻度退化	−150	0.85	重度退化（降雨强度 20mm/h）	−150	0.75
轻度退化	−100	0.9	重度退化（降雨强度 20mm/h）	−100	0.8
轻度退化	−50	0.96	重度退化（降雨强度 20mm/h）	−50	0.87
轻度退化	−20	0.99	重度退化（降雨强度 20mm/h）	−20	0.95
轻度退化	0	1	重度退化（降雨强度 20mm/h）	0	1
中度退化	−200	0.5	重度退化（降雨强度 60mm/h）	−200	0.2
中度退化	−150	0.65	重度退化（降雨强度 60mm/h）	−150	0.3
中度退化	−100	0.78	重度退化（降雨强度 60mm/h）	−100	0.43
中度退化	−50	0.8	重度退化（降雨强度 60mm/h）	−50	0.5
中度退化	−20	0.9	重度退化（降雨强度 60mm/h）	−20	0.68
中度退化	0	1	重度退化（降雨强度 60mm/h）	0	1

（二）模型结果分析

1. 轻度退化样地的模拟结果

轻度退化样地的土壤计算模型在降雨强度为 60mm/h 某一时刻其体积含水率分布情况与相对应的网格积分点流速矢量情况分别如图 6-21、图 6-22 所示。表 6-12 为模拟结果与实验结果对比分析表。图 6-23～图 6-25 为不同降雨强度模拟值与实测值对比拟合曲线图。从土壤水分随深度的变化过程可以看出，降雨强度为 20mm/h 时，降雨 20min 后 5cm 深度内的土壤水分显著增加，降雨 40min 后 10cm 深度内土壤水分增加显著，模拟结果可以看出，降雨开始 2min 内的模拟结果较长时间降雨土壤水分的模拟结果精度稍微偏低，但是总体的模拟效果较好，模拟误差在 5.6%以内。

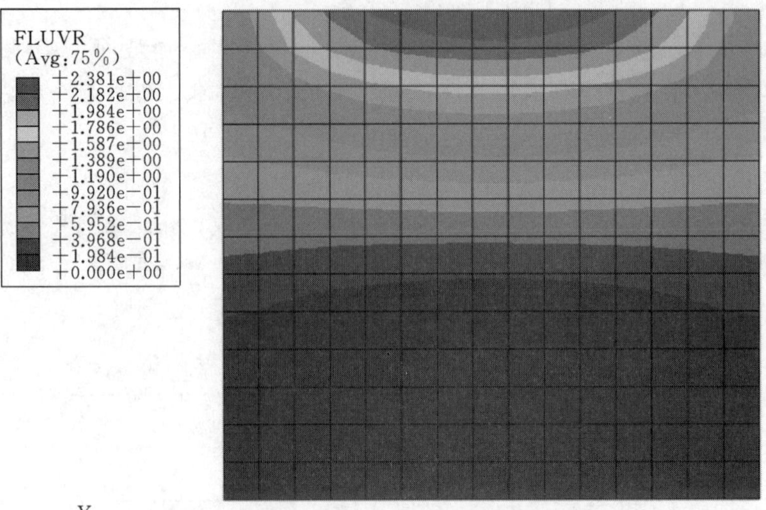

图 6-21 模型计算结果云图

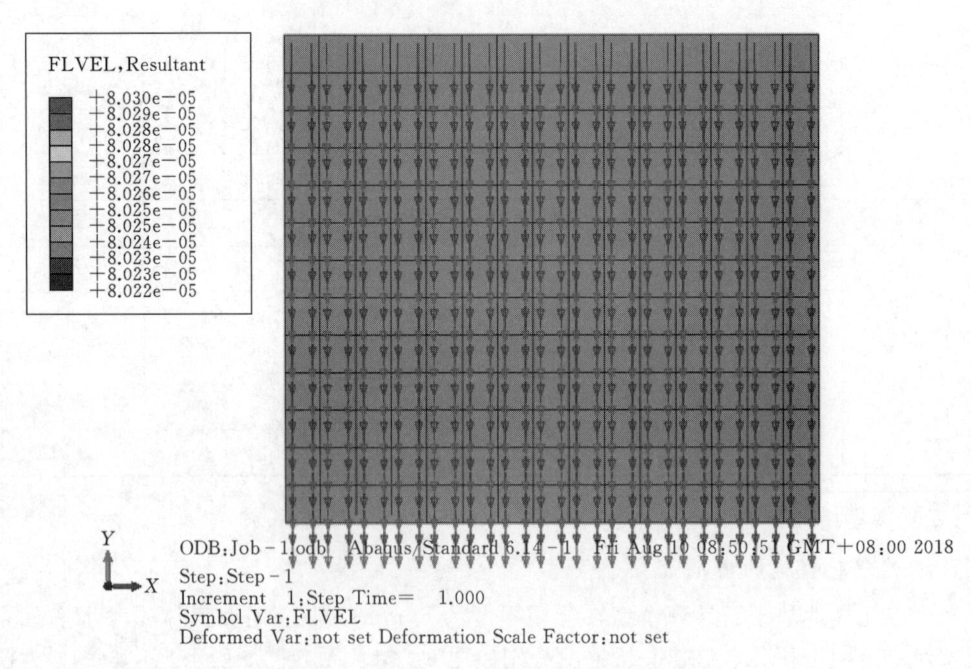

图 6-22 流速矢量图

2. 中度退化样地的模拟结果

中度退化的土壤计算模型在降雨强度为 60mm/h 某一时刻其体积含水率分布情况与相对应的网格积分点流速矢量情况分别如图 6-26、图 6-27 所示，表 6-13 为模拟结果与实验结果对比分析表，图 6-28～图 6-30 为不同降雨强度模拟值与实测值对比拟合曲

表 6-12　　模拟结果与实验结果对比分析表

降雨时间/min	深度/cm	降雨强度 20mm/h			降雨强度 40mm/h			降雨强度 60mm/h		
		模拟值	实测值	差值	模拟值	实测值	差值	模拟值	实测值	差值
2	2	4.80	5.00	−0.20	16.10	16.40	−0.30	25.50	25.40	0.1
	5	3.20	3.30	−0.10	5.50	5.20	0.30	3.59	3.80	−0.21
	10	3.51	3.40	0.11	5.80	5.90	−0.10	4.83	4.60	0.23
	15	4.17	4.10	0.07	4.75	4.90	−0.15	3.22	3.40	−0.18
	20	4.22	4.30	−0.08	4.41	4.30	0.11	4.11	4.30	−0.19
26	2	19.38	19.50	−0.10	40.32	40.20	0.12	40.30	40.20	0.1
	5	3.17	3.30	−0.13	11.20	11.50	−0.30	11.00	11.20	−0.2
	10	3.25	3.40	−0.15	6.23	6.00	0.23	4.40	4.60	−0.2
	15	4.24	4.10	0.14	4.72	4.90	−0.18	3.15	3.40	−0.25
	20	4.13	4.30	−0.17	4.42	4.30	0.12	4.51	4.30	0.21
46	2	40.30	40.20	0.10	42.15	42.30	−0.15	43.99	44.20	−0.21
	5	10.93	10.80	0.13	25.30	25.50	−0.20	24.00	24.20	−0.2
	10	3.25	3.40	−0.15	11.40	11.50	−0.10	4.91	5.20	−0.29
	15	3.98	4.10	−0.12	4.90	5.10	−0.20	3.51	3.40	0.11
	20	4.45	4.30	0.15	4.00	4.20	−0.20	4.52	4.30	0.22

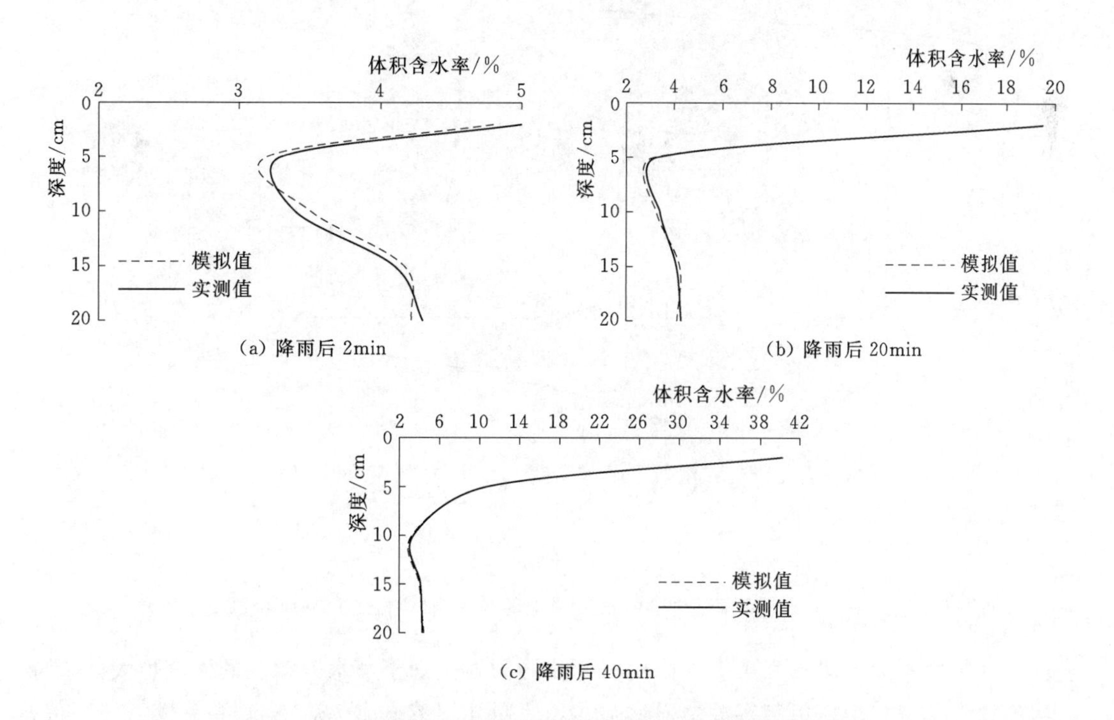

(a) 降雨后 2min

(b) 降雨后 20min

(c) 降雨后 40min

图 6-23　降雨强度 20mm/h 模拟值与实测值对比拟合曲线图

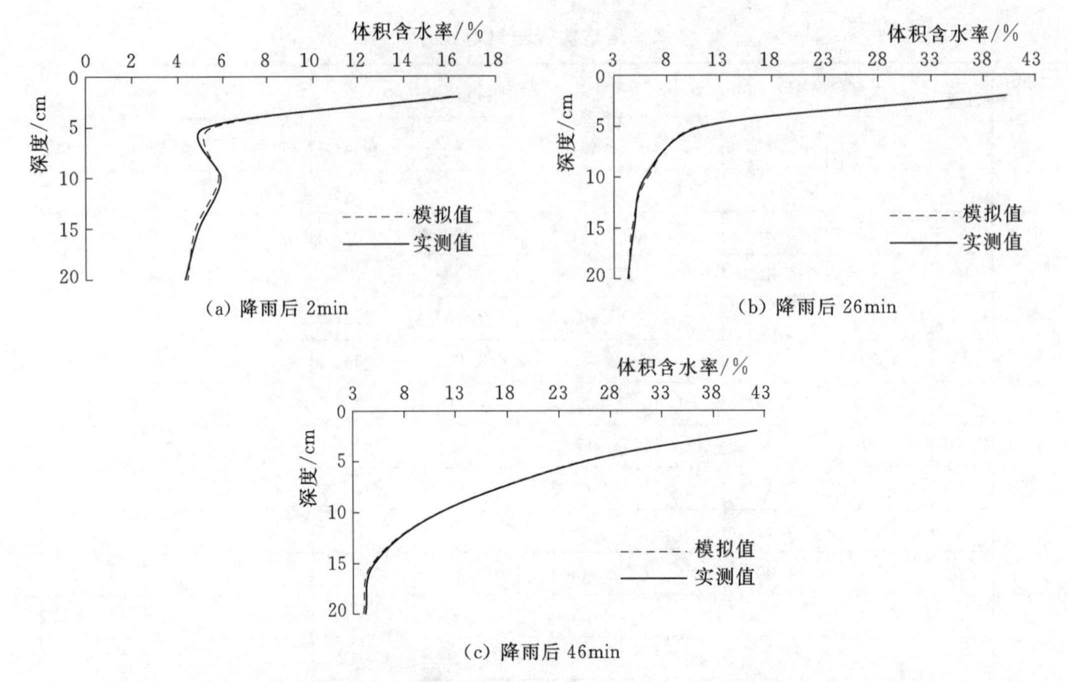

图 6-24　降雨强度 40mm/h 模拟值与实测值对比拟合曲线图

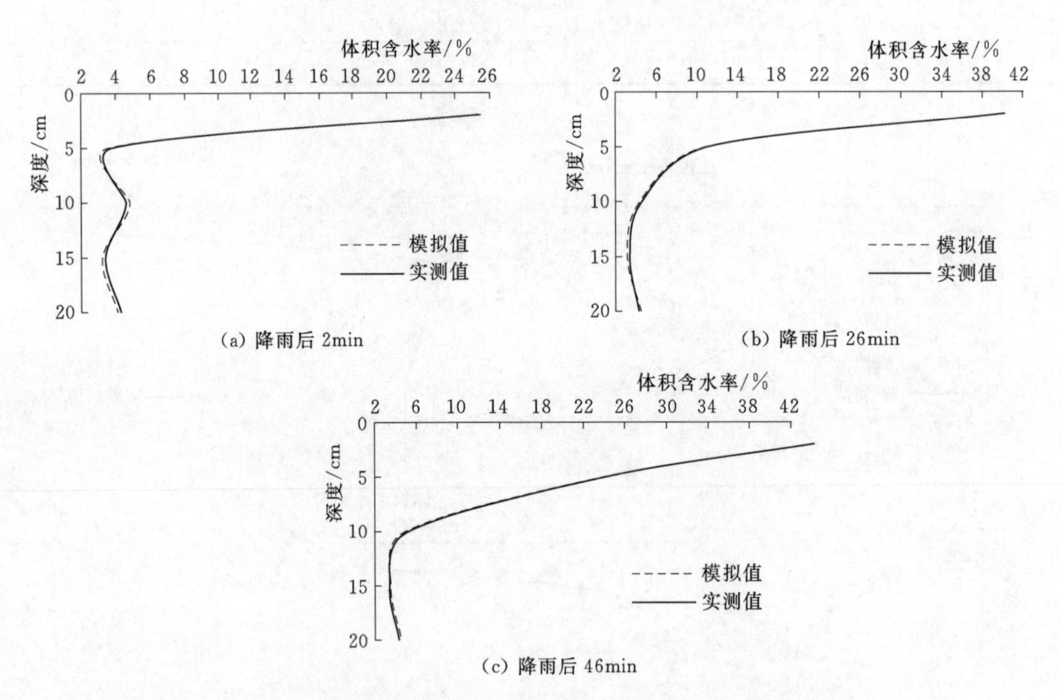

图 6-25　降雨强度 60mm/h 模拟值与实测值对比拟合曲线图

线图。从土壤水分入渗过程来看，降雨时间相同雨强大则土壤水分增加的深度也大，水分入渗的速度也快。模拟值与实测值对比显示，土壤水分含量越高，模拟值越接近实测值，总体看模拟精度较高，模拟误差在 8.4%以内。

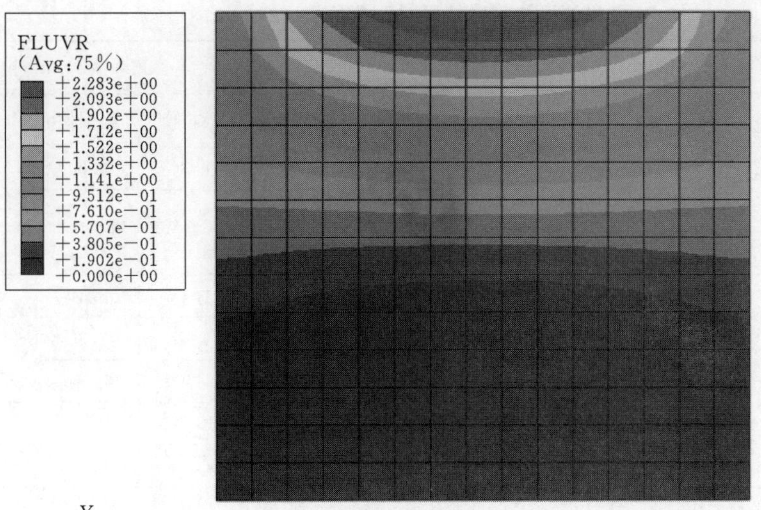

图 6-26 模型计算结果云图

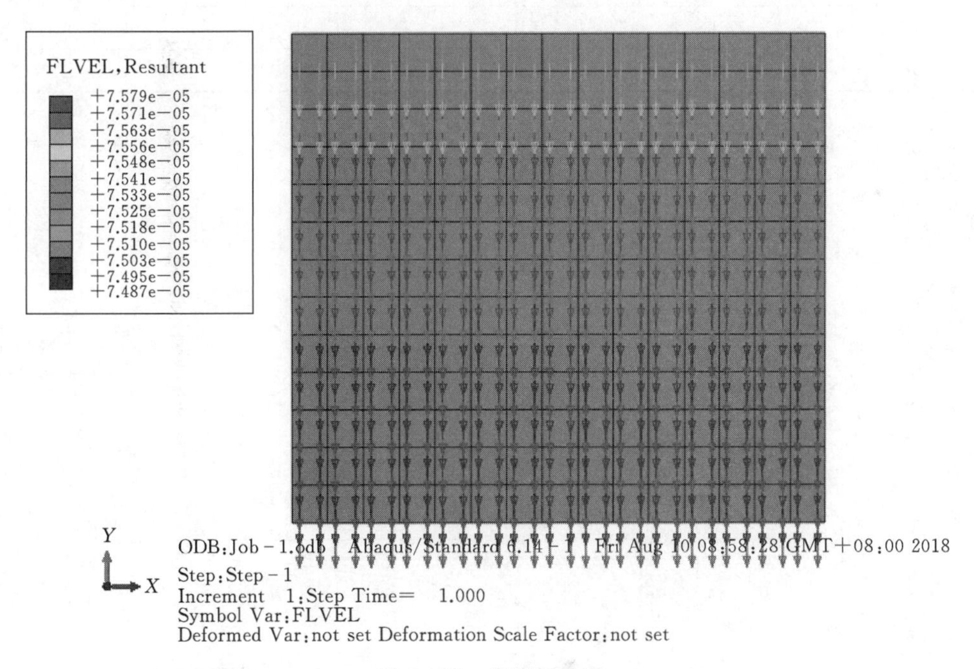

图 6-27 流速矢量图

3. 重度退化样地的模拟结果

重度退化的土壤计算模型在降雨强度为 60mm/h 某一时刻其体积含水率分布情况与相对应的网格积分点流速矢量情况分别如图 6-31、图 6-32 所示。表 6-14 为模拟结果与实验结果对比分析表，图 6-33、图 6-34 为不同降雨强度模拟值与实测值对比拟合曲

表 6-13　　模拟结果与实验结果对比分析表

降雨时间/min	深度/cm	降雨强度 20mm/h			降雨强度 40mm/h			降雨强度 60mm/h		
		模拟值	实测值	差值	模拟值	实测值	差值	模拟值	实测值	差值
2	2	6.40	6.70	−0.30	4.70	4.90	−0.20	6.30	6.00	0.30
	5	5.20	5.40	−0.20	4.30	4.30	0.00	4.45	4.60	−0.15
	10	4.80	4.90	−0.10	5.05	5.20	−0.15	4.38	4.50	−0.12
	15	3.10	3.10	0.00	3.60	3.70	−0.10	3.45	3.30	0.15
	20	4.10	4.10	0.00	3.90	4.00	−0.10	4.02	3.90	0.12
26	2	13.00	12.70	0.30	39.80	39.70	0.10	24.00	24.10	−0.10
	5	5.90	6.20	−0.30	17.50	17.60	−0.10	18.80	18.60	0.20
	10	4.80	4.90	−0.10	5.31	5.70	−0.39	6.70	6.60	0.10
	15	3.00	3.10	−0.10	3.70	3.90	−0.20	3.32	3.30	0.02
	20	4.21	4.10	0.11	4.21	4.00	0.21	4.01	3.90	0.11
43	2	26.70	26.40	0.30	43.00	42.90	0.10	30.20	30.00	0.20
	5	10.82	11.10	−0.28	29.10	29.20	−0.10	25.80	25.90	−0.10
	10	4.85	5.00	−0.15	13.14	13.40	−0.26	16.55	16.40	0.15
	15	3.36	3.10	0.26	4.15	4.30	−0.15	3.44	3.30	0.14
	20	4.27	4.10	0.17	4.18	4.00	0.18	3.71	3.90	−0.19

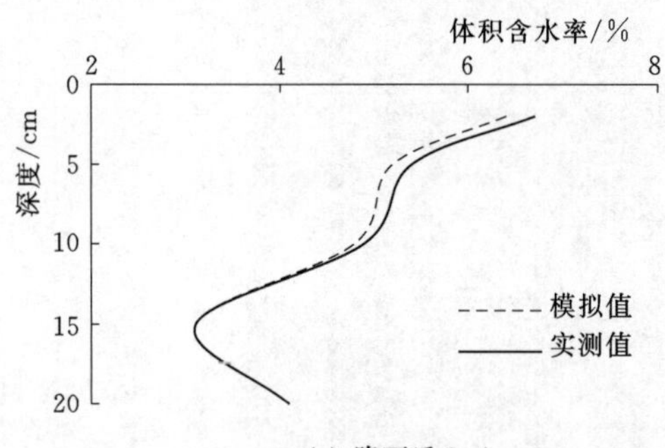

(a) 降雨后 2min

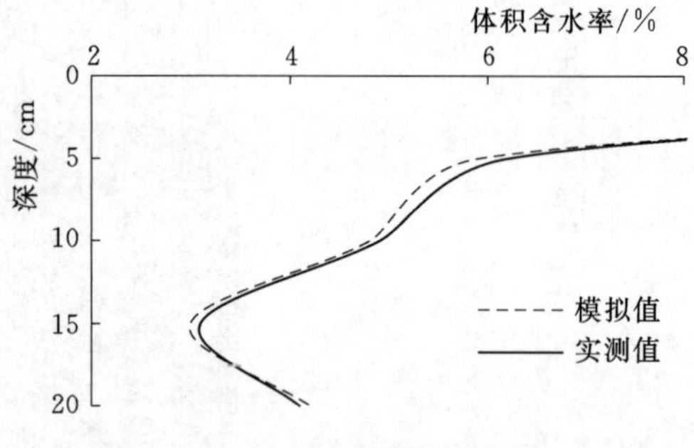

(b) 降雨后 26min

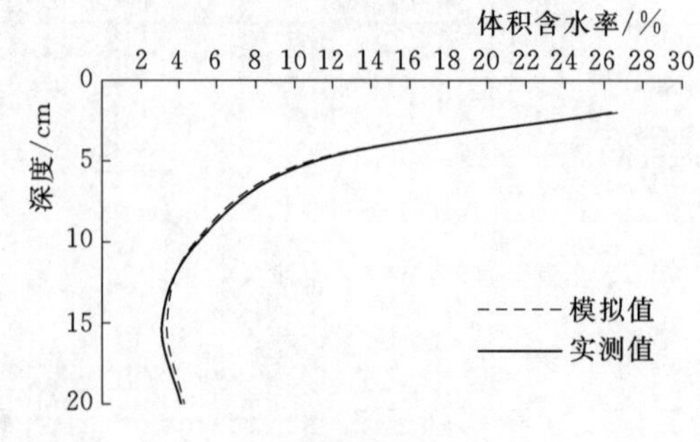

(c) 降雨后 43min

图 6-28　降雨强度 20mm/h 模拟值与实测值对比拟合曲线图

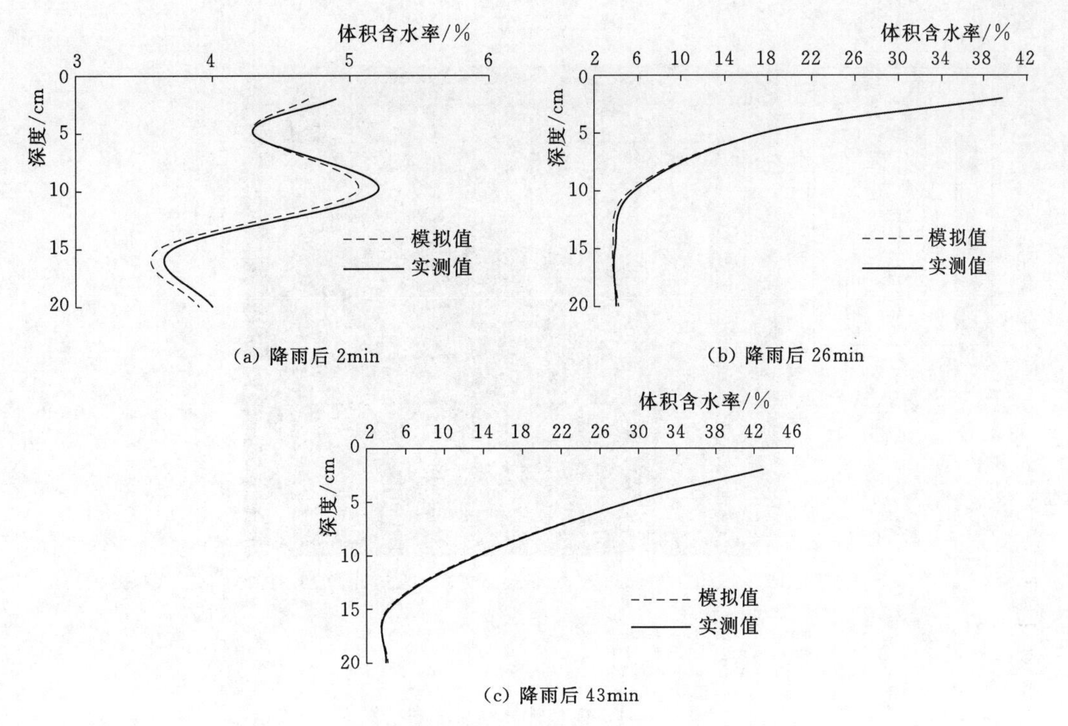

图 6-29 降雨强度 40mm/h 模拟值与实测值对比拟合曲线图

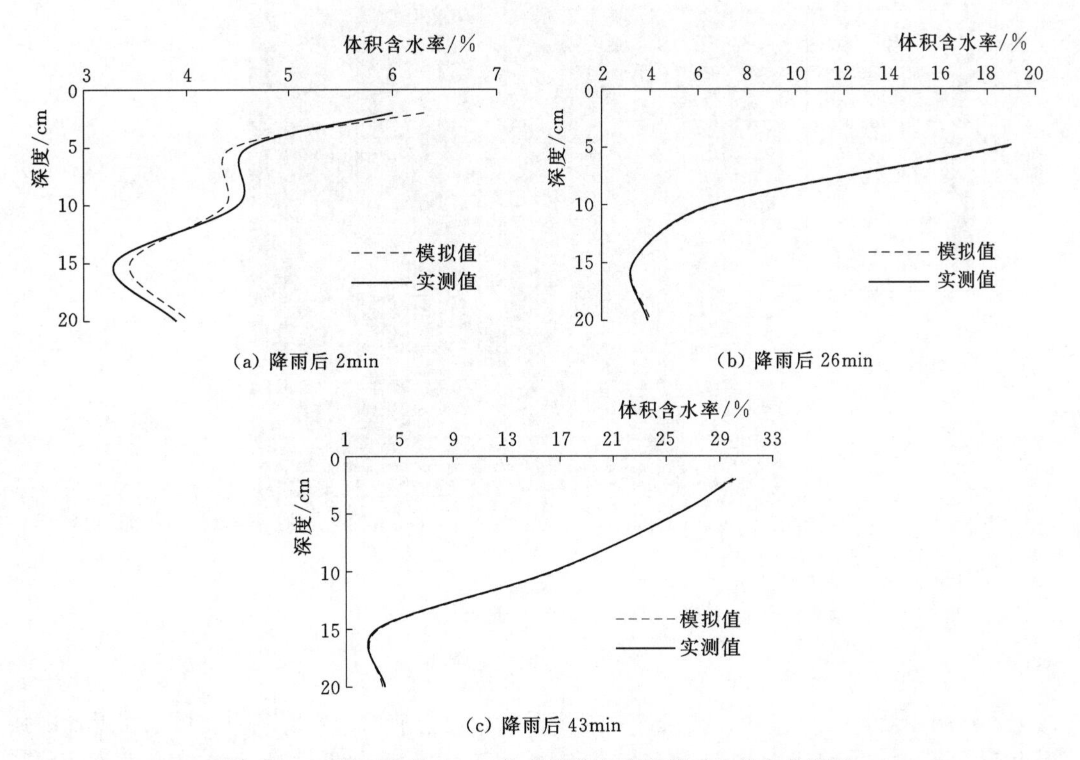

图 6-30 降雨强度 60mm/h 模拟值与实测值对比拟合曲线图

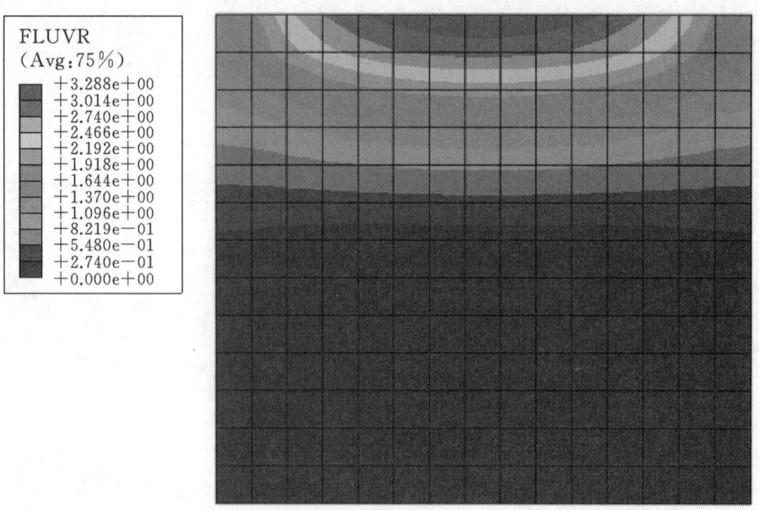

图 6-31 模型计算结果分布云图

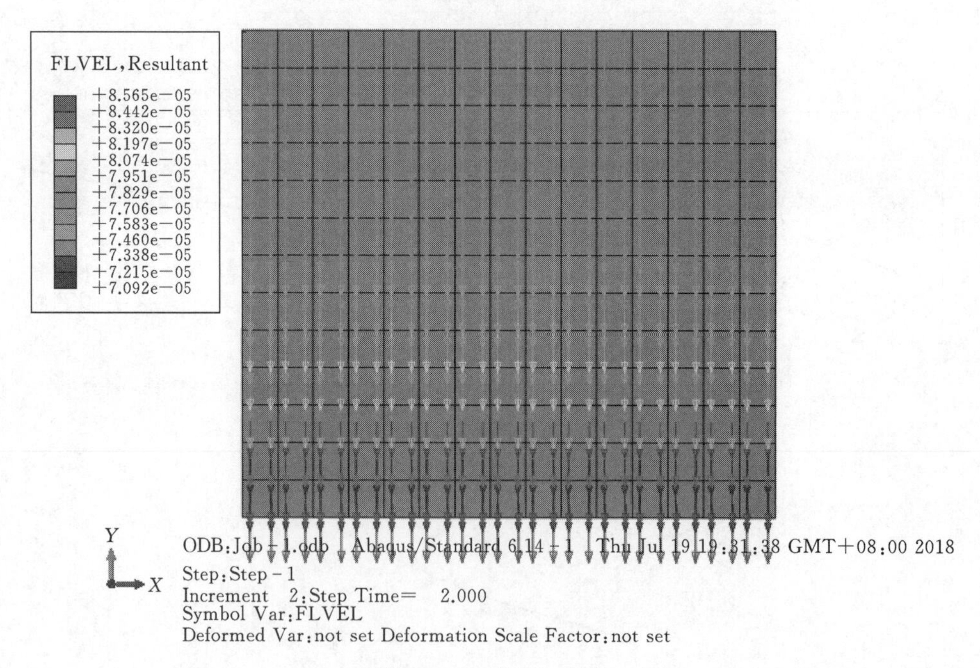

图 6-32 流速矢量图

线图。从图中看以看出，水分变化过程重度退化样地与前面的轻度及中度样地相近，雨强大水分入渗快，土壤水分含量越高模拟值越精确，重度退化样地的模拟误差在 9.6%以内。

表 6-14 模拟结果与实验结果对比分析表

降雨时间/min	深度/cm	降雨强度 20mm/h			降雨强度 60mm/h		
		模拟结果	实验数据	差值	模拟结果	实验数据	差值
2	2	3.10	3.30	−0.20	—	—	—
	5	3.30	3.20	0.10	3.32	3.20	0.12
	10	2.84	2.90	−0.06	3.82	3.70	0.12
	15	3.81	3.70	0.11	4.31	4.20	0.11
	20	5.25	5.20	0.05	3.32	3.50	−0.18
26	2	26.20	26.10	0.10	—	—	—
	5	3.32	3.20	0.12	8.15	8.10	0.05
	10	3.18	2.90	0.28	3.91	3.70	0.21
	15	3.57	3.70	−0.13	4.28	4.20	0.08
	20	5.01	5.20	−0.19	3.41	3.50	−0.09
43	2	41.73	42.00	−0.27	—	—	—
	5	14.26	14.00	0.26	18.60	18.50	0.10
	10	3.15	2.90	0.25	4.46	4.60	−0.14
	15	3.43	3.70	−0.27	4.41	4.20	0.21
	20	5.00	5.20	−0.20	3.64	3.50	0.14

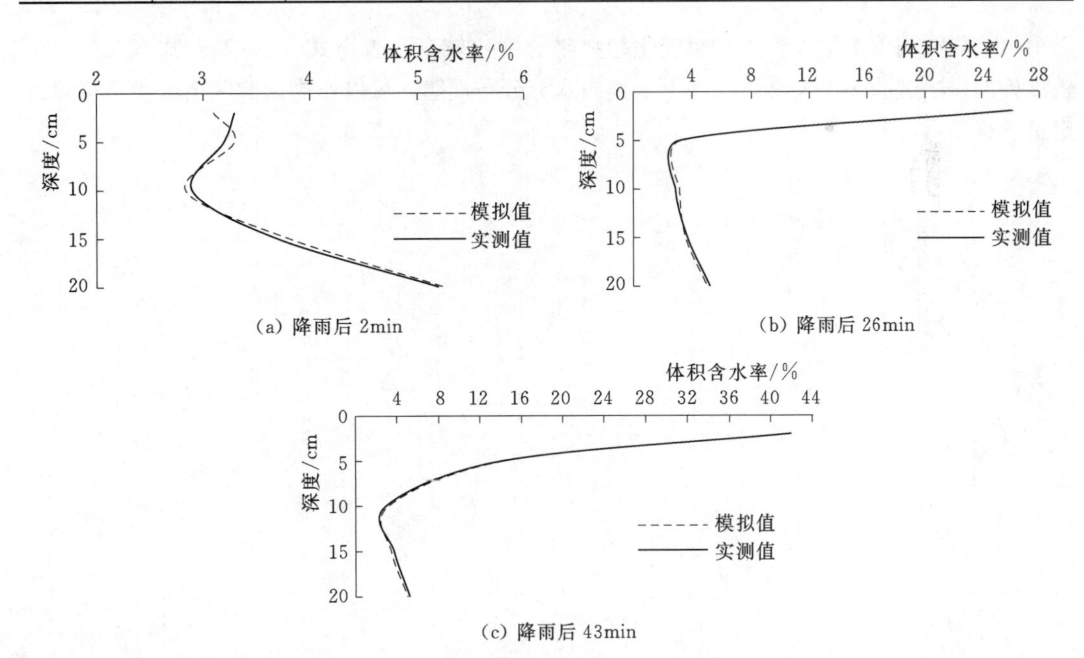

图 6-33 降雨强度 20mm/h 模拟值与实测值

上述结果分别为轻度、中度、重度退化的土壤在降雨强度分别为 20mm/h、40mm/h、60mm/h 时，在不同的降雨时间，沿深度变化的模拟值与实测值对比分析图，从图中可以看

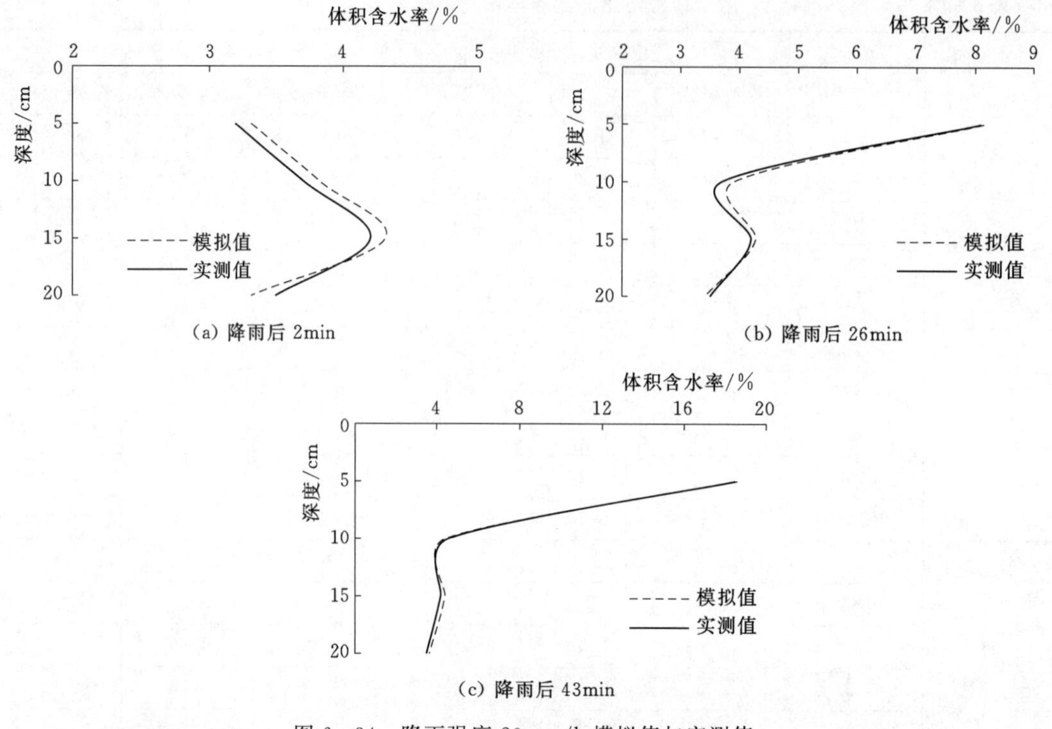

图 6-34 降雨强度 20mm/h 模拟值与实测值

出模拟值与实测值土壤体积含水率变化趋势吻合度比较高，表明式（6-2）～式（6-4）可较准确的描述试验区各类降雨条件下土壤内水分分布规律，可以作为试验区土壤渗透规律的定量分析工具。

第七章

小流域水量平衡

第一节　水量平衡方程

依据上东河小流域的实际情况，该区处于半干旱地区，地表坡面汇流，每年夏季发生洪水3～5次，流入下游的塔布河，无常年水流。据此上东河小流域的水量平衡方程可以在本书第三章中的式（3-11）中将河川基流 R_g 和地下潜流 U_g 两项忽略。蒸发量 E 中的水面蒸发 E_w 项该区没有，该区植物稀疏低矮，作物截留蒸发 E_z 可以忽略不计或者与潜水蒸发 E_g 都通过试验观测的 ET 代替。流域内的蓄水变量 ΔW 项中的水库的调蓄变量 ΔW_k 该区没有，可用地下水储存变量 ΔW_g 以及土壤水分储存变量 ΔW_s 联合代替。通过以上分析，上东河小流域的水量平衡方程可以转化为

$$P=R_s+ET+\Delta W_g+\Delta W_s \tag{7-1}$$

式中：R_s 为通过研究区试验站建设的卡口站数据获取；ET 为通过实测蒸散发量结合遥感高分影像反演得出；ΔW_g 可以用小流域水量平衡中的平衡项系数 B 代替。

上东河小流域的水量平衡方程为

$$P=R_s+ET+\Delta W_s+B \tag{7-2}$$

其中，ΔW_s 的计算式为

$$\Delta W_s=W_2-W_1 \tag{7-3}$$

式中：W_1 为测定初期土壤储水量；W_2 为测定末期土壤储水量。

某层的土壤储水量计算式为

$$W=10MRH \tag{7-4}$$

式中：W 为土壤储水量，mm；M 为土壤重量含水量，%；R 为土壤容重，g/cm^3；H 为土层深度，cm。

第二节　水量平衡分量确定

通过上述水量平衡分析可知，对于本研究区的荒漠草原上东河小流域水量平衡计算而言，需要计算年（生长季）的降雨量 P、蒸散发量、地表径流量 R_s 以及生长季观测初期及终期的土壤贮水量变量 ΔW_s。

一、降雨量

通过对上东河小流域内的气象站监测的降雨数据进行分析，2015—2017 年生长季日降雨量（4 月 15 日—9 月 15 日）如图 7-1 所示。6 月、7 月降雨频次较多，场次降雨量

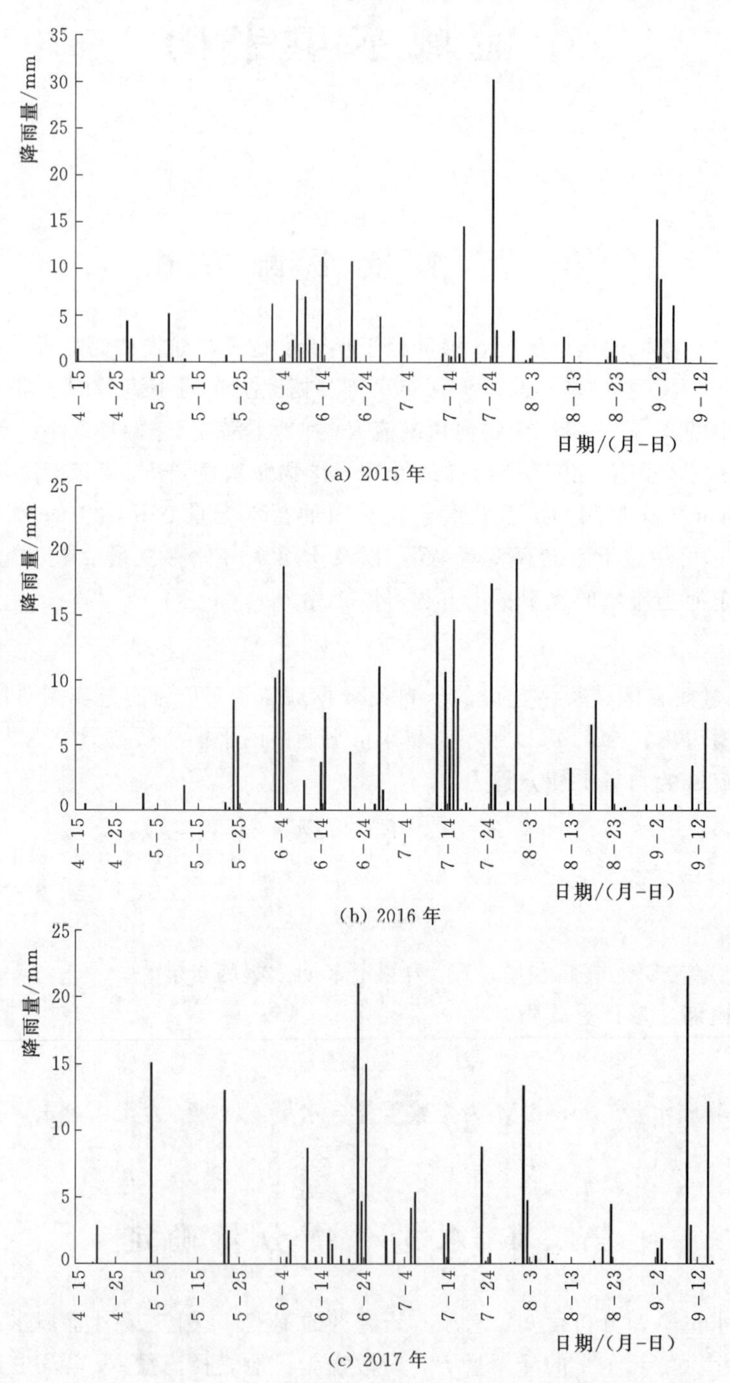

(a) 2015 年

(b) 2016 年

(c) 2017 年

图 7-1　2015—2017 年生长季日降雨量

大于 15mm 的降雨频率基本在 3～4 次/年。其中，2015 年植物生长季总降雨量为 181.9mm，2016 年植物生长季总降雨量为 219.7mm，2017 年植物生长季总降雨量为 185.7mm。

二、蒸散发量

根据本书第五章计算的小流域蒸散发量，得出 2015—2017 年生长季的小流域蒸散量，见表 7-1。该数据可用于水量平衡分析。

表 7-1　2015—2017 年生长季的小流域蒸散量

年　份	天　数/d	蒸散量/(mm/d)
2015	95	167.3
2016	102	206.2
2017	105	172.9

三、地表径流量

位于上东河小流域下游的汇流出口，水利部牧区水利科学研究所的试验基地建设有矩形横断面的地表径流观测卡口站。小流卡口站如图 7-2 所示。通过卡口站监测的地表径流量显示，2015 年径流总量为 46104m^3，折算到小流域单位面积上径流量为 2.4mm；2016 年径流总量为 53788m^3，折算到小流域单位面积上径流量为 2.8mm；2017 年没有产生地表径流。

图 7-2　小流域卡口站

四、土壤储水量

土壤储水量计算通过每层容重与相应的土壤含水量来计算，上东河小流域内不同盖度草地（较高盖度对应围封样地与洼地且数据为两处的均值，不同盖度分别对应轻度、中度与重度退化样地）的土壤容重见表 7-2。不同盖度草地的土壤含水量见表 7-3。土壤储水量计算表见表 7-4。

表 7-2　不同盖度草地的土壤容重　单位：g/cm^3

土层/cm	较高盖度	高盖度	中盖度	低盖度
0～10	1.30	1.48	1.34	1.34
10～20	1.49	1.58	1.45	1.40
20～30	1.49	1.54	1.38	1.39
30～40	1.49	1.54	1.29	1.19
40～50	1.43	1.56	1.25	1.25
50～60	1.48	1.51	1.27	1.36

续表

土层/cm	较高盖度	高盖度	中盖度	低盖度
60～70	1.47	1.42	1.25	1.47
70～80	1.47	1.52	1.19	1.43
80～90	1.45	1.57	1.23	1.32
90～100	1.44	1.33	1.32	1.23

表 7-3　不同盖度草地的不同土层土壤含水量　%

年份	群落盖度	时间	土层/cm									
			0～10	10～20	20～30	30～40	40～50	50～60	60～70	70～80	80～90	90～100
2015	较高盖度	初期	14.78	9.79	9.63	9.04	6.09	4.36	4.28	3.35	3.83	3.05
		终期	15.15	13.20	12.69	10.14	9.56	5.33	4.42	3.67	4.53	4.01
	高盖度	初期	9.42	6.21	6.60	5.02	4.83	6.33	6.41	6.53	5.02	5.77
		终期	7.21	5.55	4.17	4.37	5.33	6.08	5.97	6.32	5.71	5.68
	中盖度	初期	8.03	6.02	5.22	5.01	4.79	6.22	6.24	6.41	5.11	5.33
		终期	7.01	5.67	5.22	4.76	5.17	6.19	5.92	6.27	5.32	5.53
	低盖度	初期	6.93	6.01	4.13	4.22	4.84	5.92	6.21	5.42	4.17	4.83
		终期	6.72	5.55	4.09	4.17	4.92	5.88	5.79	5.52	4.38	4.84
2016	较高盖度	初期	14.60	9.59	9.47	8.86	5.93	4.19	4.09	3.27	3.85	3.17
		终期	8.42	10.21	11.33	10.54	7.31	6.21	5.03	4.02	4.64	4.12
	高盖度	初期	9.88	6.62	6.58	5.21	5.11	6.48	6.43	6.52	5.11	5.71
		终期	8.21	5.97	4.76	5.32	5.52	6.17	6.32	6.64	5.74	5.68
	中盖度	初期	7.58	6.11	5.21	7.01	6.98	6.87	5.93	6.45	6.12	5.44
		终期	7.12	5.76	6.54	6.95	6.42	6.62	5.90	5.94	5.81	5.38
	低盖度	初期	7.44	6.77	4.52	4.96	5.01	5.10	5.12	4.16	4.25	4.87
		终期	7.12	4.95	4.97	5.23	5.11	5.87	5.76	4.32	4.30	4.52
2017	较高盖度	初期	14.04	9.03	8.95	8.30	5.35	3.63	3.53	3.61	3.09	4.31
		终期	8.97	7.02	8.94	6.61	3.96	4.23	6.97	7.02	8.94	6.61
	高盖度	初期	9.66	6.43	6.53	4.98	5.07	6.55	6.58	6.70	5.43	5.82
		终期	7.70	5.74	4.05	4.27	5.50	6.10	6.12	6.22	5.73	5.74
	中盖度	初期	7.32	5.04	5.30	6.57	7.02	6.99	6.00	6.42	6.23	5.51
		终期	6.92	6.76	6.52	6.93	6.33	6.43	5.87	5.91	5.71	5.20
	低盖度	初期	7.25	6.86	4.88	5.02	4.95	5.12	5.05	4.19	4.21	4.90
		终期	7.07	4.95	4.83	4.90	5.15	5.89	5.70	4.22	4.30	4.45

表 7-4　　不同盖度草地的不同土层土壤储水量计算表　　%

年份	群落盖度	时间	土层/cm										1m储水量	差值
			0～10	10～20	20～30	30～40	40～50	50～60	60～70	70～80	80～90	90～100		
2015	较高盖度	初期	14.21	14.59	14.35	13.47	8.71	6.45	6.29	4.92	5.55	4.39	92.94	1.78
		终期	11.23	12.67	12.91	12.11	13.67	7.89	6.50	5.39	6.57	5.77	94.71	
	高盖度	初期	13.94	9.81	9.16	7.73	7.53	8.56	8.06	7.34	7.88	4.07	84.09	-2.51
		终期	10.67	8.77	8.62	7.23	8.31	8.45	8.48	8.22	7.61	5.22	81.58	
	中盖度	初期	10.76	8.73	7.20	6.46	5.99	7.90	7.80	7.63	6.29	4.03	72.79	-4.15
		终期	9.39	8.22	7.26	6.14	5.46	6.66	7.70	7.46	6.33	4.01	68.63	
	低盖度	初期	9.29	8.41	5.74	5.02	6.05	8.05	9.13	7.75	5.50	5.94	70.89	-5.55
		终期	9.00	7.77	5.69	4.96	5.92	7.01	7.99	6.97	5.78	4.24	65.33	
2016	较高盖度	初期	16.98	14.29	14.11	13.20	8.48	6.20	6.01	4.81	5.58	4.56	94.23	4.28
		终期	10.95	12.37	13.88	15.70	10.45	9.19	7.39	5.91	6.73	5.93	98.51	
	高盖度	初期	14.62	10.46	9.13	8.02	7.97	9.78	9.13	9.91	8.02	7.59	94.65	1.81
		终期	13.21	10.27	9.76	8.19	8.61	9.77	9.91	10.09	9.01	7.63	96.46	
	中盖度	初期	10.16	8.86	7.19	9.04	8.73	8.72	7.41	7.68	7.53	7.18	82.50	0.48
		终期	9.54	8.55	9.03	9.27	8.56	8.52	7.38	7.54	7.35	7.24	82.97	
	低盖度	初期	9.97	9.48	6.28	5.90	6.26	6.94	7.53	5.95	5.61	5.99	69.91	-0.05
		终期	9.54	6.93	6.91	6.22	6.39	7.98	8.47	6.18	5.68	5.56	69.85	
2017	较高盖度	初期	8.93	9.98	10.73	12.37	7.65	5.37	5.19	3.82	4.48	3.31	71.83	0.59
		终期	9.10	10.43	13.32	9.85	5.66	6.26	5.88	3.97	4.50	3.46	72.42	
	高盖度	初期	12.30	10.16	10.06	7.67	7.91	9.89	9.34	9.27	8.53	5.74	90.86	-4.02
		终期	11.40	9.07	6.24	6.58	8.58	9.21	9.69	9.45	9.00	7.63	86.84	
	中盖度	初期	9.81	7.31	7.31	8.48	8.78	8.88	7.50	7.64	7.66	7.27	80.63	-6.21
		终期	9.27	8.81	8.42	8.04	7.91	8.17	6.32	7.03	5.44	5.01	74.42	
	低盖度	初期	11.12	9.60	6.78	5.97	6.19	6.96	6.88	5.99	5.56	6.03	71.09	-8.95
		终期	9.47	6.93	3.89	5.83	6.44	6.01	6.38	6.03	5.68	5.47	62.14	

通过土壤储水量的计算结果可以发现，群落盖度较高的样地在相同的降雨补给下，土壤储水量观测终期与观测初期的差值大于0，说明土壤水分受到补给，虽然盖度高蒸散量也高，但是由于较高盖度的围封样地枯落物较多会抑制土壤蒸发，并且洼地土壤含水量一直较大，最终导致土壤储水量变量大于0；群落盖度低的样地，生长季土壤储水量观测终期值低于观测初期，可见天然降水不足以对样地蒸散的补给，土壤水分处于亏损状态，土壤水分受到降雨以及地下潜水双重调节作用的影响。

第三节　小流域的水量平衡特征

经计算分析，可得出上东河小流域植物生长季水量平衡分析表见表7-5。

表 7-5　　上东河小流域植物生长季水量平衡分析表

参　数		2015 年	2016 年	2017 年
降雨	降雨量/mm	181.9	219.7	185.7
	占比/%	100	100	100
蒸散	蒸散量/mm	167.3	206.2	172.9
	占比/%	92.0	93.9	93.1
地表径流	地表径流量/mm	2.4	2.8	0.0
	占比/%	1.3	1.3	0.0
土壤储水变化	土壤储水变化量/mm	−3.80	0.87	−6.16
	占比/%	−2.1	0.4	−3.3
平衡项	平衡项/mm	16.0	9.8	19.0
	占比/%	8.8	4.5	10.2

从表 7-5 中可以看出，小流域降雨补给主要用于植物群落的蒸散发，2015 年生长季蒸散发占总生长季降雨的 92.0%，地表径流量占总降雨量的 1.3%，土壤储水变化量为负值，说明生长季末土壤储水量减少，所占降雨量的比例为 2.1%，平衡项为正值，说明降雨补给后会向深层土壤渗漏，比例为 8.8%；2016 年生长季蒸散发占总生长季降雨的 93.9%，地表径流量占总降雨量的 1.3%，土壤储水变化量所占降雨量的比例为 0.4%，平衡项为正值，说明降雨补给后会向深层土壤渗漏，比例为 4.5%；2017 年生长季蒸散发占总生长季降雨的 93.1%，无地表径流量，土壤储水变化量所占降雨量的比例为−3.3%，平衡项为正值，说明降雨补给后会向深层土壤渗漏，比例为 10.2%。

可见，荒漠草原降雨量小，降雨补给绝大部分损失于群落生长的蒸散发。该区地表径流量较小，土壤储水变化量在植物整个生长季变化量很小，土壤储水变化量对于整个生长季而言为负值说明亏损提供给了蒸散发，为正值说明受到降雨或者深层地下水补给的影响。平衡项都为正值说明降雨补给后土壤水分发生深层渗漏，但是深层渗漏量很小，观测时段内整个生长季的最大渗漏量小于 19mm。还可以发现，当土壤储水变化量为负值时，平衡项大，说明降雨集中补给时向深层土壤渗漏后，蒸散发需要的水分不足，进而会消耗土壤储水量使土壤储水变化量为负值。总之，该区干旱，水资源匮乏，深层水受到降雨的补给非常少，在该小流域内浅层地下水利用需要严格管理。

第八章

小流域生态水文特征

第一节　植物群落与年降雨量的关系

对研究区围封样地2007—2017年10年的降雨量、地上生物量、群落植株最大高度、群落盖度等数据进行分析，如图8-1所示。结果表明，年降雨量的变化对地上生物量、植株最大高度、群落盖度的影响较显著。比如，2012年为丰水年，年降雨量442.3mm，该年地上生物量、植株最大高度和群落盖度也达到了历年最高水平。枯水年如2007、2009和2017年，相应年份的地上生物量也较低，一般低于$100g/m^2$，植株最大高度低于40cm，群落盖度低于40%。其中地上生物量与年降水量呈二次多项式关系，回归方程为：$y=0.0037x^2-1.1544x+167.78$，$R^2=0.7503$；群落植株最大高度与年降雨量也呈二次多项式关系，回归方程为：$y=-7\times10^{-5}x^2+0.1381x+13.598$，$R^2=0.6687$；群落盖度与年降雨量呈二次多项式关系，回归方程：$y=0.001x^2-0.4514x+92.831$，$R^2=0.7984$。从3个回归方程的斜率看，年降雨量对生物量的影响最大。

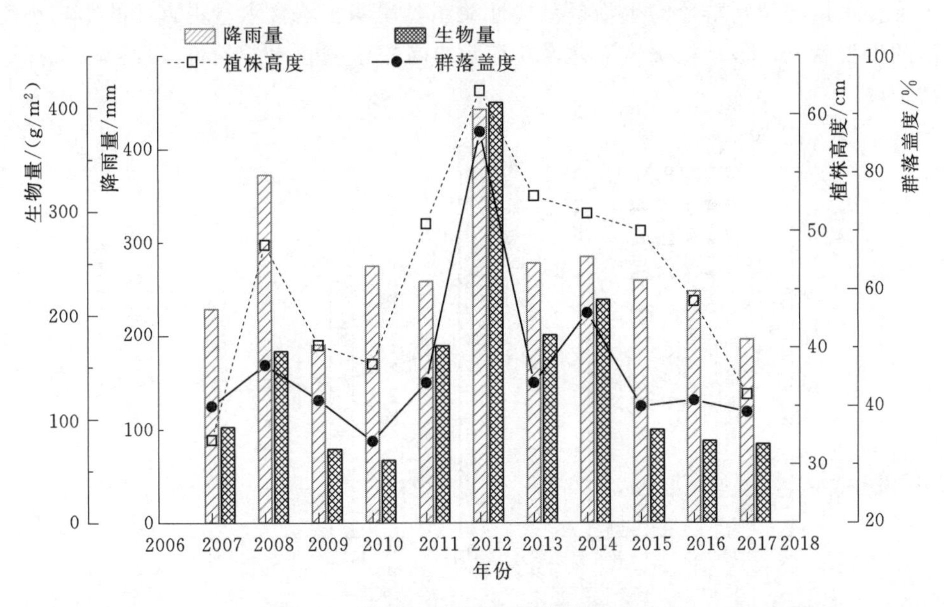

图8-1　群落生态指标对年降雨量的响应

可见对于干旱荒漠草原，植物的生长水分来源主要依靠天然降雨即雨养型植物，降雨对土壤水分的补给后供植物群落生长耗水，如果年降雨量较小，直接影响该区植物的生长。如果将降雨后的地表径流拦蓄，促进土壤水分的涵养，则对该区植物群落生长意义重大。

第二节 植物群落生物量与坡面土壤含水量的关系

土壤含水量是荒漠草原水文循环过程中最重要的环节，直接影响地表植物群落的各项生态指标，为了明确植物对土壤含水量的响应关系，于2017年8月下旬分别在轻度退化样地与中度退化样地选择了坡度接近于3°连续的阳坡—洼地—阴坡上的5个典型点位（北坡面上部、北坡面中部、洼地、南坡面上部、南坡面中部）测定单位面积地上生物量，每个点位进行6次重复取均值。同时观测0～10cm、10～20cm、20～30cm、30～40cm土层深度的土壤重量含水量并进行3次重复取均值，得出土壤含水量与群落地上生物量的关系如图8-2和图8-4所示。从图中可以看出，对于轻度退化样地，土壤含水量分布从坡上至坡下逐渐增加，洼地土壤含水量较高，说明降雨补给水分过程中水分通过坡面径流向坡面底部汇聚。地上生物量在坡面的变化趋势与土壤含水量变化趋势相同，也是从坡上至坡下逐渐增加，可见群落地上生物量对坡面土壤含水量变化的响应较显著。中度退化样地坡面土壤含水量变化趋势及群落地上生物量变化趋势与轻度退化样地相似。将生物量与每层土壤含水量进行拟合，如图8-3和图8-5所示，地上生物量与土壤含水量之间的关系呈线性函数正相关关系，轻度退化样地生物量与10～20cm深度土壤含水量拟合精度最高，中度退化样地生物量与20～30cm深度土壤含水量拟合精度最高，其拟合方程见表8-1和表8-2。

土壤含水量与植物群落的生物量呈线性关系，说明土壤含水量更直接的影响小流域植物群落的生长状况，该区植被恢复建设应该重点考虑土壤含水量的盈亏规律以选择适宜的建群植物种。

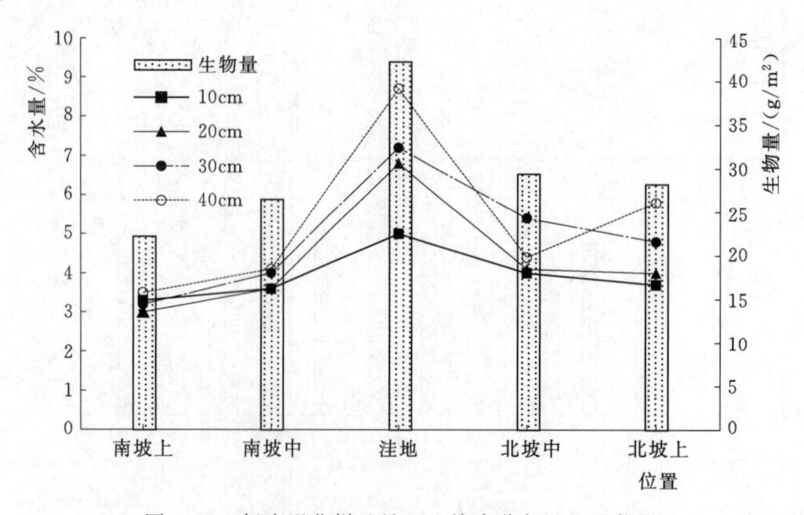

图8-2 轻度退化样地坡面土壤水分与地上生物量

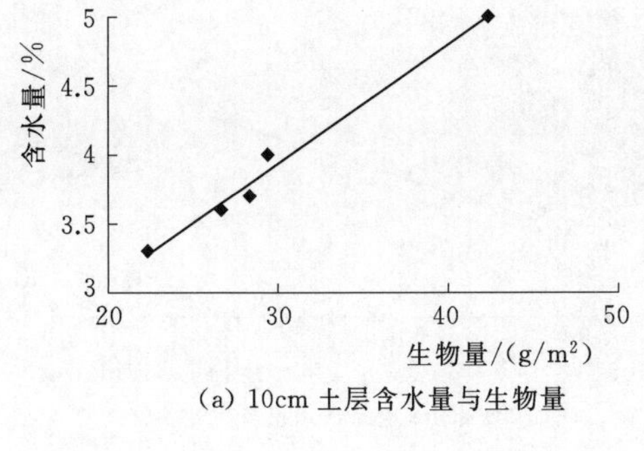

(a) 10cm 土层含水量与生物量

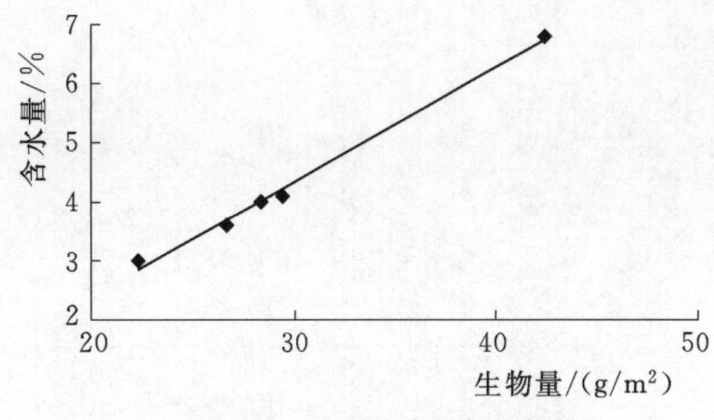

(b) 20cm 土层含水量与生物量

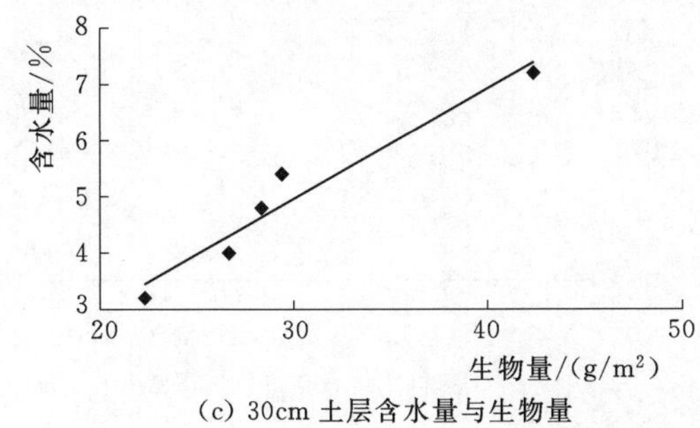

(c) 30cm 土层含水量与生物量

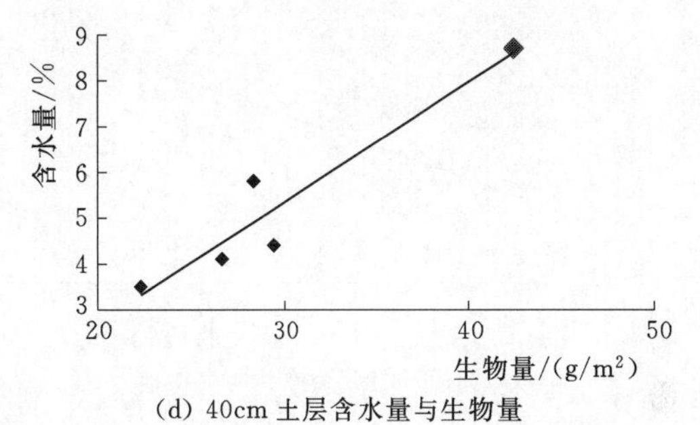

(d) 40cm 土层含水量与生物量

图 8-3　轻度退化样地坡面土壤水分与地上生物量

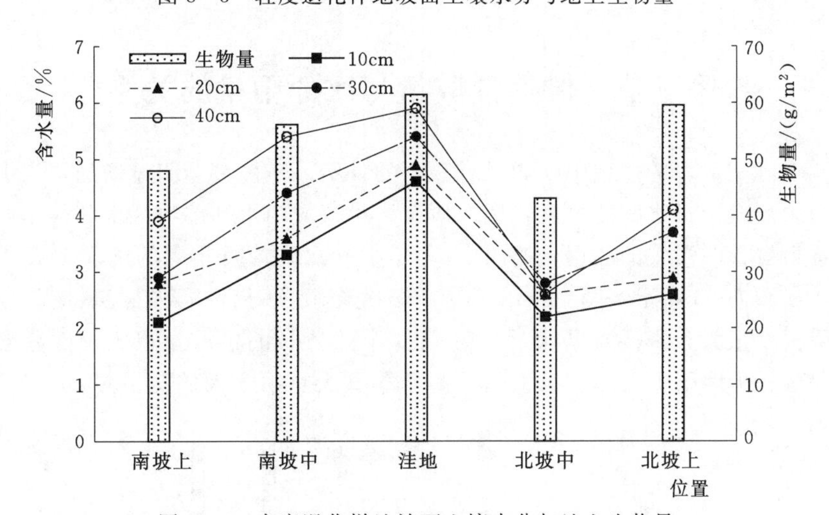

图 8-4　中度退化样地坡面土壤水分与地上生物量

表 8-1　轻度退化样地生物量与土壤含水量拟合表

土层深度/cm	拟合公式	R^2	土层深度/cm	拟合公式	R^2
0～10	$BI=0.0862W+1.3514$	0.9855	20～30	$BI=0.1961W-0.9260$	0.9428
10～20	$BI=0.1938W-1.4754$	0.9941	30～40	$BI=0.2632W-2.5458$	0.9078

表 8-2　中度退化样地生物量与土壤含水量拟合表

土层深度/cm	拟合公式	R^2	土层深度/cm	拟合公式	R^2
0～10	$BI=0.0994W-2.3698$	0.5707	20～30	$BI=0.1182W-2.5021$	0.7262
10～20	$BI=0.0859W-1.2485$	0.5137	30～40	$BI=0.1397W-3.1132$	0.7025

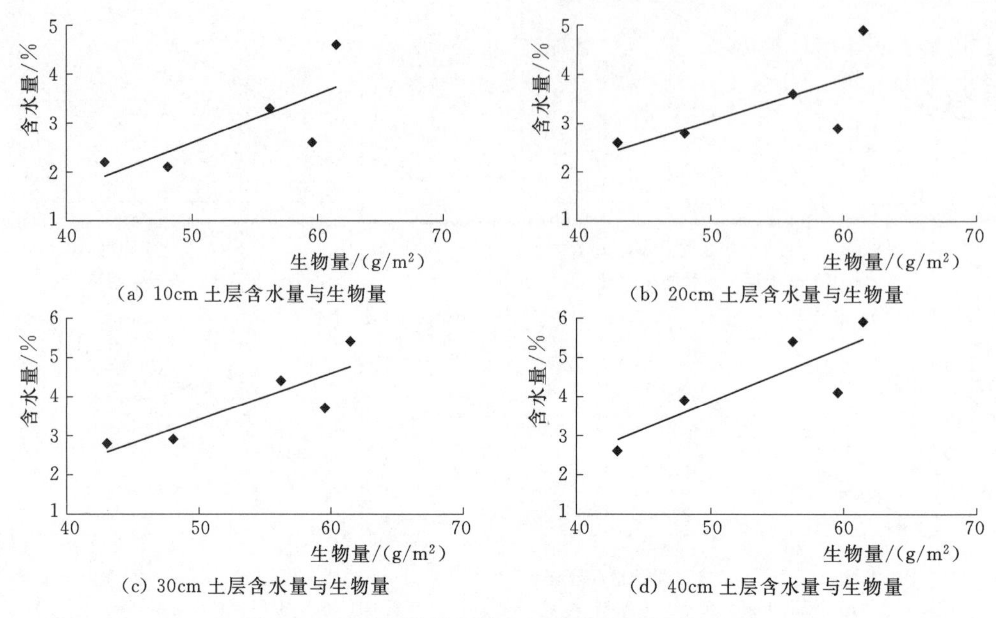

(a) 10cm 土层含水量与生物量 (b) 20cm 土层含水量与生物量

(c) 30cm 土层含水量与生物量 (d) 40cm 土层含水量与生物量

图 8-5 中度退化样地坡面土壤水分与地上生物量

第三节 群落蒸散量与次降雨量的关系

在观测实际蒸散发的过程中，如果有降雨的补给，蒸散量会明显增加，为了明晰次降雨补给量与雨后蒸散量之间的关系，选取研究区小流域内水利部牧区水利科学研究所野外试验站的称重自计蒸渗仪的数据，摘出 2014 年中 9 次降雨及相应的雨后 3 天蒸散量数据进行分析，如图 8-6 所示。图中给出了 9 个场次降雨及雨后 3 天的蒸散量，可以直观看出，每次降雨雨量大，紧接着晴天后的连续 3 个蒸散日的蒸散量也大，次降雨量在 5～25mm 之间时，雨后第 1 天的蒸散量明显高于第 2 天、第 3 天的蒸散量，次降雨在 5mm

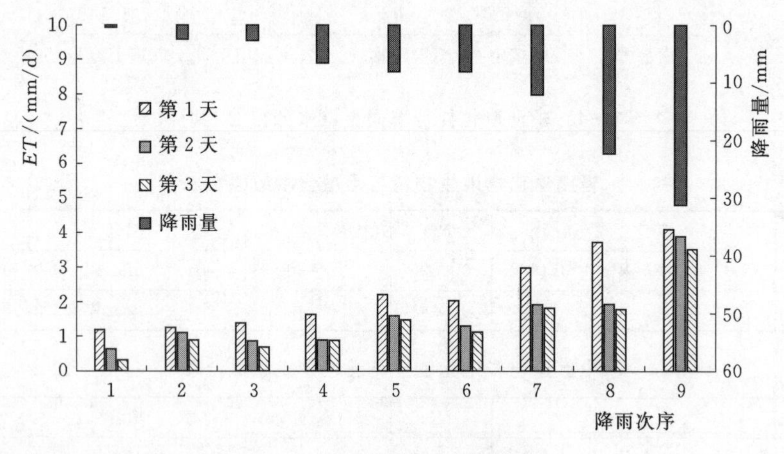

图 8-6 蒸散量与次降雨量

以内或者大于25mm时，雨后3天的蒸散量差异较小，说明降雨补给少的时候土壤水分含量仍然很低对蒸散发依然有抑制作用，导致蒸散量较小并且3天内差异小；降雨补给多的时候，土壤水分含量变高有足够的水分供蒸散发消耗，雨后3天内的蒸散量都很大且差异不显著。但是总体看雨后蒸散量逐日递减。图8-7给出了次降雨量与雨后连续3个蒸散日的拟合曲线图，可以看出，次降雨量与雨后蒸散量两者具有较好的线性正相关关系，拟合曲线的斜率可以看出雨后连续3个蒸散日的蒸散量呈逐渐减小的趋势。*ET*与次降雨量拟合表见表8-3。

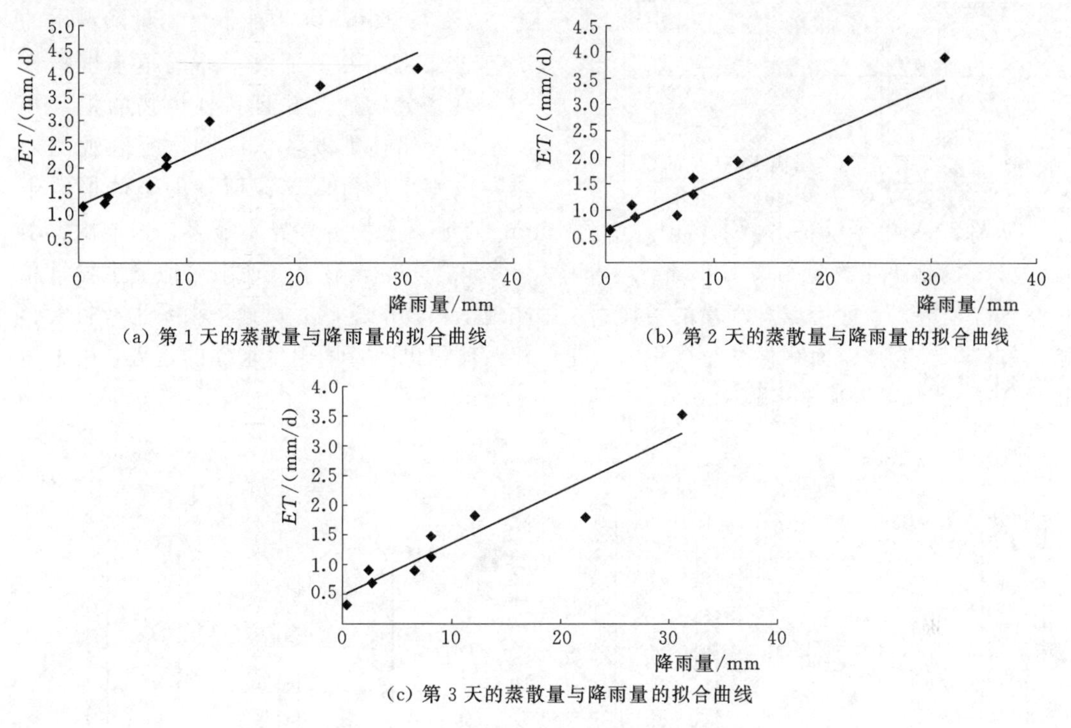

(a) 第1天的蒸散量与降雨量的拟合曲线

(b) 第2天的蒸散量与降雨量的拟合曲线

(c) 第3天的蒸散量与降雨量的拟合曲线

图8-7 蒸散量与次降雨量拟合曲线

表8-3 *ET*与次降雨量拟合表

时间	拟合公式	R^2
第1天	$ET=0.1033P+1.2036$	0.9385
第2天	$ET=0.0909P+0.6247$	0.8751
第3天	$ET=0.1182P+0.4787$	0.8902

小流域群落蒸散耗水直接受到降雨量补给的影响，降雨后蒸散量增加，结合蒸散与蒸腾拆分试验数据发现蒸散量增加的同时蒸腾量也增加，说明小流域植物群落受到水分限制，植物蒸腾耗水受到降雨的限制，该区雨水资源宝贵，视为生命之水。

第四节 模拟增雨对植物性状的影响

荒漠草原降雨量的多少对植物性状会产生较大的影响，据此进行模拟增雨试验，分析植物群落在天然降雨量基础上增加不同水平的降雨量后的性状变化。

图 8-8 为观测的植株比叶面积 *SLA* 随模拟增雨梯度的变化，银灰旋花的比叶面积对增雨响应程度一般，略有增加；糙隐子草比叶面积对增雨响应程度显著，呈明显的正相关关系；而克氏针茅的比叶面积随着增雨呈先增加后减小的趋势。

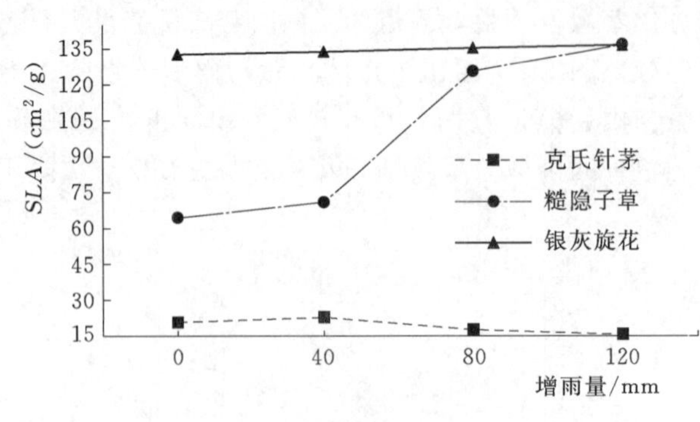

图 8-8 增雨下 *SLA* 的变化

图 8-9 为地下生物量随增雨的变化，由于荒漠草原的草本植物根系欠发达，并且各种植物的根互相交错，难以整株区别，所以观测地下生物量取单位面积的全体根的干重。从图 8-9 中可以看出，未增雨与增雨 40mm 的地下生物量差异不显著，未增雨、增雨 40mm 的地下生物量与增雨 80mm、增雨 120mm 之间差异显著，增雨后地下生物量总体呈增加趋势，说明土壤含水量的增加不仅影响地上植物的性状，对地下根系也有较大影响。图 8-10 为单位面积根系总体积的变化，根系体积也随着增雨呈增加的趋势，由未增雨的 $157cm^3/m^2$ 增加至增雨 120mm 下的 $203cm^3/m^2$。

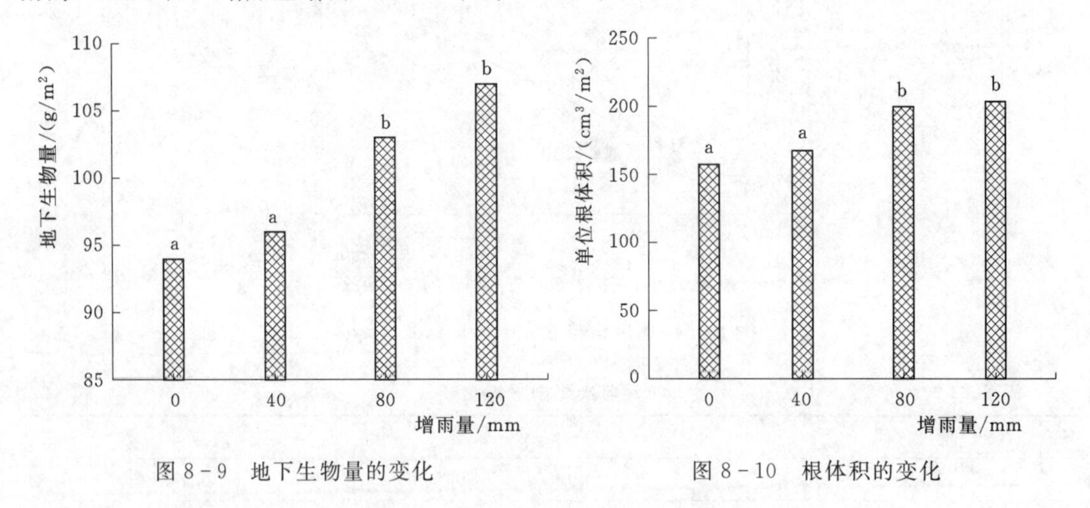

图 8-9 地下生物量的变化

图 8-10 根体积的变化

第五节 小流域生态水文特征

荒漠草原气候干旱，上东河小流域植物群落受到地形与水热条件的影响表现出不同的分布梯度特征，耐干旱喜光照的植物多分布在小流域内丘陵顶端及坡顶稍偏下部位，坡面群落主要以短花针茅为建群种。丘间洼地及径流汇水过水区土壤盐碱化，群落以寸草苔及芨芨草为建群种。群落类型随海拔与水热梯度的变化而变化与锡林河流域相似，锡林河流域随着水分逐渐减少、海拔逐渐降低、热量逐渐增加的生态梯度，多年生杂类草的作用逐渐减弱，而多年生丛生禾草的作用则逐渐增强（杨汝荣，2002；汪试平，1999）。可见长期的水热条件改变群落的类型。

小流域内的重度放牧样地围封13年后，群落建群种由冷蒿与银灰旋花变为短花针茅与克氏针茅，围封禁牧后地上生物量、群落高度与盖度、土壤养分增加。

小流域连续3年生长季观测的蒸散量均值比较为：围封样地（1.51mm/d）＞轻度退化样地（1.48mm/d）＞中度退化样地（1.41mm/d）＞重度退化样地（1.37mm/d）。植物群落特征影响蒸散发，盖度高生物量高群落的蒸散发也大。蒸散量消耗的主要是土壤蓄水量，该区降雨量较少，围封样地的蒸散量较大，这样会引起土壤水的亏缺，只有围封样地枯落物覆盖抑制土壤蒸发，群落盖度与植株密度的增加减少地表产流，促进降雨后土壤入渗，这样才能尽可能地减小土壤水亏缺，防止土壤干硬化。围封年限对锡盟太仆寺旗典型草原植被与土壤特征的研究表明，随着围封年限的增加，土壤容重呈现先减小后增加的趋势（王根绪，2001），这也表明围封时间过长会引起二次逆行演替。

小流域年降雨量小，但是次降雨往往历史短、雨强大，易产生地表径流。草原退化程度由轻变重后，径流滞后时间由长变短，径流系数由小变大。以该区常发生的20mm/h的雨强为例，轻度退化至重度退化径流滞后时间由27min缩短至15min，径流系数由3%增加到11%。土壤含水量对次降雨的响应时间具有滞后现象，不论雨强多大，降雨开始后1h内20cm深度的土壤水分未受到降雨的补给，20cm深度内土壤受降雨补给影响水分垂向运动趋于稳定需要历时150min。该区土壤入渗速率较小，降雨产流类型为超渗产流。

小流域植物生长季蒸散发总量占降雨总量的92%～94%，降雨补给主要用于植物群落蒸散发，生长季土壤储水量变量所占比重较小，生长季降雨量接近于220mm时土壤储水量略有盈余，径流量所占降雨量比例较小，降雨补给后会向深层土壤渗漏，生长季降雨量小于220mm时渗漏量小于19mm，折算成水资源量为40万m^3。

通过上述分析，荒漠草原上东河小流域生态水文特征概述为：植物为雨养型植物；降雨是该区生态系统最主要的水分来源；土壤水是植物赖以生存的根基，群落蒸散发耗水依靠降雨补给并受到土壤水的制约。植物群落的生物量、高度、盖度等特征对降雨及土壤水的响应程度较显著，降雨对该区浅层地下水补给量较少，植物个体性状对降雨事件的响应灵敏。地表径流偶尔发生并且所占降雨比例较小，径流系数空间分布呈斑块化并大部分介于5%～13%之间。该区干旱少雨，小流域内海拔较低处（1570.00m）的水位观测井的数据显示该区浅层地下水埋深位于1.6～2.2m之间，属于盐渍化地下水埋深（王德利，1996），从海拔较低处的植物群落类型分布来看该区恰好分布芨芨草与寸草苔，但是小流域内丘陵坡面（海拔1590.00～1657.00m）地下水浅层水埋深对植物群落影响不显著。2018年4月至6月底该区基本没有降雨补给，6月28日实地调查发现坡面植物低矮枯黄基本没有生长，但是7月2日开始降雨频繁，次降雨量介于10～29mm，一周后的7月10日调查发现植物已返青且迅速生长，一年生草本植物大量增加，尤其刺藜数量骤增，与此同时海拔较低处的芨芨草群落、寸草苔群落、克氏针茅群落似乎并没有受到返青期干旱的影响，说明了丘陵坡面的植物并没有依存地下水的补给。绿水是源于降水、存储于土壤并被群落蒸散发消耗的水资源（李永宏，1988），荒漠雨养群落中植物的水循环模式是“纯绿”的，即降雨渗入土壤的水都以蒸散发（绿水）形式消耗掉（王炜，1996），上东河小流域高海拔（1590.00～1657.00m）区的水循环模式基本是绿水循环模式。

认识了小流域生态水文的基本特征基础上，可知小流域水土保持与植被恢复建设要注重蒸散发与土壤水之间的平衡关系，人工建植植物应选择耐干旱，低耗水的草本植物；小流域草原管理应该采取季节性围封措施或者轮牧措施，对于重度退化草地围封禁牧修复年限 5～7 年较为适宜；小流域低海拔处的地下水可以考虑进行调配用于天然草场的灌溉，但是利用总量每年不宜超过 40 万 m^3；草地灌溉要结合自然降雨，采取补灌的方式，注重返青期的灌水。总之上东河小流域气候干旱，水资源匮乏，水资源的合理利用与调配、草原有效管护将对该区植被恢复及生态系统健康至关重要。

第九章

基于 SWAT 模型塔布河流域水文模拟与预测

第一节 塔布河流域数据库的构建

构建 SWAT 模型需要空间数据库和属性数据库。数据的完整性和详细程度使模拟结果不确定性的主要来源，在很大程度上影响模拟结果。空间数据库主要包括研究区数字高程模型（Digital Elevation Model，DEM）、土地利用/覆被类型和土壤类型分布图等空间数据，构成了流域下垫面空间分布的特征数据；属性数据库主要包括气象数据、土壤属性数据、土地利用信息、气象数据以及水文水质资料。水文数据主要收集区域河道实测流量、含沙量数据；气象数据主要收集区域最高、最低气温、太阳辐射、平均风速以及相对气压数据。在本研究中使用的原空间数据基本信息及来源见表 9-1。

表 9-1 原空间数据基本信息及来源

数据	分辨率	格式	数 据 来 源
DEM	30m×30m	GRID	中国科学院计算机网络信息中心地理空间数据云平台
土地利用	1km×1km	GRID	中国科学院资源环境科学数据中心
土壤类型	1：100 万	GRID	黑河计划数据管理中心
气象数据	1/3°	.dbf	寒区旱区科学数据中心
水文数据	月	.txt	西厂汉营水文站

一、研究区边界的确定

本文研究区为塔布河流域西厂汉营水文站以上部分，西厂汉营水文站位于塔布河下游，该站断面地点在乌兰察布市四子王旗大黑河乡水口村，地理坐标为东经 111°35′、北纬 41°35′。西厂汗营水文站控制着塔布河入呼和诺尔的水量。流域是分水岭包围的面积即受水面积，是一种特殊的地理单元，因其独特的地形特征，从而形成了相对独立的气候环境和水文环境。流域范围的提取对流域生态环境的改善、自然资源合理利用的必要手段（刘庆福，2015）。本研究基于 DEM，结合 ArcGIS 9.x 软件的水文提取模块（Hydrology）对西厂汉营水文站以上流域进行数字化提取，确定研究区域边界，如图 9-1 所示。提取的模拟面积为 $2911km^2$。

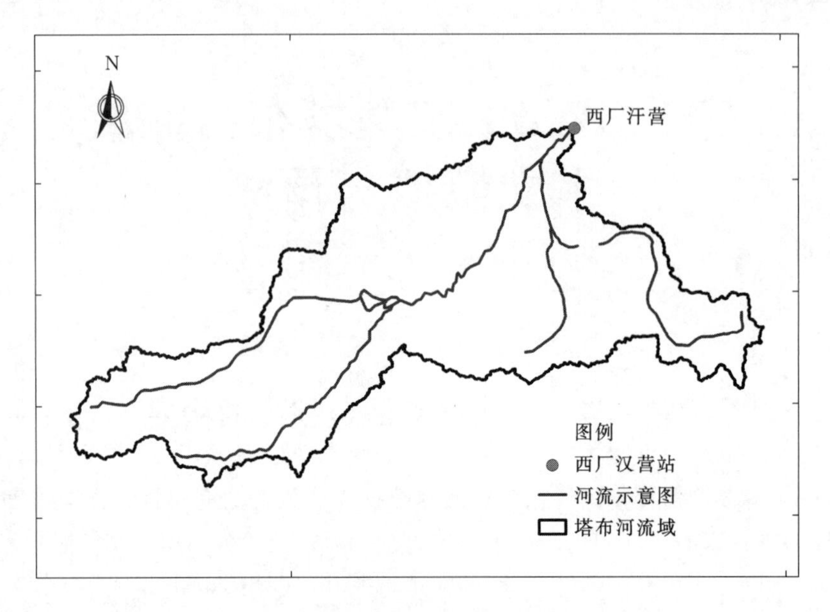

图 9-1　塔布河边界图

二、DEM 数据

DEM 提出的目的是在一定的精度前提下通过简洁方式获取地形因子并进行相关分析（赵跃龙，1998）。随着地理信息系统的发展，DEM 的应用也越来越广泛（杨新，2002）。基于 DEM 的流域建模在环境研究中变得越来越普遍，这主要是由于 DEM 在获取流域的地形属性（如坡度，场坡度和河道网络）方面的可用性和效率的提高。不同分辨率和尺度的 DEM，作为得到地形、水文属性的数据源而广泛的应用（Wolock 和 Price，1994；Yang 和 Chu，2013）。基于 DEM 的水文水质建模已经成为一种常见的做法（Habtezion，2016）。并且基于 DEM 获取地形特征的数据，开发了许多水文模型以预测水文过程和水质（Yuan，2007；Zhang，2011；Lai，2011；Shen，2012）。

DEM 数据在 SWAT 模型中扮演者重要的角色。子流域的地形特征包括面积、坡度、坡长、海拔等都是由 DEM 提取。作为模型的主要输出数据，DEM 会影响 SWAT 模型输出结果（Lin，2010；Lin K，2010），是模型不确定性的主要来源（Lin，2013）。DEM 的分辨率不仅会影响流域划分、河网和子流域分类（Chaubey，2005），而且会影响模型输出结果（Zhang，2014）。通常高分辨率的 DEM 可以获得更好的模拟结果（Szczeŝniak 和 Piniewski，2015）。因此本研究选取 30m 分辨率的 DEM 数据作为输入数据。DEM 数据由地理空间数据云下载的 GDEMDEM 30m 分辨率数字高程数据（http：//www.gscloud.cn），应用 ArcGIS9.3 中的空间分析模块使用上文所获得的流域边界进行掩膜提取，获得研究区 DEM 数据，如图 9-2 所示。

图 9-2　塔布河流域 DEM

三、土地利用数据

土地利用数据作为 SWAT 模型所必需的输入数据，其类型影响着流域的水文循环过程。本研究使用的土地利用数据来源于中国科学院资源环境科学数据中心（http：//www.resdc.cn）中国区数据集，空间分辨率为 1km，土地利用类型数据如图 9-3 所示。

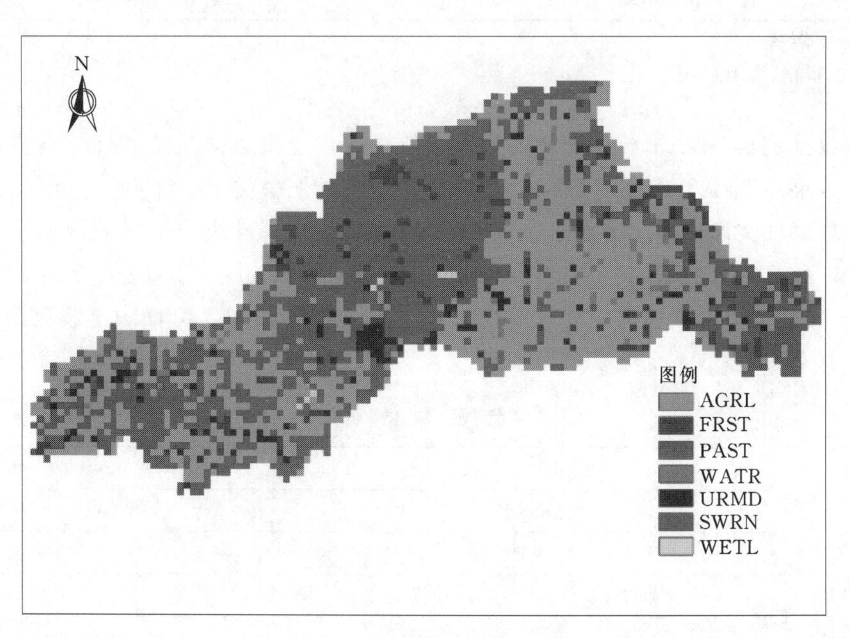

图 9-3　塔布河土地利用图

由于SWAT模型是依据美国的土地利用分类系统而研发的，因此在使用时需要进行土地利用代码的转换，塔布河流域土地利用类型重分类代码转换表见表9-2。

表9-2　塔布河流域土地利用类型重分类代码转换表

中国土地利用编号	SWAT代码	中国土地利用分类名称	面积/km²	占流域面积比例/%
12	AGRL	旱地	1331.23	44.75
21	FRST	有林地	72.53	2.44
22	FRST	灌木林	42.67	1.43
23	FRST	疏林地	2.13	0.07
31	PAST	高覆盖度草地	798.95	26.86
32	PAST	低覆盖度草地	254.94	8.57
33	PAST	中覆盖度草地	252.81	8.50
41	WATR	河渠	11.73	0.39
42	WATR	湖泊	3.20	0.11
46	WATR	滩地	36.27	1.22
52	URMD	农村居民点	104.54	3.51
53	URMD	其他建设用地	27.73	0.93
61	SWRN	沙地	3.20	0.11
63	SWRN	盐碱地	9.60	0.32
64	WETL	沼泽地	8.53	0.29
65	SWRN	裸土地	14.94	0.51

四、土壤数据

土壤数据也是SWAT模型的主要输入参数之一，土壤数据质量的好坏会直接影响模型的模拟结果。SWAT模型用到的土壤数据主要包括土壤类型分布图、土壤类型索引表及土壤物理属性文件（即土壤数据库参数）。土壤的物理属性决定了土壤剖面中水和气的运动情况，并且对水文响应单元（Hydrologic Response Unit，HRU）中的水循环起着重要的作用，是SWAT建模前期处理过程的关键数据。在SWAT2009中土壤数据库需要输入的变量有21个参数，土壤参数见表9-3。

表9-3　土壤参数表

变量名称	模型中定义	备注
SNAM	土壤名称	
NAYERS	土壤分层	
HYDGRP	土壤水文学分组（A、B、C或D）	
SOL_ZMX	土壤剖面最大根系深度/mm	
ANION_EXCL	阴离子交换孔隙度	模型默认值0.5

续表

变量名称	模型中定义	备注
SOL_CRK	土壤最大可压缩量	模型默认值 0.5，可选
TEXTURE	土壤层结构	
SOL_Z	各土壤层底层到土壤表层的深度/mm	注意最后一层是前几层深度的加和
SOL_BD	土壤湿密度/(mg/m^3 或 g/cm^3)	
SOL_AWC	土壤层有效持水量/mm	
SOL_K	饱和导水率/饱和水力传导系数/(mm/h)	
SOL_CBN	土壤层中有机碳含量	一般由有机质含量乘 0.58
CLAY	黏土含量，直径小于 0.002mm 的土壤颗粒组成	
SILT	壤土含量，直径 0.002～0.05mm 之间的土壤颗粒组成	
SAND	砂土含量，直径 0.05～2.0mm 之间的土壤颗粒组成	
ROCK	砾石含量，直径大于 2.0mm 的土壤颗粒组成	
SOL_ALB	地表反射率（湿）	默认值 0.01
USLE_K	USLE 方程中土壤侵蚀力因子	
SOL_EC	土壤电导率/(dS/m)	默认为 0

数据来源于联合国粮农组织（FAO）和维也纳国际应用系统研究所（IIASA）所构建的世界土壤数据库（Harmonized World Soil Database version 1.1，HWSD）。中国境内数据源为第二次全国土地调查南京土壤所所提供的 1：100 万土壤数据。该数据可为建模者提供模型输入参数，农业角度可用来研究生态农业分区，粮食安全和气候变化等。数据格式：GRID 栅格格式，投影为 WGS84。采用的土壤分类系统主要为 FAO－90［数据来源于“黑河计划数据管理中心”(http：//westdc. westgis. ac. cn)，分辨率为 1：100 万］。

土壤粒径分布是指土壤固相中不同粗细级别的土粒所占的比例，常用某一粒径及其对应的累积百分含量曲线来表示。土壤质地转换方法有多种，考虑到模型的通用性，参数形式的土壤粒径分布模型更便于标准程序的编制以及不同来源粒径分析资料的对比和统一，SWAT 模型采用的土壤粒径级配标准是 USDA 简化的美制标准。目前世界土壤数据库（HWSD）由于采用了 USDA 标准，因此可直接用于建立 SWAT 模型数据库，土壤粒径分类对照表见表 9－4。

表 9－4　　土壤粒径分类对照表

美国制土壤粒径分类			
黏粒 CLAY	粒径小于 0.002mm	砂砾 SAND	粒径：0.05～2mm
粉砂 SILT	粒径：0.002～0.05mm	石砾 ROCK	粒径大于 2mm

经剪裁和重分类后，塔布河土壤类型分布图如图 9－4 所示。塔布河土壤类型及代码转换表见表 9－5。SWAT 模型中的土壤数据库除以上粒径数据外，还需要土壤的水文分组，土壤剖面最大根系深度、阴离子交换孔隙度、土壤最大可伸缩量、土层结构、土壤有机碳含量、土壤含沙量、壤土含量、黏土含量、土壤电导力、土壤湿密度、土壤层有效持

水量、饱和水力传导系数等参数。其中土壤湿密度、土壤层有效持水量、饱和水力传导系数需要依据土壤的砂砾、黏粒、有机物含量盐度等参数使用SPAW（Soil - Plant - Atmosphere - Water）土壤水特性软件计算。SPAW软件是由美国华盛顿州立大学开发的，用于模拟农业景观中的日水文状况（Saxton，2004）。主要使用其中的Soil Water Characteristics组件进行计算土壤参数。图9-5为运行界面，计算式需要将单位转换为国际单位制。

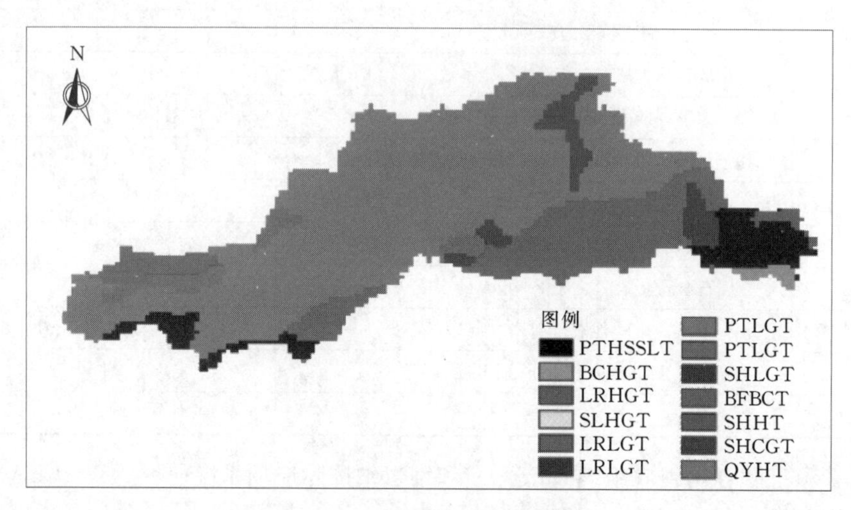

图9-4 塔布河土壤类型分布图

表9-5 塔布河土壤类型及代码转换表

土壤名称	SWAT编码	面积/km²	占流域面积比例/%
普通灰色森林土	PTHSSLT	232.26	7.98
薄层黑钙土	BCHGT	25.88	0.89
淋溶黑钙土	LRHGT	1.85	0.06
石灰性黑钙土	SHHGT	8.63	0.30
淋溶栗钙土	LRLGT	573.57	19.71
普通栗钙土	PTLGT	1789.73	61.48
石灰性栗钙土	SHLGT	27.11	0.93
部分薄层土	BFBCT	23.41	0.80
石灰性黑土	SHHT	22.18	0.76
石灰性粗骨土	SHCGT	67.15	2.31
潜育黑土	QYHT	139.24	4.78

数据库中的土壤侵蚀力因子使用土壤可侵蚀因子K的计算为

$$K_{\text{USLE}}=f_{\text{csand}}f_{\text{cl-si}}f_{\text{orgc}}f_{\text{hisand}} \tag{9-1}$$

式中：f_{csand}为砂土土壤侵蚀因子；$f_{\text{cl-si}}$为黏土土壤侵蚀因子；f_{orgc}为有机质因子；f_{hisand}为砂质土壤侵蚀因子。

土壤水文组（Soil Hydrologic Group）是美国国家自然资源保护局（The

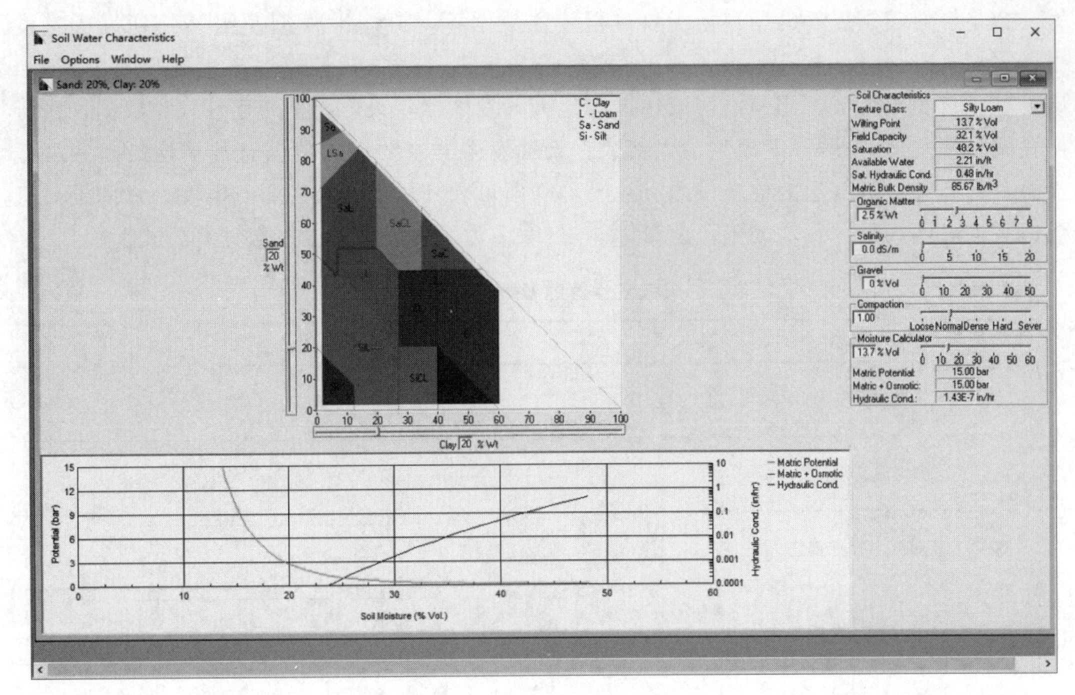

图 9-5 SPAW 运行界面

U. S. Natural Resource Conservation Service，NRCS）根据土壤的渗透特性，将土壤分为四个土壤水文组（A、B、C、D）。影响土壤产流能力的特性，是指那些在完全湿润并且不冻的条件下影响土壤最小下渗率的特性，主要包括季节性高水位深度，饱和水力传导率，极慢渗透层深度。土壤水文组不同分类定义见表 9-6。至此，土壤数据库构建完成。

表 9-6　　土壤水文组不同分类定义

土壤分类	土 壤 水 文 性 质	最小下渗速率
A	在完全湿润的条件下仍然具有高渗透率的土壤。这类土壤主要由深厚的排水良好的砂或砾石组成。输水能力高（产流力低）	7.6～11.4
B	在完全湿润的条件下具有中等渗透率的土壤。这类土壤主要由中等深厚到深厚，中等良好到良好排水的土壤，质地为中细到中粗。输水能力属于中等	3.8～7.6
C	在完全湿润的条件下具有低渗透率的土壤。这类土壤大多有一个阻碍水流向下运动的层，质地为中细到细，下渗率慢。输水能力低（产流力高）	1.3～3.8
D	在完全湿润的条件下具有很低渗透率的土壤。这类土壤主要由黏土组成，有很高的膨胀能力，有一个永久的高水位，有黏土底盘或黏土底层接近地表，浅层土壤覆盖在不透水物质上。输水能力很低	0～1.3

五、气象数据

SWAT 模型气象数据的建立需要降水数据、气温数据、天气发生器（Weather Generator）。其中天气发生器可以弥补缺失的气象数据，数据来源主要是模型内置的美国数据库，其中包括 1000 多个美国本土气象站数据信息，主要是针对美国本土研究区的应用；

另一个是针对美国以外的用户，需要自行建立数据库。SWAT模型使用WXGEN天气发生器模型（Sharpley和Wiiams，1990）根据多年逐月气象资料模拟产生逐日气象资料。该模型源自美国大陆，用户也可以选择其他天气发生器，只要能生产逐日气象数据，进行格式调整使之适合SWAT模型输入格式。天气发生器主要输入数据有月平均最高和最低气温、最高和最低气温的标准偏差、月平均降雨量和其标准偏差、露点温度、月内干日日数、平均降雨天数、月均太阳辐射量等。表9-7为天气发生器的参数计算公式。

表9-7　　天气发生器的参数计算公式

参　　数	公　　式
月平均最低气温/℃	$\mu mn_{\mathrm{mon}}=\sum_{d=1}^{N}T_{\mathrm{mn,mon}}/N$
月平均最高气温/℃	$\mu mx_{\mathrm{mon}}=\sum_{d=1}^{N}T_{\mathrm{mx,mon}}/N$
最低气温标准偏差	$\sigma mn_{\mathrm{mon}}=\sqrt{\sum_{d=1}^{N}(T_{\mathrm{mn,mon}}-\mu mn_{\mathrm{mon}})^2/(N-1)}$
最高气温标准偏差	$smxs_{\mathrm{mon}}=\sqrt{\sum_{d=1}^{N}(T_{\mathrm{mx,mon}}-\mu mx_{\mathrm{mon}})^2/(N-1)}$
月平均降雨量/mm	$\overline{R}_{\mathrm{mon}}=\sum_{d=1}^{N}R_{\mathrm{day,mon}}/yrs$
平均降雨天数/d	$\overline{d}_{\mathrm{wet},i}=day_{\mathrm{wet},i}/yrs$
降雨量标准偏差	$\sigma_{\mathrm{mon}}=\sqrt{\sum_{d=1}^{N}(R_{\mathrm{day,mon}}-\overline{R}_{\mathrm{mon}})^2/(N-1)}$
降雨的偏度系数	$gmon=N\sum_{d=1}^{N}(R_{\mathrm{day,mon}}-\overline{R}_{\mathrm{mon}})^3/(N-1)(n-2)(\sigma_{\mathrm{mon}})^3$
月内干日日数/d	$P_i(W/D)=(days_{W/D,i})/(days_{\mathrm{dry},i})$
月内湿日日数/d	$P_i(W/W)=(days_{W/W,i})/(days_{\mathrm{wet},i})$
露点温度/℃	$\mu dew_{\mathrm{mon}}=\sum_{d=1}^{N}T_{\mathrm{dew,mon}}/N$
月均太阳辐射量/[kJ/(m²·d)]	$\mu rad_{\mathrm{mon}}=\sum_{d=1}^{N}H_{\mathrm{day,mon}}/N$
月平均风速/(m/s)	$\mu wnd_{\mathrm{mon}}=\sum_{d=1}^{N}T_{\mathrm{wnd,mon}}/N$

本研究区地处北方干旱半干旱地区，缺乏基础气象站点，并且在研究区域内没有气象站。因此，本研究使用SWAT模型中国大气同化数据集（China Meteorological Assimilation Driving Datasets for the SWAT model，CMADS Version 1.0）。CMADS系列数据集引入世界各类再分析场及中国气象局大气同化系统（CLDAS）技术，利用数据循环嵌套、重采样，模式推算及双线性插值等多种技术手段而建立。CMADS数据集按照SWAT模型输入驱动数据格式进行了格式整理与修正，使SWAT模型可直接使用该数据集而不需要任何格式转换。CMADS V1.0系列数据集空间覆盖整个东亚（0°～65°N，60°～160°E），空间分辨率分别为1/3°，逐日时间分辨率数据。该数据集提供日平均2m温度，日最高/

低 2m 温度，日累计 24 时降水量，日平均太阳辐射，日平均气压，日比湿度，日相对湿度，日平均 10m 风速，数据格式为 .dbf 和 .txt，时间尺度为 2008—2016 年。该驱动数据已在我国多个流域进行了驱动验证，效果表现良好（Meng，2017）。塔布河 CMADS 气象站点分布如图 9-6 所示，塔布河流域 CMADS 站点分布见表 9-8。按照 CMADS 说明制作气象数据索引表即完成了 SWAT 模型所需的气象数据。

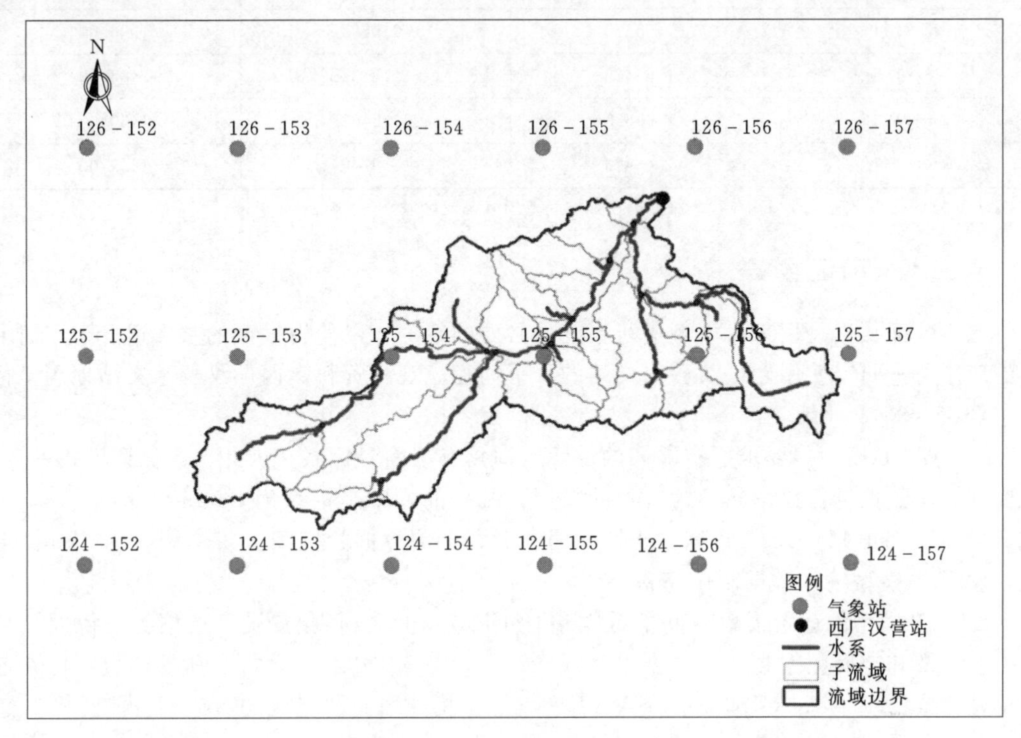

图 9-6 CMADS 气象站点分布

表 9-8 塔布河流域 CMADS 站点分布

CMADS 站点名	纬度 N/(°)	经度 E/(°)	高程/m
124-152	40.99025	110.31425	1862.00
124-153	40.99025	110.64725	2079.00
124-154	40.99025	110.98025	2048.00
124-155	40.99025	111.31325	1723.00
124-156	40.99025	111.64625	1936.00
124-157	40.99025	111.97925	1414.00
125-152	41.32325	110.31425	1583.00
125-153	41.32325	110.64725	1691.00
125-154	41.32325	110.98025	1655.00
125-155	41.32325	111.31325	1591.00
125-156	41.32325	111.64625	1653.00

续表

CMADS 站点名	纬度 N/(°)	经度 E/(°)	高程/m
125-157	41.32325	111.97925	1843.00
126-152	41.65625	110.31425	1449.00
126-153	41.65625	110.64725	1438.00
126-154	41.65625	110.98025	1506.00
126-155	41.65625	111.31325	1486.00
126-156	41.65625	111.64625	1430.00
126-157	41.65625	111.97925	1659.00

注：CMADS 站点名为 CMADS V1.0 数据集在其空间范围（东亚区域）内的唯一标识符。

六、水文验证数据

水文验证数据是用来对模型进行率定的必要的数据，以使得模型的参数适合于在研究区的应用。本研究使用西厂汉营水文站的月平均径流观测资料。西厂汉营水文站地理坐标为东经 111°35′、北纬 41°35′。

在 SWAT 模型中要求所有输入的空间数据具有平面坐标系，因此，为保证模式一致，需要将空间数据进行投影转换为统一的投影，统一的投影坐标系为 Beijing_1954_GK_CM_111E。同时将 DEM 数据，土地利用数据和土壤数据的空间分辨率统一为 1km。至此，SWAT 模型输入数据制作完备。

SWAT 模型的运行需要空间的数据包括 DEM、土地利用/覆被、土壤类型以及气象数据。以及和空间数据相对应的索引表（格式为 .txt 或 .dbf）。此部分所需的数据已在前面构建完成。基于 ArcGIS9.3 的 SWAT2009 版本构建塔布河流域的 SWAT 模型。

第二节　塔布河流域 SWAT 模型的建立

一、塔布河子流域划分

（一）DEM 数据流域信息的提取

DEM 的存储格式主要有矢量、栅格和三角网。SWAT 中要求空间数据格式一致，为与土地利用和土壤数据保持一致，因此选用栅格格式的 DEM。在 ArcGIS 中基于 DEM 使用坡面汇流法生成河网。将 DEM 数据加载到 SWAT 模型后，要对 DEM 数据进行设置，选择米制单位，通过模型中的 mask 对 DEM 自定义划分，或者提前对 DEM 依据流域边界进行裁剪，以减少计算量，本研究 DEM 通过流域边界提前剪裁完成。本研究是以塔布河流域西厂汉营水文站以上部分为研究区域。西厂汉营水文站在塔布河干流中游，控制面积为 2975km^2。模型生成流域面积为 2911km^2，模拟的面积误差为 2.2%。SWAT 模型生成的水系如图 9-9 所示。

（二）流域河网和流域出口的定义以及子流域划分

SWAT 模型中的河网是基于阈值进行定义的。通过阈值定义了形成河流所需的最小汇水区面积。阈值越小生成的河网越密集，但是过大过小都会影响子流域划分的精度，本研究采用模型推荐的阈值 $58km^2$。模型还要求设定子流域的出口，即子流域内河网的出口，以西厂汉营水文站的水文监测数据为模型率定数据，因此将子流域的出口设定在水文站处。设定完子流域出口后还需要指定流域总出口，进而对子流域划分，最后模型自动计算子流域各参数。至此，子流域划分完成，塔布河流域共划分 26 个子流域，如图 9-7 所示。

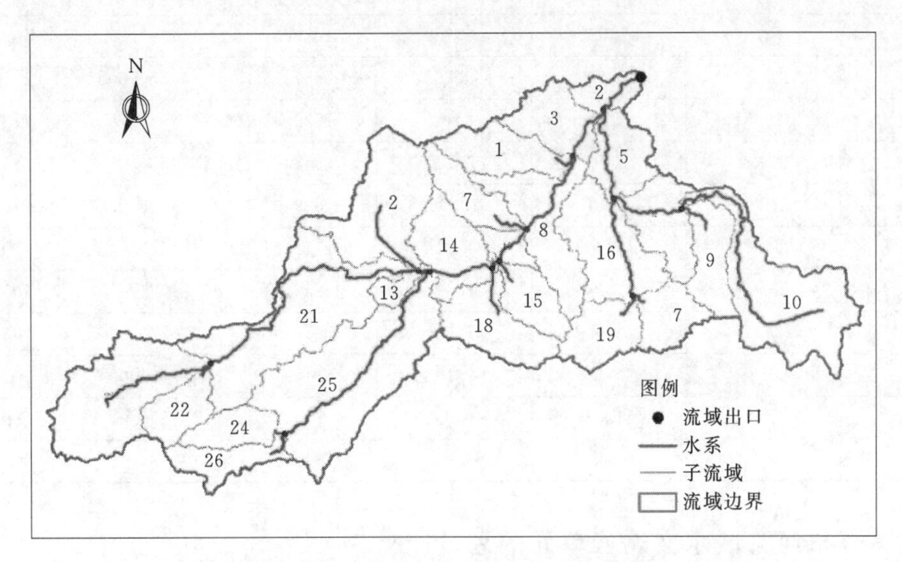

图 9-7 塔布河子流域及水系分布图

基于 DEM 提取的子流域信息可知最大高程 2164.00m，最小高程 1382.00m，平均高程 1678.90m。最大子流域面积 $388.8km^2$，最小子流域面积 $0.59km^2$，分别是第 25 子流域和第 1 子流域，平均子流域面积 $111.95km^2$。塔布河子流域统计参数见表 9-9。

表 9-9　　塔布河子流域统计参数表

子流域编号	面积/km^2	面积比率/%	平均坡度/%	平均高程/m	最小高程/m	最大高程/m
1	0.59	0.02	6.57	1425.52	1413.00	1470.00
2	39.15	1.35	7.24	1463.19	1415.00	1593.00
3	94.78	3.26	6.13	1514.55	1434.00	1664.00
4	96.78	3.33	6.17	1582.21	1460.00	1728.00
5	87.18	3.00	6.18	1501.32	1421.00	1611.00
6	103.31	3.55	5.95	1562.10	1382.00	1671.00
7	72.21	2.48	6.16	1615.90	1511.00	1738.00
8	144.38	4.96	6.50	1565.07	1461.00	1704.00
9	86.21	2.96	6.71	1626.14	1496.00	1778.00
10	29.54	1.02	7.97	1571.23	1511.00	1693.00
11	3.01	0.10	7.43	1569.10	1531.00	1621.00

续表

子流域编号	面积/km²	面积比率/%	平均坡度/%	平均高程/m	最小高程/m	最大高程/m
12	191.00	6.56	6.22	1637.61	1564.00	1759.00
13	23.10	0.79	5.69	1611.07	1575.00	1693.00
14	109.62	3.77	6.05	1605.93	1538.00	1700.00
15	68.47	2.35	6.16	1620.70	1534.00	1726.00
16	162.36	5.58	7.78	1556.89	1397.00	1695.00
17	71.95	2.47	6.26	1637.75	1556.00	1712.00
18	119.57	4.11	6.11	1632.42	1541.00	1738.00
19	86.28	2.96	6.91	1648.87	1556.00	1742.00
20	254.89	8.76	13.06	1839.05	1526.00	2164.00
21	304.99	10.48	7.11	1712.84	1575.00	1895.00
22	66.95	2.30	8.49	1856.64	1725.00	2056.00
23	228.15	7.84	7.66	1850.56	1726.00	2058.00
24	60.89	2.09	7.18	1840.18	1734.00	2023.00
25	338.80	11.64	7.89	1730.95	1576.00	1989.00
26	66.49	2.28	8.95	1873.46	1734.00	2056.00

二、塔布河流域水文响应单元的划分

水文响应单元（Hydrologic Response Unit，HRU）是SWAT模型中很有特色的地方。SWAT模型在子流域的基础上，根据土地利用类型、土壤类型和坡度，将子流域内具有同一组合的不同区域划分为同一类HRU，并假定同一类HRU在子流域内具有相同的水文行为。模型计算时，首先对于拥有不同HRU的子流域分别计算一类HRU的水文过程，然后在子流域出口将所有HRU的产出进行叠加，得到子流域的产出。HRU数量直接决定着模型运行的速度。将处理好的土壤、土地利用和坡度数据加载到模型中，进行定义叠加。叠加完土壤、土地利用和坡度数据后，需要通过HRU的定义来确定流域内HRUs的分布，从而限制过多生成HRU。HRU定义是将面积小于一定百分比的土地利用、土壤分布、坡度类型的区域拆分到其他类型中。本研究区域的水文状况较为复杂，因此采用阈值均为0%的组合，已得到最为精细的HRU划分。据此塔布河流域一共划分了282个HRUs。各子流域中HRU属性详见附录二。

三、气象数据的输入

HRU分布确定后，输入气象数据就可以通过天气发生器模拟生成流域气候数据，包括降雨、温度、风速、湿度和辐射等数据。模型通过读取气象数据库中的数据来产生缺失或者指定的气象数据。输入数据已在前面详细介绍，不再赘述。点击SWAT模型工具栏中的Write Input Tables工具，选择第一个命令，弹出输入界面，如图9-8所示。分别输入天气发生器，降雨，温度，相对湿度，辐射和风速，输入完成后写入数据。

四、SWAT 模型模拟

模型所需数据输入完成后，则可以进行模拟运行。模拟的时间尺度为 2008—2016 年。为了使模拟初期所有水文过程从最初的状态进入平衡状态需要设置预热期。预热期根据 SWAT 模型输入输出手册设定为 2 年（Arnold，2013）。模型的设置为 2010—2014 年，验证期为 2015—2016 年。运行模型，并读取模拟输出的数据，为下一步准备。

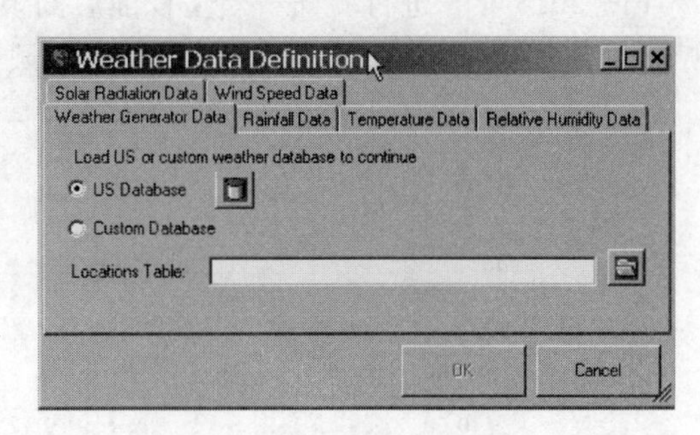

图 9-8 气象数据输入界面

第三节 SWAT 模型在塔布河流域模拟的适用性分析

一、SWAT 模型敏感性分析

SWAT 模型中参数众多，对参数进行敏感性分析是为了得到哪个或者哪种参数对模拟结果的影响最大，从而确定影响流域水文过程的关键因子。通过 SWAT 2009 软件中的参数敏感性分析模块，并结合 SWAT - CUP 对模型参数进行敏感性分析。SWAT - CUP 是由 Eawga（Swiss Federal Institute of Aquatic Science and Technology）开发的专门用于 SWAT 模型的自动校准以及不确定性分析的软件（Abbaspour，2007），主要是分析影响径流的各种参数，此类参数模型中共有 26 个，通过分析对敏感性较强的 9 个参数进行率定分析。SWAT 模型参数定义及最终取值见表 9 - 10。

表 9 - 10 SWAT 模型参数定义及最终取值

参数	参数定义	模型中默认的参数范围	参数最终值
CN2. mgt	SCS 径流曲线数	20～90	36
ALPHA _ BF. gw	基流 α 因子	0～1	0.048
GW _ DELAY. gw	含水层补给的延迟时间/d	0～500	31
GWQMN. gw	地下水汇入主河道时浅层含水层的水位阈值/mm	0～5000	5
GW _ REVAP. gw	地下水再蒸发系数	0.02～0.2	0.02
ESCO. hru	土壤蒸发补偿系数	0.01～1	0.01
SFTMP	降雪日的平均空气温度/℃	0～5	4.5
SMFMN	12 月 21 日的融雪因子/[mm/(d・℃)]	0～10	1
SMFMX	6 月 21 日的融雪因子	0～10	0.1

二、SWAT 模型校准

本研究采用表 9 - 10 中的 9 个参数作为模型率定的参数，使用西厂汉营水文站实测逐月径流量在模型率定期（2010—2014年）对模型参数进行校准，在模型的验证期（2015—2016年）进行验证。模型校准后的模拟结果和实测值对比，如图9-9～图9-11所示。表9-10为SAWT模型在塔布河流域模拟的指标评价结果。

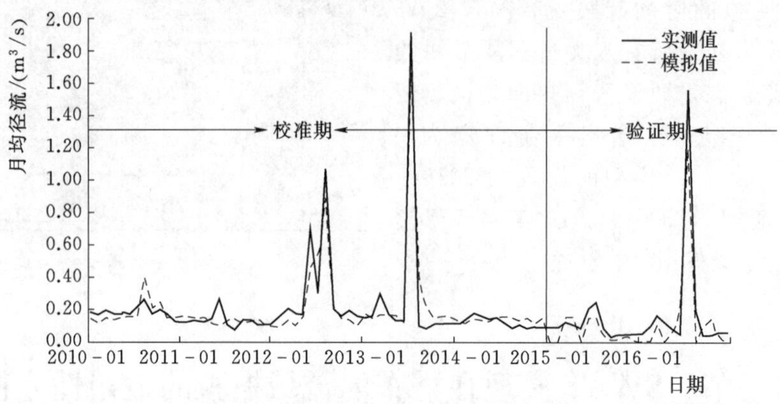

图9-9 塔布河流域月均径流检验结果

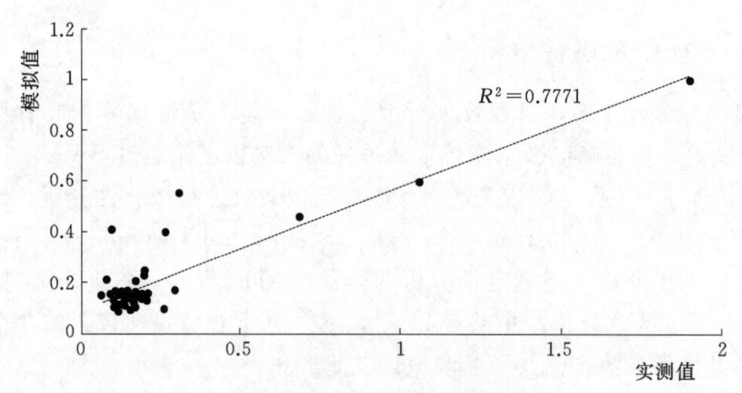

图9-10 校准期模拟/实测径流拟合图

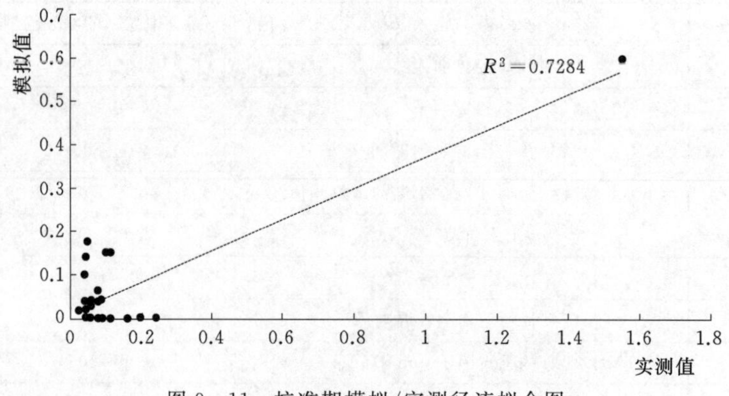

图9-11 校准期模拟/实测径流拟合图

三、SWAT模型在塔布河性能的评估

在本研究中采用相对误差 Re、R^2（coefficient of determination）和 NSE（Nash and

Sutcliffe efficiency）这三个系数来量化模型的性能（Nash，1970）。Re、R^2 和 NSE 的计算公式为

$$Re=\frac{Q_{\text{sim}}-Q_{\text{obs}}}{Q_{\text{obs}}}\times 100\% \tag{9-2}$$

式中：Q_{sim} 为模拟的径流值；Q_{obs} 为观测的实际径流值。

Re 取值范围为 0～±1，正值表示模拟值偏大，相反负值则表示模拟值偏小，Re 越接近 0，模拟的效果越好。

$$R^2=\left[\frac{\sum_{i=1}^{n}(O_i-O_{\text{avr}})(P_i-P_{\text{avr}})}{\left[\sum_{i=1}^{n}(O_i-O_{\text{avr}})^2\sum_{i=1}^{n}(P_i-P_{\text{avr}})^2\right]}\right]^2 \tag{9-3}$$

$$NSE=1-\left[\frac{\sum_{i=1}^{n}(O_i-P_i)^2}{\sum_{i=1}^{n}(O_i-O_{\text{avr}})^2}\right] \tag{9-4}$$

式中：O_i 为第 i 次观测值；O_{avr} 为整个研究期的平均观测值；P_i 为第 i 次模拟值；P_{avr} 为整个研究期平均预测（模拟）值。这两个模型的性能参数量化标准采用 Moriasi 等评价标准（Moriasi，2007），见表 9－11。

表 9－11　　SWAT 模型校准和验证参数性能等级

性能参数	值	模拟表现	模拟阶段
NSE	≥0.65	非常好	率定期、验证期
	0.54～0.65	满足需求	率定期、验证期
	>0.5	满意	率定期、验证期
R^2	>0.5	非常好	率定期、验证期
	<0.5	不满意	率定期、验证期
Re/%	<10%	非常好	率定期、验证期
	<10%～<15%	好	率定期、验证期
	<15%～<25%	满意	率定期、验证期

该表引自 Worku，2017。

SWAT 模型在塔布河流域月径流模拟评估的结果见表 9－12。

表 9－12　　塔布河月径流模拟结果评估

时　　期	*Re*/%	R^2	*NSE*
校准期（2010—2014 年）	－12.6	0.78	0.75
验证期（2015—2016 年）	10.6	0.73	0.69

由表 9－12 可知，模型在塔布河流域的校准期和验证期 Nash－Sutcliffe 效率系数均大于 0.65，$R^2>0.5$，相对误差 Re 分别为－12.6%和 10.6%，根据表 9－12 的标准说明

SWAT模型在塔布河流域适用性能达到要求。根据模型特点对模拟结果分析主要如下：

(1) SWAT模型的数据库是根据美国自然地理情况构建的，因此其他地区的用户需要构建自己研究区的数据库。其中最难构建的数据库是土壤数据库。需要构建空间和属性数据。本研究使用的是FAO提供的数据，该数据土壤设定为两层，最大厚度为100cm。土壤的分层以及厚度都会对水分的下渗、蒸发过程产生影响，进而影响集水区的产、汇流。

(2) 径流影响最主要的因素是降雨，并且SWAT模型使用SCS径流曲线估算径流。而SCS曲线数CN是土地利用、土壤渗透性以及前期土壤水分条件的函数。因此土壤的属性等条件都会对径流模拟结果产生影响。

(3) 塔布河地处我国干旱半干旱地区，年降雨量小使得流域径流量偏小，这就对模型数据库的构建有更高的精度要求。

第四节 本章小结

选取内蒙古荒漠草原区塔布河流域作为研究区，构建了塔布河流域SWAT模型。通过对塔布河流域多年气象数据分析得出了气候变化的基本趋势。并应用3S技术分析了塔布河流域土地利用变化的情况，进而模拟了塔布河流域气候变化和土地利用变化情况下水文过程的响应特征，得出以下结论：

(1) 建立了SWAT模型，通过进行敏感性分析，确定了在塔布河流域径流模拟过程中比较敏感的参数和参数的最佳取值。校准后实测径流值与模拟径流值对比分析，在月尺度下校准期Nash-Suttcliffe系数ENS为0.75，相对误差Re为-12.6%，决定系数R^2为0.78。对于校准期和验证期三个评价指标的结果均满足SWAT模型性能的评价标准。校准后的SWAT模型可应用在该流域的实际情况中。

(2) 分析了塔布河流域气候变化趋势以及土地利用不同时期的组成：塔布河流域多年平均气温每10年升高0.42℃，降水总体呈增长趋势但不明显。这与IPCC第五次评估报告相吻合。1990—2015年间土地利用变化主要是人类开垦草原变为农田，这期间草原面积减少了10%，而农田增加了15%。

(3) 气候变化背景下的水文过程变化特征：在不同情景下模拟了塔布河径流，结果表明水文要素的变化与降雨呈正相关关系。当气温不变情况下，年降雨增加50%时，年径流增加最大，达到97.3%；而在温度增加2℃，降雨减少50%时，径流下降幅度最大，达到-90.2%。温度增加径流、土壤含水量则减少，而蒸散量则增加。温度和降雨相比，降雨对水文要素的影响更明显。

(4) 土地利用/覆被的不同导致不同的径流量、蒸腾量和泥沙量。当10%、20%的草地转变为裸地，导致年均径流和泥沙增加，土壤含水量则降低，而蒸散量变化很小。土地利用类型的改变对径流和泥沙影响较大，在转变20%时，径流分别增加了12.2%和9.1%。土壤含水量减少了5.3%。

本章的研究中存在以下问题：一是SWAT模型自带数据库主要是基于美国本土数据建立的，需要数据的转换造成工作量增加，为SWAT模型的应用增加难度。所使用的土壤数据是 FAO 所提供的 1∶100 万的数据，该数据集土壤只有两个分层，在模拟过程中都增加了模型的不确定性。二是在干旱半干旱地区的塔布河流域进行，径流量过小，使得模型校准过程难度增加，同时也导致模拟效果较之湿润地区偏低。今后在 SWAT 模型应用研究中，应加强基础数据库的建立，收集高精度的土壤数据、更具代表性的气象数据以及高精度的水文数据。增加气象、水文监测站点，以及提高水文监测技术。

第十章

气候变化和土地利用变化对径流的影响模拟与分析

IPCC第五次报告指出全球地表持续升温，并且全球水循环相应气候变化将是不均匀的，有可能出现区域异常情况。而气候变化对干旱半干旱草原区的影响更为剧烈。加之近年来内蒙古草原退化严重，又加剧了气候对水文的影响，因此明确气候变化和土地利用变化对草原区水文的影响十分必要。

第一节　塔布河流域气候变化分析及情景构建

一、塔布河年平均气温的变化趋势分析

根据四子王旗和达茂旗气象站监测数据对塔布河流域气候变化趋势进行分析。依据57年（1958—2015年）的监测数据分析塔布河流域气温呈现上升趋势（图10-1），与全球变暖趋势一致。根据趋势线方程得出，每10年升温约为0.42℃。根据两个气象站多年降水量绘制变化曲线（图10-2）可知，降水量呈现波动变化，但总体变化趋势不显著。年际波动差异明显，最大波动达到50%以上。

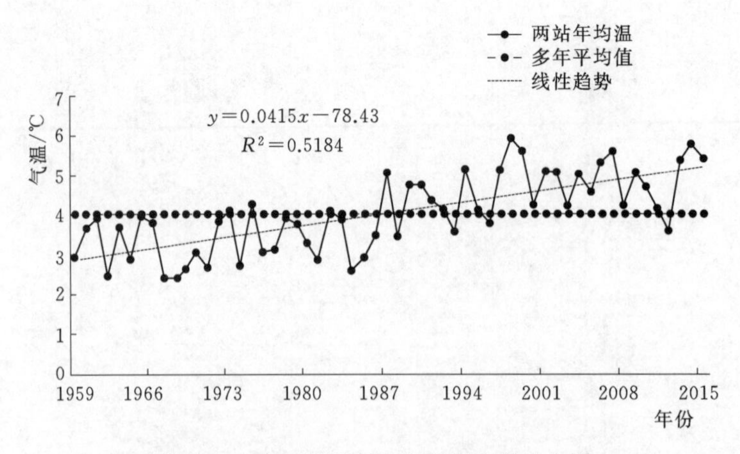

图10-1　塔布河流域年平均温度变化曲线

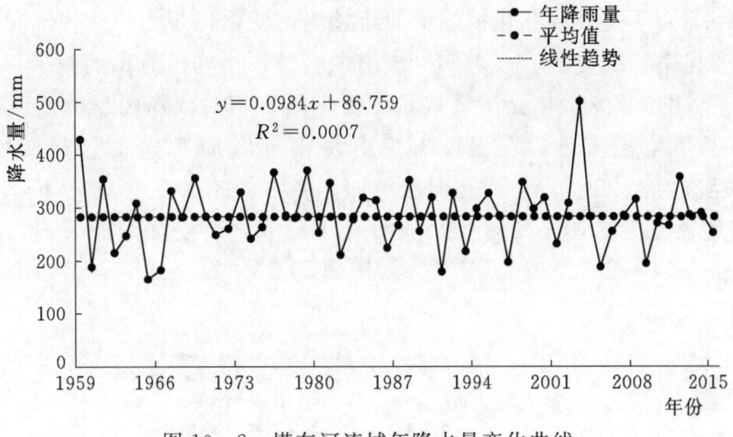

图 10-2 塔布河流域年降水量变化曲线

二、塔布河气候变化情景构建

建立气候变化情景有助于描述未来气候在时间和空间上的分布形式（吴金栋，1998）。构建气候变化情景主要有两种：一是假设气候情景；二是大气环流模型（GCMs）的方法（Jiang，2011）。其中，根据流域长时间的气候变化趋势假定气温和降雨变化量，从而分析水文循环对气候变化的敏感性，方法简便、易于理解。同时，通过大气环流模型可以预测未来气候变化背景下水文循环的变化（Hagemann，2011）。本研究采用假定气候的方法探讨水文对气温和降水变化的响应。在假定气候变化时主要考虑降雨和气温，忽略其他因素。根据上一节对气温和降水的分析来设定气候变化趋势，在塔布河流域假定了 8 种气候变化情景，即气温上升 1℃、2℃，年降雨量分别为±25％、±50％。以上变化组合形成不同气候情景见表 10-1。

表 10-1　塔布河气候变化情景

气温变化/℃	降 雨 量 变 化/mm				
	$P(1-50\%)$	$P(1-25\%)$	P	$P(1+25\%)$	$P(1+50\%)$
T	S4	S3	S0	S2	S1
$T+1$	S9	S8	S7	S6	S5
$T+2$	S14	S13	S12	S11	S10

以 2016 年输出的年模拟结果作为为基准年，将以上不同气候情景数据带入校准后的 SWAT 模型中，模拟期依然为 2010—2016 年。根据输出结果，分析年水文要素（年径流、蒸散、泥沙和土壤水）变化率 b，即

$$b=\frac{y_i-y_0}{y_0}\times 100\% \tag{10-1}$$

式中：y_i 为第 i 年气候方案下的水文要素的值；y_0 为基准年的年水文要素值。

三、不同气候情景下径流的变化

根据水温要素变化率公式，利用所建立的 SWAT 模型输出结果计算不同情景对径流

的影响。图 10-3 为不同气候变化情景下的年径流的变化，表 10-2 为不同气候情景下塔布河流域径流变化率。结合图、表可知气温增加会导致年均径流量的减少，但是减少的幅度较小仅有 1.7%和 3.7%。年径流量与温度变化呈负相关。降雨量的增减在很大程度上增加了或减少了年均径流量，在温度不变时降雨量增加 50%时，径流增加率达到了 97.3%，年均径流为 0.22m^3/s。而在温度增加和降雨量减少 50%时，下降比率达到最大的 90.2%，年均径流为 0.07m^3/s。在气候变化下径流主要受降雨的影响，温度变化对径流的影响很小。

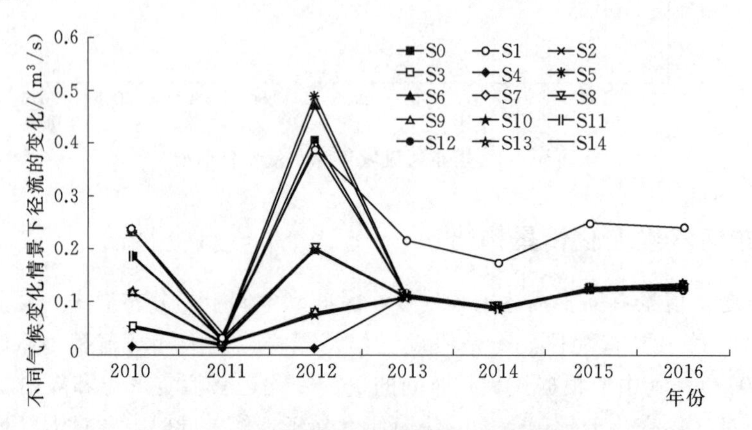

图 10-3 不同气候变化情景下径流的变化

表 10-2 不同气候情景下塔布河年均径流变化率

气温变化/℃	降水量变化/%				
	$P(1-50\%)$	$P(1-25\%)$	P	$P(1+25\%)$	$P(1+50\%)$
T	-88	-54	0	55.4	97.3
$T+1$	-90.1	-57.2	-1.7	54.6	95.6
$T+2$	-90.2	-58.1	-3.7	52.1	93.8

四、不同气候情景下年蒸散量的变化

结合表 10-3 和图 10-4 分析可知在不同气候情景下，在温度一定的情况下蒸散量随着降雨的增加而增加。蒸散量随温度的增加而增加，但是增加幅度较随降水的增加幅度要小。在降雨量不变的情况下，温度升高蒸散量增加了 2%和 4%，而在温度不变的情况下，随着降雨量的增加蒸散量的增减幅度在 18%左右。

表 10-3 不同气候情景下塔布河年均蒸散量变化率

气温变化/℃	降水量变化/%				
	$P(1-50\%)$	$P(1-25\%)$	P	$P(1+25\%)$	$P(1+50\%)$
T	-37.4	-18.6	0	18.7	37.2
$T+1$	-36.8	-18.0	2	19.3	37.8
$T+2$	-36.2	-17.4	4	20.0	38.6

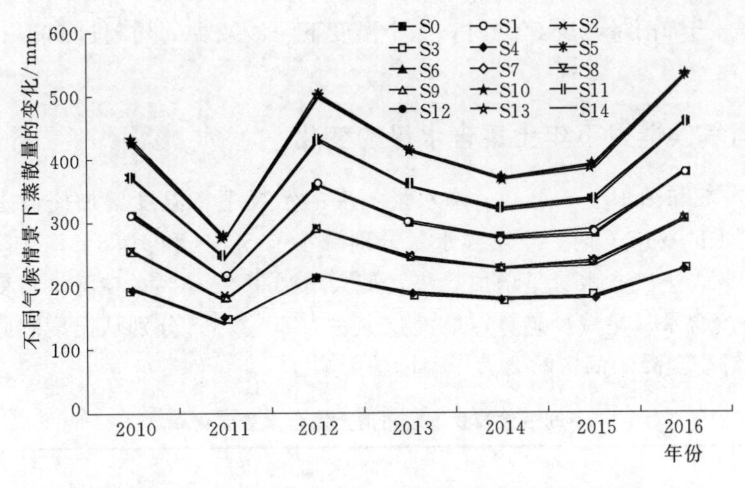

图 10-4 不同气候变化情景下蒸散量的变化

五、不同气候情景下年泥沙量的变化

结合表 10-4 和图 10-5 分析可知，温度对泥沙的量没有明显的影响作用，在降雨不变的情况下，温度增加 1.2℃泥沙含量仅仅变化 1%和 0.1%。而泥沙的量与降水的量呈正相关。在温度一定的情况下，降雨增加 50%时泥沙增加率达到 155.3%，年均泥沙量达

表 10-4 不同气候情景下塔布河年均泥沙变化率

气温变化/℃	降水量变化/%				
	$P(1-50\%)$	$P(1-25\%)$	P	$P(1+25\%)$	$P(1+50\%)$
T	−95.1	−60.2	0	104.6	155.3
$T+1$	−94.3	−61.4	1	105.3	145.2
$T+2$	−93.6	−62.8	0.1	96.5	137.4

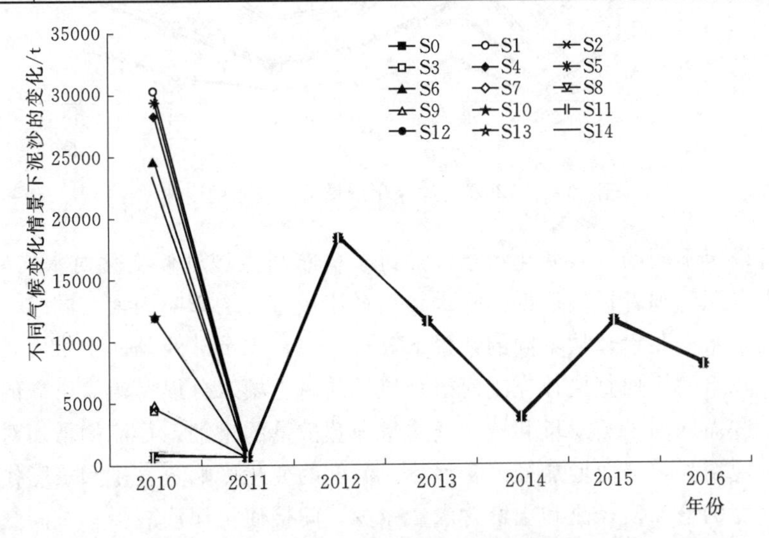

图 10-5 不同气候变化情景下泥沙的变化

到了 11964.7t。当降雨量减少 50%时，三个温度下泥沙减少的均超过 90%，这与径流减少量相关。

六、不同气候情景下年土壤含水量的变化

结合表 10-5 和图 10-6 可知，降水量不变的情况下，温度增加使得土壤含水量减少，在温度增加 1℃和 2℃时，土壤含水量分别减小了 5.8%和 10.8%。在降水量变化从不变到增加 50%，土壤含水量呈增加趋势，最大增加了 91.6%；在降水量变化从不变到减少 50%，土壤含水量呈减少趋势，最大减少率为 80.2%。分别从温度和降水的影响来看，土壤含水量受到降水的影响要大于温度的影响。

表 10-5　不同气候情景下塔布河土壤含水量变化率

气温变化/℃	降水量变化/%				
	$P(1-50\%)$	$P(1-25\%)$	P	$P(1+25\%)$	$P(1+50\%)$
T	−78.2	−44.9	0	44.29	91.6
$T+1$	−79.2	−48	−5.8	36.4	80.2
$T+2$	−80.2	−51.4	−10.8	29.7	71.2

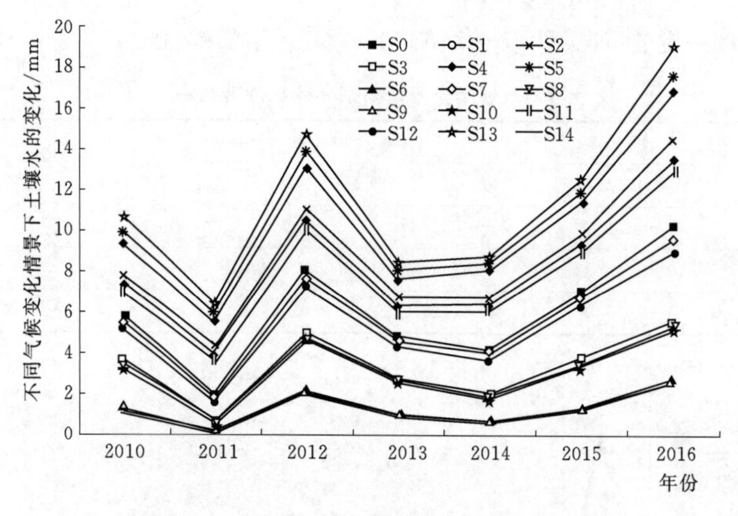

图 10-6　不同气候变化情景下土壤水的变化

本节通过设定不同的气候变化情景，探讨了塔布河流域气候变化对水文要素的影响，以期为水文水资源管理者提供依据。降水量是径流最直接的影响因素，同时也直接或间接地影响其他三个水文要素，从不同的情景下分析可知，本节涉及的四个水文要素均与降雨量呈正相关。降水的增加直接补充了河道径流，同时土壤水分以及植被所需的水分也相应地得到补充，进而增加了蒸发量和植被蒸腾量即蒸散量的增加。径流的增加对于土壤的侵蚀作用也相应地增强，从而增加径流含沙量。温度的变化影响蒸发量和蒸腾作用，从而影响蒸散量。蒸发的增加使径流和土壤含水量减少，间接使得泥沙减少。不同气候变化情景的水文要素的变化，为流域内水资源管理提供参考。

第二节　塔布河流域土地利用变化分析及情景构建

土地利用的改变使得原有下垫面发生改变，使得径流系数和地表水分平衡发生改变，进而影响流域水文循环（石扬旭，2017；Wagner et al.，2013）。因此，通过科学研究揭示土地利用对地表径流的影响十分必要。目前国内外学者对流域内土地利用变化对水文的影响进行了很多研究（Yang L，2017；Kim I，2017）。总结归纳，所使用的方法主要有参照流域对比的方法、历史反演方法和假设土地情景法。

根据对1990年和2015年两期土地利用数据分析得出（表10－6），2015年草地面积较之在1990年减少了211.6km^2（原有草地的14%）。根据分析得出的趋势假定如下情景：其他土地利用情况不变，分别有10%、20%的草地转变为裸地（覆盖度低于5%）（表10－7）以此作为草地退化的情景。在以2015年为基准年的情况下，利用第四章校准好的SWAT模型，分析草地转变为农田情况下对塔布河流域水文过程的影响（地表径流、泥沙和蒸散发）。模拟时期仍然是2010—2016年，其他输入参数保持不变（即DEM、气象数据、土壤数据等保持不变）。

表10－6　　不同期土地利用类型组成

土地利用类型	不同期土地利用			
	1990年		2015年	
	面积/km^2	所占比例/%	面积/km^2	所占比例/%
耕地	1088.36	37.39	1276.96	43.87
林地	126.96	4.36	141.68	4.87
草地	1504.2	51.67	1292.6	44.40
水域	48.76	1.68	50.6	1.74
居民用地	121.44	4.17	126.04	4.33
裸地	23.92	0.82	26.68	0.92
沼泽	8.28	0.28	7.36	0.25

表10－7　　不同土地利用转换情景

转换情景	草地转为裸地的比例	转换情景	草地转为裸地的比例
情景一	0	情景三	20%
情景二	10%		

不同土地利用情景下模拟各水文要素的结果如图10－7所示，结合表10－8中水文要素变化率分析可知，在草地转为裸地时，径流、泥沙、蒸散和土壤含水量均增加，在四者中径流变化相对较大，情景二和情景三分别增加了8.1%和12.2%；而蒸散量虽有所增加，但仅仅为1.1%和1.2%。当草地转换为裸地时，一方面，植被覆盖度降低，改变了地表性质，从而减少了冠层截留和入渗，使得更多的降水直接汇入河道，使径流增加；另一方面植被覆盖度的降低，影响了地表太阳辐射的分配，引起潜热通

量变化，进而使流域产汇流过程发生改变。因植被的减少，对土壤的固定作用减弱，径流的冲刷使得土壤流失加剧，因此泥沙量增加。在裸地上植被盖度低，地表可以接受更多热量使蒸发增加，使土壤含水量降低。蒸散量是蒸发量和蒸腾量的和，在裸地上蒸发量增加，但是蒸腾量减少，导致蒸散量变化很小，这一变化与孙铁军在羊草草原的研究相一致（孙铁军，2000）。

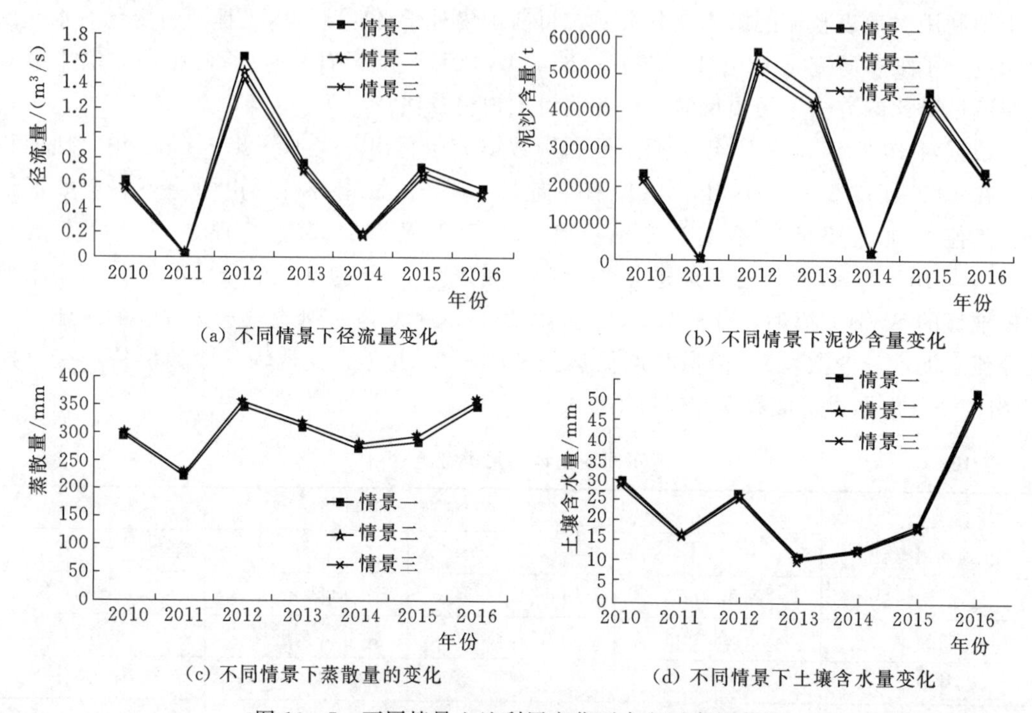

(a) 不同情景下径流量变化

(b) 不同情景下泥沙含量变化

(c) 不同情景下蒸散量的变化

(d) 不同情景下土壤含水量变化

图 10-7 不同情景土地利用变化下水文要素的变化

表 10-8 不同土地利用情景下水文要素的变化率 %

草地转为裸地比率	径流变化率	泥沙变化率	蒸散发变化率	土壤含水量
10	8.1	6.3	1.1	−2.1
20	12.2	9.1	1.2	−5.3

本章通过分析塔布河流域气候趋势和土地利用变化趋势，从气候变化和土地利用变化两方面设置不同情景，对塔布河流域进行径流模拟，从而分析气候变化下的塔布河流域水文过程的变化。得出以下结论：

（1）气候变化对径流量、泥沙量、蒸散发量和土壤含水量的影响十分显著，而降水的变化对三个水文参数的影响比温度的影响更为显著，这与大多数的研究结果相吻合。郭军庭的研究表明降水减少 10%导致径流下降 23.9%，而温度的变化则对径流量影响相对较小。夏智宏在汉江流域的研究也有类似的结论。

（2）在气候不变的情况下，不同的土地利用/覆被对径流量的影响也不同。在一定程度上裸地会增加径流量和泥沙含量，而相应降低土壤含水量。但是对蒸散量的影响相对较小。土地利用类型从草地到裸地的转变使水文要素发生变化的主要原因在于植被盖度的变化。

气候变化和土地利用对流域水文过程产生影响，土地利用变化和气候变化是水文变化的两个最重要的驱动力，在短的时间尺度上土地利用为主要影响，在长时间尺度上则是气候因子为主要驱动力（Kundu et al.，2017）。

第十一章

总结与展望

第一节 讨　论

一、荒漠草原群落蒸散发

蒸散发作为水循环的重要环节，对于了解水循环过程、合理利用有限水资源具有重要意义（刘京涛，2006）。通过对上东河小流域群落蒸散发的观测，发现高群落盖度样地蒸散量大，低群落盖度样地蒸散量小，这一规律与黑河流域蒸散发（金学杰，2017）、科尔沁沙丘—草甸相间地区群落蒸散发（吴尧，2014）等的研究结果一致，并且与植被*NDVI*指数的相关性较大。从群落生长阶段的不同月份来看，植物群落蒸散量在时间上具有显著的差异性，8月蒸散量最大，7月次之，说明群落生长较旺盛阶段耗水较多，该时段需要有足够的水分供植物蒸腾耗散。荒漠草原气候干旱，年降雨量较少，降雨通过土壤含水量的增加进一步对蒸散发产生影响，土壤初始含水量高时群落差异对蒸散发的影响表现出显著水平，受到降雨补给土壤含水量变化的影响程度远大于群落差异的影响程度，这与邴龙飞对中国陆地蒸散量和土壤水分的研究结果相一致，即群落盖度和土壤水分是影响蒸散量最重要的因子，在群落覆盖较差时，土壤水分和蒸散量相关性较好（邴龙飞，2012）。上东河小流域蒸散量随着群落盖度的增加呈非线性形式增加，地上生物量和蒸散量也表现为正相关关系。对不同样地之间的实测蒸散发进行比较：2015年6月的蒸散量表现出围封样地＞轻度退化样地＞中度退化样地＞重度退化样地；其他时期观测的蒸散量比如2016年5月雨后观测，表现出中度退化样地＞围封样地＞轻度退化样地＞重度退化样地。可见，用土柱称重法在每月进行一次、连续观测3天有效蒸散日，各样地之间的数据对比规律性差，受到降雨的不均匀性及植物的各个阶段生长情况的综合影响，但是如果把2015—2017年植物生长季的所有蒸散量观测数据进行平均，围封样地蒸散量3个生长季的均值为1.51mm/d，轻度退化样地为1.48mm/d，中度退化样地为1.41mm/d，重度退化样地为1.37mm/d，表现出围封样地＞轻度退化样地＞中度退化样地＞重度退化样地的规律。气温与蒸散量呈显著的正相关关系，辐射和地表温度对蒸散量交互影响显著，地表温度对蒸散量的影响最显著，这与金学杰利用SEBAL模型结合Landsat8的遥感数据研究黑河下游额济纳旗的研究结果一致（金学杰，2017）。通过对小流域尺度的蒸散量估算发现，植物生长季的总蒸散量占据了总降雨量的90%以上，说明该区降雨的补给绝大部分用来提供植物生长的耗水，这与皇甫川丘陵沟壑区本氏针茅群落蒸散量占降雨量的47%（杨劼，2003）、通辽奈曼围封草地生长季蒸散量约占同期降水量的89%（郭瑞萍，2007）有所差异，主要是上东河小流域气候干旱，降雨量小，而皇甫川流域和通辽奈曼旗植物生长季降雨量在420mm和413mm，与上东河小流域相比较高，同时朱劲伟对赤峰市冀北山地的前缘的林地及牧草地的水量平衡研究表明本氏针茅群落的蒸发散占降雨量的95.7%（朱劲伟，1992），这一结果与上东河小流域植物群落蒸散量所占降雨的比例相近。荒漠草原如果在1周内没有降雨补给，则植物群落的蒸散量基本在1mm/d之内。降雨主要通过改变0～10cm土层土壤水分影响着各环境因子与蒸散的响应程度，蒸散的降水效应期较短，维持在1～3天内，且降雨后第1天突增明显，土壤水分迅速蒸发（张晓艳，2016）。可见对于荒漠草原区来说，降雨量是影响蒸散发的最重要的因素，也是该区植物生长的最主要的水分来源。

上东河小流域群落蒸散发消耗的主要是土壤蓄水量，而围封样地的蒸散量较大，该区又干旱少雨，这样势必会引起土壤水的亏缺，因此小流域内草原围封需要考虑地下水、土壤水与蒸散量三者的平衡关系，建议丘陵坡面由于地下水难以补给如果围封则年限不宜太长。

二、荒漠草原降雨产流入渗过程

降雨后的水分再分配是水文过程的主要环节，包括植物截留、地表径流以及土壤入渗，对于荒漠草原上东河小流域降雨后的水分再分配主要是地表径流与土壤入渗，植物低矮稀疏截留所占比重可以忽略。地表径流的发生过程受到雨强及下垫面的直接影响，通过模拟降雨试验可知退化程度对径流产流滞后时间与径流系数影响较大。同一雨强下径流滞后时间表现出：轻度退化样地＞中度退化样地＞重度退化样地，说明群落盖度高、地上生物量大可以延长产流时间，促进土壤入渗，Gill（2007）研究表明绿地覆盖度增加10%可以减少5.7%的地表径流，同样说明群落盖度对减少径流中起到重要作用，群落覆盖度主要是通过阻滞地表径流、延长入渗时间以及水量的再分配来影响径流的（张洪江，2006；王升，2012）。荒漠草原上东河小流域径流系数随着草地退化程度加重而增加，即轻度＜中度＜重度，可见群落退化程度对径流系数影响非常显著，径流系数与地上生物量呈显著的幂函数负相关关系，径流系数与群落盖度呈显著的二次多项函数式负相关关系，坡度与径流系数之间的关系为指数函数正相关关系。同时群落退化对典型草原地表径流也有重要影响，地表径流与退化强度呈正相关，群落退化显著增加了地表径流系数和地表径流量（苗百岭，2008）。雨强是降雨产流过程中最重要的影响因子，本书得出重度退化样地径流系数与雨强呈显著的线性函数正相关，中度退化样地与轻度退化样地径流系数与雨强呈显著的指数函数正相关，在土壤初始含水量趋于一致的情况下，对于相同的植被类型降雨强度越大，产流越快，产流量也越大（陈洪松，2005）。

土壤水是地表水与地下水之间相互联系的主要纽带，在水资源的形成与转化及消耗过程中具有重要的作用（王新平，2006）。土壤含水率的变化、土壤水分的再分布等土壤特性是降雨入渗产流过程主要决定因素之一（芮孝芳，2004；1995）。水分入渗是指水分经地表进入土壤后，运移、存储变为土壤水的过程，是自然界水循环的一个重要环节（李守中，2004）。由于全球气候变化和人类活动影响的加剧，全球水文循环过程随之变化，土壤水作为水文循环的重要组成部分越来越受到国内外学者的重视，成为水文学科研究的重点内容之一。土壤渗透性能直接关系到地表径流的产生与发展过程（岳永杰，2003），上东河小流域模拟降雨过程中土壤水分入渗速率较低，降雨历时60min后，坡面土壤水分入渗深度在20cm以内，说明土壤导水性差，该区降雨产流为超渗产流。群落盖度增加会延缓径流发展促进降雨向土壤入渗。

可见植物对土壤涵养水源至关重要，促进降雨过程中的土壤入渗，尤其对于干旱的荒漠草原，水资源匮乏，降雨更加宝贵，采取有效措施进行退化草地植被恢复可有效减少水土流失，维系草地健康可持续发展。

三、小流域水量平衡

研究水量平衡能比较全面的认识水资源的分配状况，以揭示水在运动中所具有的各种形式之间的联系，从而使生态环境朝着人们所期待的方向转化（王兵，2004）。本书分析了上东河小流域的水量平衡各个分项，也是本书的研究重点，发现2015—2017年植物生长季蒸散量占生长季总降雨的92%～94%，地表径流量为0～2.1%，土壤储水量变量为－3.3%～0.4%，渗漏量4.5%～10.2%，辽宁西北部的荒草地、山杏林的水量平衡研究结果为荒草地的植物生长季蒸散量占降雨量的99%，山杏林蒸散量超出降雨量为降雨量的1.12倍，荒草地土壤储水量优于任何人工林地（雷泽勇，2010），冀北山地的前缘林地及牧草地的水量平衡研究表明林带、牧草地和裸露地水量平衡各分量的分配比例分别为降水均为100%，蒸散量分别为96.4%、95.7%和89.5%，径流量分别为3.6%、4.3%和10.5%，可见在水量平衡中蒸散量比重最大，林地的蒸散量甚至超过降雨量，需要根系从土壤深层吸水供蒸散消耗，裸地的蒸散量最小但是径流量最大，草地的土壤储水量最高，可见如果对于干旱地区水土保持与植被建设而言，最理想的人工建植群落类型为草地。上东河小流域降雨向土壤深层渗漏量介于9.8～19mm之间，说明该区地下水受到降雨的补给量很小，地下水受到降水入渗和蒸发排泄的双重作用（李小龙，2016），荒漠草原区需要严格控制地下水的利用。

黑河中游的水量平衡分析得出草地生态系统生长期降雨量207mm、引水量6mm、蒸散量175mm、径流量33mm、渗漏量6mm（李英，2014），与上东河小流域相似的是蒸散量同样是水量平衡中最大的支出项。嫩江上游二级流域水量平衡分析得知森林生态系统、草地生态系统与农田系统中森林与草地的蒸散量大，农田系统的径流量最大，草地与林地系统径流量则明显减小，其中草地生态系统径流量占降雨量的28%（陈祥伟，2001），与上东河小流域相比径流量的比重较大，据此可以进行坡面径流调控加强植被建设涵养水源。锡林河流域研究表明植被的退化引起径流总量显著增加，使水在生态系统中停留的时间短，从而大大降低了水资源的利用率（云文丽，2006），这点与上东河小流域特点相同，由于植被退化在强降雨过程中迅速形成地表径流，汇集到小流域的低地加之强烈的蒸散发引起局部土壤的盐渍化。

四、小流域生态水文特征

上东河小流域是内陆河塔布河的支流，且为荒漠草原上的小流域，小流域大部分群落建群种以短花针茅及克氏针茅为主，部分群落建群种为冷蒿与银灰旋花，地带性分布的植物全部为草本植物，根系欠发达，根深基本在40cm以内，而黄土丘陵沟壑区与甘肃河西走廊的山前荒漠区分布的灌木群落的根系较发达，以红砂为例，红砂的根系通常深达2～3m，正常生长发育决定于0～40cm土壤表层的水分含量，而在极旱条件下，红砂根系分布的40cm以上的土层中已无水可用，根系将吸取40～300cm土壤中极少量的水分维持其低代谢（王刚，2008），这说明地下水会对植物进行水分的补给。但是2018年6月底对上东河小流域丘陵坡面植物调查发现4—6月无降雨的补给植物枯黄难以生长，7月降雨频繁草原植物迅速生长，说明了丘陵坡面的植物并没有依存地下水的补给，这充分表明小流域丘陵坡面的植物群落为雨养型植物，上东河小流域丘陵坡面（高海拔1590.00～1657.00m）的水循环模式基本是绿水循环模式。

小流域群落蒸散发耗水依靠降雨补给并受到土壤水的制约，蒸散发在上东河小流域的生态水文过程是比较重要的环节，其比重占降雨量的92%以上。草地的蒸散量与降水量的比值比森林的小，是影响草地土壤水、地表水和地下水位的重要因素（Branson，1981）。比较森林、农田、草地三者的蒸散量，草地的蒸散量最小（郭瑞萍，2007），可见对于干旱半干旱地区生态建设首选的土地类型应该是草地。小流域内群落盖度高则蒸散发强烈，围封样地的蒸散量大于其他退化程度样地，说明植物长势好但耗水多，对于上东河小流域植被恢复来看长时间围封不一定是较好的办法，应该考虑蒸散与土壤水以及降雨之间的平衡关系，尤其在相对较高海拔丘陵坡面植物生长基本全部依赖土壤水的区域（海拔介于1590～1657m之间）。从黄土丘陵沟壑区小流域水土保持的治理经验表明经过多年的人工植被建设，经济林的增多蒸散量加大，出现生物利用型土壤干层（何福红，2003），可见对于干旱半干旱地区植被恢复需要考虑蒸散耗水对水文过程的改变。

上东河小流域是位于荒漠草原的内陆河小流域，次降雨多表现出历时短、强度高的特点，该区蒸散发强烈，降雨的补给量92%以上用于蒸散耗水。该区有效土层较薄，土层之下是较难以透水的钙积层，这一点与草甸草原及典型草原不同，因此次降雨较大时坡面产流汇流到低地会对地下水有一定的补给作用。小流域地表径流主要受到降雨雨强与降雨历时的影响，加之土壤容重大入渗速率低、植物群落盖度低而稀疏，降雨产流时间非常迅速，如3°左右的坡面雨强为20mm/h时产流时间只需要14min，雨强60mm/h时产流时间只需3min，可见强降雨后水分再分配过程中大部分以坡面径流流失，入渗在土壤中的水分较少。从径流系数看在3°左右的缓坡坡面雨强20mm/h增加至60mm/h时径流系数由3%增加至32%，径流系数随雨强变化的变幅较大。如果有效拦蓄地表径流加大土壤入渗的比例，对降雨较少气候干旱的该地区依然比较重要。小流域低海拔处的地下水受到降雨后的汇集补给，可以考虑进行小流域内的水资源调配，用于天然草场的灌溉，但是要注重返青期的灌水，否则植物生长前期干旱突然补水，会引起一年生植物剧增。小流域内植物个体对降雨梯度的响应灵敏，植物个体通过改变自身性状来迅速适应外界水分环境的变化。小流域内地形地势不同引起水循环的模式有所差异，与草甸草原及典型草原的小流域不同的是该区土层薄，低洼处的地下水埋深浅，对植物生长有补给水分的作用，而坡面上地下水埋深较深，对植物生长难以补给。总之小流域水资源匮乏，有限的水资源支撑着脆弱的植被生态系统（康尔泗，2007），认知小流域生态水文特征，进行水资源的合理利用与调配，加之草原的有效管护，将对该区植被恢复及生态系统可持续发展至关重要。

第二节 主 要 结 论

(1) 上东河小流域降雨呈略微增加趋势，变化率每 10 年 1.6mm，气温变化呈增加趋势，增温率为每 10 年升温 0.46℃。围封、轻度退化、中度退化、重度退化样地间植物群落的盖度、高度、地上生物量之间具有显著的差异性，表现出围封＞轻度＞中度＞重度的变化规律；围封使得草地土壤养分含量增加但群落物种数减少，建群种由冷蒿与银灰旋花演替为针茅、羊草、冰草。

(2) 植物群落蒸散量随盖度与生物量的增加而增加，降雨是影响群落蒸散发的主要因子，气温与蒸散量呈显著的正相关关系，辐射和地表温度对蒸散量交互影响显著。用 SEBAL 模型反演出小流域尺度群落日蒸散量，反演结果与实测值相比稍微偏高，但是经过地面观测数据校正后，精度可靠。上东河小流域植物生长季（4 月 15 日—9 月 15 日）蒸散量占降雨量平均为 93%，降雨的补给绝大部分用来提供植物生长的耗水。

(3) 通过不同退化样地的模拟降雨产流试验得出草原退化程度对坡面产流影响显著，径流系数随着退化程度加重而增加；次降雨雨强与产流量呈显著的正相关；径流系数与地上生物量呈显著的线性负相关（$P<0.05$），径流系数与植物群落盖度呈显著的二次多项函数式负相关（$P<0.05$），径流系数与坡度之间为指数函数正相关，雨强由 20mm/h 增加至 60mm/h 时小流域径流系数从 2.98%增加至 32.29%。该区土壤水分入渗速率较低，土壤导水性差，降雨产流为超渗产流。

(4) 建立了小流域的水量平衡方程，参与水量平衡的主要分量包括降雨量、蒸散量、径流量、土壤储水量变量及渗漏量。分析得出小流域降雨补给主要用于植物群落的蒸散发，径流量较小，土壤储水量变量或为负值或为正直所占降雨量比例较小，渗漏量介于 9.8～19.0mm 之间。

(5) 年降雨量的变化对地上生物量、植物高度、群落盖度的影响较显著，坡面群落生物量对土壤含水量的响应较显著，两者为线性函数正相关关系。降雨补给量与雨后蒸散量两者具有较好的线性正相关关系，增雨对植物个体性状有较大影响，植物通过改变自身特性来适应降雨的变化。

(6) 荒漠草原上东河小流域降雨是该区生态系统主要的水分来源，土壤水是植物赖以生存的根基，群落蒸散发受到土壤水的制约，植物群落的生物量、高度、盖度等特征对降雨及土壤含水量的响应程度较显著。降雨对该区浅层地下水补给量较少，植物个体性状对降雨事件的响应灵敏，地表径流偶尔发生并且所占降雨比例较小，径流系数空间分布呈斑块化并大部分介于 5%～13%之间。小流域坡面的水循环模式是绿水循环模式。

(7) 对 SWAT 模型的敏感性分析，确定了塔布河流域敏感性参数，包括 SCS 径流曲线数、基流 α 因子、含水层补给的延迟时间、地下水汇入主河道时浅层含水层的水位阈值、地下水再蒸发系数、土壤蒸发补偿系数、降雪日的平均空气温度和融雪因子。校准和验证结果显示，校准和验证期的相对误差分别为－12.6%和 10.6%，决定系数分别为 0.78 和 0.73，Nash－Sutclife 分别为 0.75 和 0.69。

(8) 塔布河流域多年平均气温和降水的分析得出：气温每 10 年升高 0.42℃，降水总体呈增长趋势但不明显。这与 IPCC 第五次评估报告相吻合。通过对比分析 1990 年与 2015 年土地利用数据得出：土地利用变化主要是人类开垦草原变为农田，这期间草原面积减少了 10%，而农田增加了 15%。

(9) 气候变化背景下水文过程变化特征：在不同情景下模拟了塔布河径流，结果表明水文要素的变化与降雨呈正相关关系。当气温不变情况下，年降雨增加 50%时，年径流增加最大，达到 97.3%；而在温度增加 2℃，降雨减少 50%时，径流下降幅度最大，能达到−90.2%。温度增加径流、土壤含水量则减少，而蒸散则增加。温度和降雨相比，降雨对水文要素的影响更明显。

(10) 在假定塔布河流域土地利用变化主要是草地转变为裸地，分析在土地利用的情景下水文要素的变化可知，草地转变成耕地增加了径流、泥沙，而土壤水分减少。土地利用变化对于蒸散发的影响则相对较小。

第三节　展　　望

一、研究中存在的问题与不足

本研究主要通过野外试验、野外模拟试验以及结合遥感技术进行了内蒙古荒漠草原上东河小流域生态水文过程的相关研究，主要包括小流域内的群落特征，不同样地植物生长季群落蒸散发的变化，降雨径流入渗过程，小流域的水量平衡分析以及小流域生态水文特征。由于研究手段及工作量的制约，蒸散发的试验研究中如果将观测频率进一步加大，从 4 月中旬一直到 9 月中旬每旬进行一次观测，可能会得出更好的规律，也更有助于遥感反演小流域尺度蒸散发的校正。降雨入渗过程的模拟试验中，如果将雨强等级由 3 个级别设置到 6 各级别，每次模拟降雨时间延长至 2h，会获取到更多的信息，尤其是变雨型的模拟试验没有开展，每个场次的自然降雨雨强都会时刻变化，这对径流量及产流入渗过程都有很大程度的影响。小流域水量分析中，如果结合氢氧稳定同位素示踪，将地下水水位及来源与大气降水相结合，则能更加明晰小流域的水循环过程。

通过本研究以及文献的检索梳理，发现荒漠草原区水量平衡的研究相关成果较少，荒漠草原区水资源的合理利用至关重要，将同位素示踪技术运用于该区植物水分来源解析与小流域水循环过程解析，植物微观生理变化对该区水文过程及气候变化的响应，土壤空间异质性与群落空间异质性的耦合过程，气候变化下小流域水文过程演变与模拟预测将是今后有待继续完成的工作。

二、关于生态水文学未来研究的几点思考与展望

习近平总书记提出的“绿水青山就是金山银山”“山水林田湖草是一个生命共同体”等绿色发展理念充分体现了对生态保护和生态文明建设的高度重视。结合生态水文发展历程、未来建设需求和绿色发展国家需求，生态水文发展趋势可总结为以下方面：

(1) 加强生态水文学机理和完善基础理论。生态水文过程各要素的相互作用机制的解析以及水文过程与生态过程的耦合机制的探索及其对全球变化的响应研究是有待解决的核

心问题。目前农田、森林、草原等陆地生态水文过程的研究重点在于生态水文要素间的响应机制，多数是基于 Budyko 水热平衡理论和 SPAC 理论开展土壤-植被-大气连续体界面间的能量和水分交换机制研究（Yang，2016），需要从田间尺度野外实验观测和半定量研究（Zolezzi，2009）的生态水文机理探索向流域尺度或全球尺度结合野外监测、室内控制实验、数值模拟研究的拓展需进一步加强，进而全面揭示生态水文过程连续性特征与区域差异，明确碳氮等生源要素、生物因素、环境因素及气候因素等在土壤、植被、大气以及水体等界面的迁移转化规律及其演变特征。同时，随着气候变化与人类活动对关键带生态水文过程扰动的不断增强，探索生态水文要素对气候变化、人类活动的响应机制也已成为研究热点之一。

（2）构建多尺度生态水文监测新技术和新方法。建立生态水文综合观测网络是生态水文过程研究的基础（Yu，2014）。生态水文要素的多样性决定了其观测技术方法的多样性与先进性。生态水文要素不仅包括生态要素、水文要素，而且包括环境要素和气象气候要素等。其中：生态要素主要有植被类型、覆盖度、植被生产力、多样性以及浮游生物、底栖生物和鱼类等其他物种；水文要素包括大气降水、地表径流、土壤水、地下水等的相关具体要素；环境要素包括水环境、土壤环境、地表环境等；气象要素有降雨、气温、风速、辐射、蒸散发等。

目前的研究重点仍在“点”或者田块尺度的碳通量观测与模拟、土壤水分分异与运移规律解析、蒸散发以及与土壤水相关参数的观测，因此，遥感技术是实现由点到面的尺度扩展的有效方法（Montaldo，2013）。同位素作为土壤、植被、大气间水分运移的示踪剂，已成该学科领域的重要研究内容。因此，未来研究重点也应该在同位素连续测量、野外监测、遥感监测等多尺度综合监测技术与方法的发展上。

目前，重点建设单一气象、水文和生态要素的监测网络，但局限于气象、水利、生态环境单一部门，需要拓展水文、生态、气候和土壤等多领域，优化和完善大尺度长期监测网络和数据共享集成，实现生态水文相关数据的共享，为生态水文过程综合监测提供数据基础。

（3）开展生态水文与社会科学融合，推进全球生态水文学综合性研究。农业生产、城市扩张、水利工程建设和调控等社会经济发展的多个方面对生态水文过程造成强烈的扰动，导致生态系统原有的平衡发展被打破。生态水文学综合性研究是解决资源短缺、环境污染和生态系统退化等诸多水问题的关键途径之一，也一直是全球重大研究计划关注的核心内容之一。开展生态水文和社会科学的集成研究，揭示人类活动对生态水文过程的影响等，对分析生态水文要素演变特征、生态水文系统修复重建方案的制订等具有重要的科学意义和现实价值。在全球变化和经济一体化的大背景下，站点或流域尺度生态水文学研究亟待向全球尺度生态水文学综合研究扩展。全球对地观测技术、数据共享机制以及计算机技术等的飞速发展，也为全球生态水文多过程综合性研究提供了强有力的基础支持。现在已经有大量的全球尺度上的生态水文要素的时空分布产品，如全球降水产品、全球径流数据库、全球陆地覆盖数据、全球土地利用数据、全球蒸散发和土壤数据集。因此，在全球尺度上探索能量过程、水文、陆地和河湖生态、社会经济人文等多过程的耦合机制，实现全球生态水文多要素综合模拟，评估气候变化和人类活动的影响等已成为生态水文学领域的研究热点。

(4) 生态水文系统关键要素的时空格局及其演变特征。生态水文关键要素的时空格局及其演变特征是生态水文机理研究的核心内容，对揭示生态水文关键过程演变机制和基础理论的发展有十分重要的意义。水文要素时空演变的生态水文特征表现为：自然径流变异被认为是河道景观发生变化的驱动力；径流流量、径流幅度、径流频率、径流历时、径流出现时间和径流变率等径流情势的时空变化及其与地下水的相互作用将改变河流生态系统结构与功能。蒸散发是生态水文过程的重要环节，其变化（蒸散发加强）将导致生态水文过程与格局紊乱等现象。在了解流域内上述各要素时空格局的基础上，综合分析生态水文演变特征与驱动机制是开展各项生态水文学研究的基础。

参 考 文 献

［1］ 杨大文，丛振涛，尚松浩，等. 从土壤水动力学到生态水文学的发展与展望［J］. 水利学报，2016，47（3）：390－397.

［2］ 王根绪，等. 高寒草地植被覆盖变化对土壤水分循环影响研究［J］. 冰川冻土，2003，25（6）：653－610.

［3］ 易湘生，等. 黄河源区草地退化对土壤持水性影响的初步研究［J］. 自然资源学报，2012，27（10）：1709－1721.

［4］ 王军德. 黄河源区典型草地水文循环研究［D］. 兰州：兰州大学，2006.

［5］ 侯琼，等. 基于水分平衡原理的内蒙古典型草原土壤水动态模型研究［J］. 干旱地区农业研究，2011，29（5）：197－204.

［6］ 云文丽. 典型草原区生态水文过程对植被动态的响应［D］. 呼和浩特：内蒙古大学，2006.

［7］ 苗白岭. 植被退化对典型草原地表水分生态过程的影响［D］. 呼和浩特：内蒙古大学，2006.

［8］ 于红博. 黄土丘陵沟壑区植物蒸腾和植被蒸散估算尺度转换模型研究［D］. 呼和浩特：内蒙古大学，2009.

［9］ 赵文智，程国栋. 生态水文学—揭示生态格局和生态过程水文学机制的科学［J］. 冰川冻土，2001，23（4）：450－457.

［10］ 林三益. 水文预报［M］. 北京：中国水利水电出版社，2001.

［11］ 赵人俊. 流域水文模拟：新安江模型与陕北模型［M］. 北京：水利电力出版社，1984.

［12］ 陈玉林，韩家田. 半干旱地区洪水预报的若干问题［J］. 水科学进展，2003，14（5）：612－616.

［13］ 雒文生，胡春歧，韩家田. 超渗和蓄满同时作用的产流模型研究［J］. 水土保持学报，1992，6（4）：6－13.

［14］ 包为民，王从良. 垂向混合产流模型及应用［J］. 水文，1997（3）：18－21.

［15］ 胡彩虹，郭生练，彭定志，等. 半干旱半湿润地区流域水文模型分析比较研究［J］. 武汉大学学报（工学版），2003，36（5）：38－42.

［16］ 曹丽娟，刘晶淼，任立良. 对新安江模型蒸散发计算的改进［J］. 水文，2005，25（3）：5－9.

［17］ 李锋瑞，刘继亮. 干旱区根土界面水分再分配及其生态水文效应研究进展与展望［J］. 地球科学进展，2008，23（7）：698－707.

［18］ 杨艳凤，周宏飞，徐利岗. 古尔班通古特沙漠原生梭梭根区土壤水分变化特征［J］. 应用生态学报，2011，22（7）：1711－1716.

［19］ 王迪海，赵忠，李剑. 土壤水分对黄土高原主要造林树种细根表面积季节动态的影响［J］. 植物生态学报，2010，34（7）：819－826.

［20］ 朱海，胡顺军，刘翔，李浩，李宜科. 不同龄阶梭梭根区土壤水分时空变化特征［J］. 生态学报，2017，37（3）：1－8.

［21］ 刘晓丽，马理辉，汪有科. 滴灌密植枣林细根及土壤水分分布特征［J］. 农业工程学报，2013，29（17）：63－71.

［22］ 王云强，邵明安，刘志鹏. 黄土高原区域尺度土壤水分空间变异性［J］. 水科学进展，2012，23（3）：310－316.

［23］ 姚淑霞，张铜会，赵传成. 科尔沁沙地土壤水分动态分析及其概率密度函数模拟［J］. 水科学进展，2013.

[24] 张源沛，郑国保，周丽娜，等. 荒漠化草原不同机械组成土壤水分运移规律研究［J］. 水土保持研究，2013，20（1）：131-134.

[25] 常昌明，牛建明，王海，等. 小针茅荒漠草原土壤水分动态及其对降雨的响应［J］. 干旱区研究，2016，33（2）：260-265.

[26] 丁延龙，高永，蒙仲举，等. 希拉穆仁荒漠草原风蚀地表颗粒粒度特征［J］. 土壤，2016，48（4）：803-812.

[27] 李斌斌，李占斌，宇涛，等. 基于归一化植被指数的流域植被覆盖分形维数研究［J］. 农业工程学报，2014，15：239-247.

[28] 曾丽红，宋开山，张柏，等. 应用Landsat数据和SEBAL模型反演区域蒸散发及其参数估算［J］. 遥感技术与应用，2008，23（3）：255-263.

[29] 水利电力部水文局. 中国水资源评价［M］. 北京：水利电力出版社，1987.

[30] 程杰，高亚军. 云雾山封育草地土壤养分变化特征［J］. 草地学报，2007，15（3）：273-277.

[31] 张金屯. 植被数量生态学方法［M］. 北京：中国科学技术出版社，1995：44-76.

[32] 潘瑞炽. 植物生理学［M］. 北京：高等教育出版社，2004：17-19.

[33] 王芸，吕光辉，高丽娟，等. 荒漠植物白麻气孔导度特征及其影响因子研究［J］. 干旱区资源与环境，2013，27（8）：158-164.

[34] 白永飞，张丽霞，张焱，等. 内蒙古锡林河流域草原群落植物功能群组成沿水热梯度变化的样带研究［J］. 植物生态学报，2002，26（3）：308-316.

[35] 席小康，朱仲元，周大正，等. 锡林河流域草原植物群落多样性沿海拔梯度变化特征［J］. 环境监测管理与技术，2017，29（6）：17-21.

[36] 单贵莲，徐柱，宁发，等. 围封年限对典型草原植被与土壤特征的影响［J］. 草业学报，2009，18（2）：3-10.

[37] 樊自立，马英杰，张宏，等. 塔里木河流域生态地下水位及其合理深度确定［J］. 干旱区地理（汉文版），2004，27（1）：8-13.

[38] 王刚，张鹏，陈年来. 内陆河流域基于绿水理论的生态-水文过程研究［J］. 地球科学进展，2008，23（7）：692-697.

[39] 刘京涛，刘世荣. 植被蒸散研究方法的进展与展望［J］. 林业科学. 2006，42（6）：108-114.

[40] 金学杰，周剑. 基于SEBS模型和Landsat 8数据的黑河下游蒸散发时空特性分析［J］. 冰川冻土，2017，39（3）：572-582.

[41] 吴尧. 科尔沁沙丘—草甸相间地区植被蒸发蒸腾量变化规律研究［D］. 呼和浩特：内蒙古农业大学，2014.

[42] 邴龙飞，苏红波，邵全琴，等. 近30年来中国陆地蒸散量和土壤水分变化特征分析［J］. 地球信息科学学报，2012，14（1）：1-13.

[43] 杨劼，宋炳煜，朴顺姬，等. 皇甫川丘陵沟壑区小流域生态用水实验研究［J］. 自然资源学报，2003，18（5）：513-521.

[44] 朱劲伟，王维华，范世香，等. 林带和牧草地水量平衡的研究［J］. 应用生态学报，1992，3（1）：15-19.

[45] 张晓艳. 民勤绿洲荒漠过渡带梭梭人工林蒸散研究［D］. 北京：中国林业科学研究院，2016.

[46] 张洪江，孙艳红，程云，等. 重庆缙云山不同植被类型对地表径流系数的影响［J］. 水土保持学报，2006，20（6）：11-13.

[47] 王升，王全九，董文财，等. 黄土坡面不同植被覆盖度下产流产沙与养分流失规律［J］. 水土保持学报，2012，26（4）：23-27.

[48] 苗百岭，梁存柱，王炜，等. 植被退化对典型草原地表径流的影响［J］. 水土保持学报，2008，22（2）：10-14.

[49] 陈洪松，邵明安，张兴昌，等. 野外模拟降雨条件下坡面降雨入渗、产流试验研究 [J]. 水土保持学报，2005，19 (2)：5-8.
[50] 王新平，肖洪浪，张景光，等. 荒漠地区生物土壤结皮的水文物理特征分析 [J]. 水科学进展，2006，17 (5)：592-598.
[51] 芮孝芳. 水文学原理 [M]. 北京：中国水利水电出版社，2004.
[52] 芮孝芳. 产汇流理论 [M]. 北京：中国水利水电出版社，1995.
[53] 李守中，肖洪浪，李新荣. 干旱、半干旱地区微生物结皮土壤水文学的研究进展 [J]. 中国沙漠，2004，24 (4)：500-506.
[54] 岳永杰. 福建省主要森林水库特性与动态 [D]. 福州：福建农林大学，2003.
[55] 王兵，崔向慧. 民勤绿洲-荒漠过渡区水量平衡规律研究 [J]. 生态学报，2004，24 (2)：235-240.
[56] 雷泽勇，阎丽凤，周凯，等. 辽宁西北部沙地主要乔灌木林地水量平衡研究 [J]. 干旱区研究，2010，27 (4)：642-648.
[57] 李小龙，杨广，何新林，等. 玛纳斯河流域地下水水位变化及水量平衡研究 [J]. 水文，2016，36 (4)：85-92.
[58] 李英，王中根，桑燕芳. 考虑土地利用类型的黑河中游水量平衡模型 [J]. 人民黄河，2014，36 (10)：68-71.
[59] 陈祥伟. 嫩江上游流域生态系统水量平衡的研究 [J]. 应用生态学报，2001，12 (6)：903-907.
[60] 何福红，黄明斌，党廷辉. 黄土高原沟壑区小流域综合治理的生态水文效应 [J]. 水土保持研究，2003，10 (2)：34-38.
[61] 康尔泗，陈仁升，张智慧，等. 内陆河流域水文过程研究的一些科学问题 [J]. 地球科学进展，2007，22 (9)：940-953.
[62] 杨劼，赵立清. 内蒙古草原生态环境保护与建设 [J]. 内蒙古草业，2013 (4)：1-5.
[63] 中华人民共和国农业部畜牧兽医司，全国畜牧兽医总站. 中国草地资源 [M]. 北京：中国科学技术出版社，1996：2-3.
[64] 国际环境与发展研究所，世界资源研究所. 世界资源 [M]. 中国科学院自然资源综合考察委员会，译. 北京：能源出版社，1989：92-93.
[65] 朝博，乌云，乌恩. 气候变化背景下内蒙古草原水资源保护与可持续利用 [J]. 中国草地学报，2012，34 (5)：99-106.
[66] 郭中小，岳茂华，贾利民. 西北草原水资源的合理利用 [J]. 中国草地学报，2006，28 (4)：105-107.
[67] 盛文萍，李玉娥，高清竹，等. 内蒙古未来气候变化及其对温性草原分布的影响 [J]. 资源科学，2010，32 (6)：1111-1119.
[68] 杨大文，雷慧闽，丛振涛. 流域水文过程与植被相互作用研究现状评述 [J]. 水利学报，2010，39 (10)：1142-1149.
[69] 牛占，李勇. 塔布河流域的洪水灾害及防治对策 [J]. 内蒙古水利，2000 (2)：38-38.
[70] 文康，等. 地表径流过程的数学模拟 [M]. 北京：水利电力出版社，1991.
[71] 孙晓敏，袁国富，朱治林，等. 生态水文过程观测与模拟的发展与展望 [J]. 地理科学进展，2010，29 (11)：1293-1300.
[72] 王凌河，严登华，龙爱华，等. 流域生态水文过程模拟研究进展 [J]. 地球科学进展，2009，24 (8)：891-898.
[73] 赵求东，叶柏生，丁永建，张世强，上官冬辉，赵传成，王建，王增如. 典型寒区流域水文过程模拟及分析 [J]. 冰川冻土，2011 (3)：595-605.
[74] 郑绍伟，慕长龙，陈祖铭，龚固堂，黎燕琼. 长江上游森林影响流域水文过程模拟分析 [J]. 生

态学报，2010，30（11）：3046-3056.

[75] 张利平，陈小风，赵志鹏，等. 气候变化对水文水资源影响的研究进展 [J]. 地理科学进展，2008，27（3）：60-67.

[76] 刘春蓁. 气候变化对陆地水循环影响研究的问题 [J]. 地球科学进展，2004，19（1）：115-119.

[77] 夏军，刘春蓁，任国玉. 气候变化对我国水资源影响研究面临的机遇与挑战 [J]. 地球科学进展，2011，26（1）：1-12.

[78] 张建云. 短期气候异常对我国水资源的影响评估——国家“九五”重中之重科技攻关专题 96-908-03-02 专题简介 [J]. 水科学进展，1996，7（增刊）：1-3.

[79] 水利部应对气候变化研究中心. 气候变化对水文水资源影响研究综述 [J]. 中国水利，2008（2）：47-51.

[80] 王国庆，张建云，章四龙. 全球气候变化对中国淡水资源及其脆弱性影响研究综述 [J]. 水资源与水工程学报，2005，16（2）：7-10.

[81] 王怀志，高玉琴，袁玉，郭玉雪. 基于 SWAT 模型的秦淮河流域气候变化水文响应研究 [J]. 水资源与水工程学报，2017，28（1）：81-87.

[82] 王进，赵映东. 气候变化对渭河源地水文环境影响分析与探讨 [J]. 水利规划与设计，2017（12）：36-38.

[83] 粟晓玲，康绍忠，魏晓妹，邢大韦，曹红霞. 气候变化和人类活动对渭河流域入黄径流的影响 [J]. 西北农林科技大学学报（自然科学版），2007（2）：153-159.

[84] 梁颖珊. 近 55 年来气候变化和人类活动对增江径流变化影响的定量研究 [J]. 中国农村水利水电，2017（11）：87-93.

[85] 任继周. 草业科学研究方法 [M]. 北京：中国农业出版社，1998：16-28.

[86] 郝芳华，陈利群，刘昌明，等. 土地利用变化对产流和产沙的影响分析 [J]. 水土保持学报，2004，18（3）：5-8.

[87] 郭洪伟，孙小银，廉丽姝，等. 基于 CLUE-S 和 InVEST 模型的南四湖流域生态系统产水功能对土地利用变化的响应 [J]. 应用生态学报，2016，27（9）：2899-2906.

[88] 王中根，刘昌明，黄友波. SWAT 模型的原理、结构及应用研究 [J]. 地理科学进展，2003（1）：79-86.

[89] 黄清华，张万昌. SWAT 分布式水文模型在黑河干流山区流域的改进及应用 [J]. 南京林业大学学报（自然科学版），2004（2）：22-26.

[90] 郑捷，李光永，韩振中，孟国霞. 改进的 SWAT 模型在平原灌区的应用 [J]. 水利学报，2011，42（1）：88-97.

[91] 郝芳华. 流域非点源污染分布式模拟研究 [D]. 北京：北京师范大学环境学院，2003.

[92] 王学，张祖陆，宁吉才. 基于 SWAT 模型的白马河流域土地利用变化的径流响应 [J]. 生态学杂志，2013，1：186-194.

[93] 姚海芳，师长兴，邵文伟，白建斌. 基于 SWAT 的内蒙古西柳沟孔兑径流模拟研究 [J]. 干旱区资源与环境，2015，6：139-144.

[94] 张超. 青海湖布哈河流域植被生态水文规律研究 [D]. 邯郸：河北工程大学，2016.

[95] 段超宇，张生，李锦荣，张成福，綦俊谕，吴用. 基于 SWAT 模型的内蒙古锡林河流域降水-径流特征及不同水文年径流模拟研究 [J]. 水土保持研究，2014，5：292-297，341.

[96] 史晓亮. 基于 SWAT 模型的滦河流域分布式水文模拟与干旱评价方法研究 [D]. 长春：中国科学院研究生院（东北地理与农业生态研究所），2013.

[97] 杨立哲. 气候变化与草地退化对锡林河流域水文过程的影响模拟 [D]. 南京：南京信息工程大学，2014.

[98] 任曼丽. 基于 SWAT 模型的艾比湖流域径流模拟 [D]. 乌鲁木齐：新疆大学，2013.

[99] 宋一凡. 基于SWAT模型的艾布盖河流域水文模似与干旱牧区生态脆弱性研究 [D]. 北京：中国水利水电科学研究院，2015.

[100] 王心源，常月明，高超，等. 半干旱区季节性河流在荒漠化发育中的作用——以内蒙古四子王旗塔布河流域为例 [J]. 地理研究，2004，23 (4)：440-446.

[101] 郝芳华，杨胜天，程红光，步青松，郑玲芳. 大尺度区域非点源污染负荷计算方法 [J]. 环境科学学报，2006 (3)：375-383.

[102] 田彦杰，汪志荣，张晓晓. SWAT模型发展与应用研究进展 [J]. 安徽农业科学，2012，6 (6)：3480-3483.

[103] 刘庆福. 景观异质性对多尺度物种多样性的影响——区分环境与人类活动的作用 [D]. 呼和浩特：内蒙古大学，2016.

[104] 赵跃龙. 脆弱生态环境评价方法的研究 [J]. 地理科学进展，1998，17 (1)：67-72.

[105] 杨新，延军平. 陕甘宁地区气候暖干化趋势分析 [J]. 干旱区研究，2002 (3)：67-70.

[106] 郭军庭，张志强，王盛萍，STRAUSS Peter，姚安坤. 应用SWAT模型研究潮河流域土地利用和气候变化对径流的影响 [J]. 生态学报，2014，34 (6)：1559-1567.

[107] 夏智宏，周月华，许红梅. 基于SWAT模型的汉江流域水资源对气候变化的响应 [J]. 长江流域资源与环境，2010，19 (2)：158-163.

[108] 韩强，薛联青，刘远洪，任磊. 塔里木河中上游土地利用变化的径流响应 [J]. 干旱区地理，2017，40 (6)：1165-1170.

[109] Montaldo N，Corona R，John D A. On the separate effects of soil and land cover on Mediterranean ecohydrology：Two contrasting case studies in Sardinia，Italy [J]. Water Resources Research，2013，49 (2)：1123-1136.

[110] Yang Dawen，Cong Zhentao，Shang Songhao，et al. Research advances from soil water dynamics to ecohydrology [J]. Journal of Hydraulic Engineering，2016，47 (3)：390-397.

[111] Zolezzi G，Bellin A，Bruno M C，et al. Assessing hydrological alterations at multiple temporal scales：Adige River [J]. ItalyWater Resources Research，2009，45：W12421.

[112] Della Chiesa S，Bertoldi G，Niedrist G. Modelling changes in grassland hydrological cycling along an elevational gradient in the Alps [J]. Ecohydrology，2014，7 (6)：1453-1473.

[113] Villalobos-Vega Randol，Salazar Ana. Do groundwater dynamics drive spatial patterns of tree density and diversity in Neotropical savannas? [J]. Journal of Vegetation science，2014，25 (6)：1465-1473.

[114] Miguel，Santiago，Fernando T. Vascular Plants and Biocrusts Modulate How Abiotic Factors Affect Wetting and Drying Events in Drylands [J]. Ecosystems，2014，17 (7)：1242-1256.

[115] Wang Bing，Wen Fenxiang，Wu Jiangtao. Vertical Profiles of Soil Water Content as Influenced by Environmental Factors in a Small Catchment on the Hilly-Gully Loess Plateau [J]. Plos one，2014，9 (10)：e109546.

[116] Guan Kaiyu，Wood Eric F，Medvigy David. Terrestrial hydrological controls on land surface phenology of African savannas and woodlands [J]. Journal of Geophysical Research-Biogeosciences，2014，119 (8)：1652-1669.

[117] Sharma Rishabh Dev，Sarkar Rupak，Dutta Subashisa. Run-off generation from fields with different land use and land covers under extreme storm events [J]. Current science，2013，104 (8)：1046-1053.

[118] Nasonova O N，Gusev Ye M，Kovalev Ye E. Impact of uncertainties in meteorological forcing data and land surface parameters on global estimates of terrestrial water balance components [J]. Hydrological Processes，2011，25 (7)：1074-1090.

[119] Deng Zhimin, Zhang Xiang, Li Dan. Simulation of land use/land cover change and its effects on the hydrological characteristics of the upper reaches of the Hanjiang Basin [J]. Environmental Earth Sciences, 2015, 73 (3): 1119-1132.

[120] Mosquera Giovanny M, Lazo Patricio X, Celleri Rolando. Runoff from tropical alpine grasslands increases with areal extent of wetlands [J]. Catena, 2011, 125: 120-128.

[121] Liu Zhengjia, Shao Quanqin, Liu Jiyuan. The Performances of MODIS-GPP and -ET Products in China and Their Sensitivity to Input Data (FPAR/LAI) [J]. Remote Sensing, 2015, 7 (1): 135-152.

[122] Patrícia S de S, Antonio C D. Environmental control on water vapour and energy exchanges over grasslands in semiarid region of Brazil [J]. Revista Brasileira de Engenharia Agrícola e Ambiental, 2015, 19 (1): 3-8.

[123] D'Odorico P. Hydrologic controls on soil carbon and nitrogen cycles. II. A case study [J]. Advances in Water Resources, 2003, 26 (1): 59-70.

[124] Kurc, SA. Dynamics of evapotranspiration in semiarid grassland and shrubland ecosystems during the summer monsoon season, central New Mexico [J]. Water Resources Research, 2004, 40 (9): 59-70.

[125] Hutjes R W A, Kabat P, Running S W, et al. Biospheric aspects of the hydrological cycle [J]. Journal of Hydrology, 1998, 212-213: 1-21.

[126] Zhang L, Dawas W R, Reece P H. Response of mean annual e-vapotranspiration to vegetation changes at catchment scale [J]. Water Resour. Res., 2001, 37 (3): 701-708.

[127] Dawson T E. Hydraulic lift and water parasitism by plants: implications for water balance, performance and plant-plant interaction [J]. Oecologia, 1993, 95: 565-574.

[128] Lian J, Huang M. Evapotranspiration Estimation for an Oasis Area in the Heihe River Basin Using Landsat-8 Images and the METRICModel [J]. Water Resources Management, 2015, 29 (14): 5157-5170.

[129] Li H, Wang A, Yuan F, et al. Evapotranspiration dynamics over a temperate meadow ecosystem in eastern Inner Mongolia, China [J]. Environmental Earth Sciences, 2016, 75 (11): 1-11.

[130] Huang X, Luo G, Lv N. Spatio-temporal patterns of grassland evapotranspiration and water use efficiency in aridareas [J]. Ecological Research, 2017: 1-13.

[131] Ma N, Zhang Y, Guo Y, et al. Environmental and biophysical controls on the evapotranspiration over the highest alpine steppe [J]. Journal of Hydrology, 2015, 529: 980-992.

[132] Grygoruk M, Batelaan O, Mirosławswiatek D, et al. Evapotranspiration of bush encroachments on a temperate mire meadow—A nonlinear function of landscape composition and groundwaterflow [J]. Ecological Engineering, 2014, 73 (73): 598-609.

[133] Ii S P L, Gorelick S M. A local-scale, high-resolution evapotranspiration mapping algorithm (ETMA) with hydroecological applications at riparian meadow restoration sites [J]. Remote Sensing of Environment, 2005, 98 (2-3): 182-200.

[134] Fei P, You Q, Xian X, et al. Evapotranspiration and its source components change under experimental warming in alpine meadow ecosystem of Qinghai-Tibet Plateau [C]//the 11th international conference on development of drylands. 2013: 653-659.

[135] Armstrong R N, Pomeroy J W, Martz L W. Variability in evaporation across the Canadian Prairie region during drought and non-drought periods [J]. Journal of Hydrology, 2015, 521: 182-195.

[136] Burn D H, Hesch N M. Trends in evaporation for the CanadianPrairies [J]. Journal of

Hydrology, 2007, 336 (1): 61 - 73.

[137] Zhang Siyi, Li Xiaoyan, Zhao Guoqin, et al. Surface energy fluxes and controls of evapotranspiration in three alpine ecosystems of Qinghai Lake watershed, NE Qinghai - Tibet Plateau [J]. Ecohydrology, 2016, 9 (2): 267 - 279.

[138] Yan C, Zhao W, Wang Y, et al. Effects of forest evapotranspiration on soil water budget and energy flux partitioning in a subalpine valley of China [J]. Agricultural & Forest Meteorology, 2017, 246: 207 - 217.

[139] Zheng H, Yu G, Wang Q, et al. Assessing the ability of potential evapotranspiration models in capturing dynamics of evaporative demand across various biomes and climatic regimes with ChinaFLUX measurements [J]. Journal of Hydrology, 2017, 551.

[140] Chang Y, Wang J, Qin D, et al. Methodological comparison of alpine meadow evapotranspiration on the Tibetan Plateau, China [J]. Plos One, 2017, 12 (12): e0189059.

[141] Li F, Cao R, Zhao Y, et al. Remote sensing Penman - Monteith model to estimate catchment evapotranspiration considering the vegetationdiversity [J]. Theoretical & Applied Climatology, 2015: 1 - 11.

[142] Song W K, Cui Y J, Ye W M. Modelling of water evaporation from baresand [J]. Engineering Geology, 2018, 233: 281 - 289.

[143] Tarboton, D. G. Rainfall - Runoff Processes [R]. Utah State University: Logan, UT, USA, 2003.

[144] Zhao Nana, Yu Fuliang, Li Chuanzhe, Wang Hao, Liu Jia, Mu Wenbin. Investigation of Rainfall - Runoff Processes and Soil Moisture Dynamics in Grassland Plots under Simulated Rainfall Conditions [J]. Water, 2014, 6, 2671 - 2689.

[145] Shachak M, Sachs M, Moshe I. Ecosystem management of desertifiedshrublands inIsrael [J]. Ecosystems, 1998, 1: 475 - 483.

[146] Mabbutt J A, Fanning P C. Vegetation banding in arid westernAustralia [J]. Journal of AridEnvironments, 1987, 12: 41 - 59.

[147] Jordán A, Zavala L M, Gil J. Effects of mulching on soil physical properties and runoff under semi - arid conditions in southern Spain [J]. Catena, 2010, 81: 77 - 85.

[148] Bajracharya, R. M. , Lal, R. . Crusting effects on erosion processes under simulated rainfall on tropical Alfisol [J]. Hydrological Processes, 1998, 12, 1927 - 1938.

[149] Li Y, Zhu X M, Tian J Y. Effectiveness of plant roots to increase the anti - scourability of soil on the Loess Plateau [J]. Chinese Science Bulletin, 1991, 36: 2077 - 2082.

[150] Dunne, T. Sediment yield and land use in tropical catchments [J]. J. Hydrol. 1979: 42, 281 - 300.

[151] Walling D E, Fang D. Recent trends in the suspended sediment loads of the world's rivers [J]. Glob. Planet. Chang, 2003, 39: 111 - 126.

[152] Schlesinger W H, Abrahams A D, Parsons A J, Wainwright J. Nutrient losses in runoff from grassland and shrubland habitats in Southern New Mexico: I. rainfall simulation experiments [J]. Biogeochemistry, 1999, 45: 21 - 34.

[153] Brazier R E, Parsons A J, Wainwright J, Powell D M, Schlesinger W H. Upscaling understanding of nitrogen dynamics associated with overland flow in a semi - arid environment [J]. Biogeochemistry, 2007, 82: 265 - 278.

[154] Holko L, Kostka Z. Impact of landuse on runoff in mountain catchments of different scales [J]. Soil Water Res. , 2008, 3: 113 - 120.

[155] Thornes J B. The palaeoecology of erosion. In: Wagstaff, J. M. (Ed.), Landscapes and Culture

[J]. Basic Blackwell, Oxford, 1987: 37 - 55.

[156] Trimble, S. W. Geomorphic effects of vegetation cover and management: some time and space considerations in prediction of erosion and sediment yield [J]. In: Thornes, J. B. (Ed.), Vegetation and Erosion: Processes and Environments. Wiley, Chichester, 1990: 55 - 65.

[157] Yu, B., Rose, C. W., Coughlan, K. J., Fentie, B. Plot - scale rainfall - runoff characteristics and modeling at six sites in Australia and Southeast Asia [J]. Trans. ASAE, 1997, 40: 1295 - 1303.

[158] Wainwright, J., Parsons, A. J., Abrahams, A. D. Plot - scale studies of vegetation, overland flow and erosion interactions: case studies fromArizona and New Mexico. Hydrol [J]. Processes, 2000, 14: 2921 - 2943.

[159] Bronstert, A., Niehoff, D., Burger, G. Effects of climate and land - use change on storm runoff generation: present knowledge and modelling capabilities [J]. Hydrol. Processes, 2002, 16: 509 - 529.

[160] Holko, L., Kostka, Z. Impact of landuse on runoff in mountain catchments of different scales [J]. Soil Water Res. 3, 113 - 120.

[161] Alansi A W, Amin M S M, Halim G A, Shafri H Z M, Thamer A M, Waleed A R M, Aimrun, W., Ezrin, M. H. The effect of development and land use change on rainfall - runoff and runoff - sediment relationships under humid tropical condition: case study of Bernam watershed Malaysia [J]. Eur. J. Sci. Res, 2009, 31: 88 - 105.

[162] Wahren A, Feger K H, Schwarzel K, Munch A. Land - use effects on flood generation - considering soil hydraulic measurements in modeling [J]. Adv. Geosci, 2009, 21: 99 - 107.

[163] Shougrakpam S, Sarkar R, Dutta S. An experimental investigation to characterize soil macroporosity under different land use and land covers of northeast India [J]. J. Earth Syst. Sci, 2010, 119: 655 - 674.

[164] Stocking M A. Assessing vegetative cover and management effects. In: Lal, R. (Ed.), Soil Erosion Research Methods, seconded [J]. Soil and Water Conservation Society, Ankeny, IA, 1994: 211 - 232.

[165] Morgan R P C, Rickson R J. Slope Stabilization and Erosion Control: A Bioengineering Approach [R]. Chapman & Hall, London, 1995.

[166] Braud I, Vich A I J, Zuluaga J, Fornero L, Pedrani A. Vegetation influence on runoff and sediment yield in the Andes region: observation and modelling [J]. Journal of Hydrology, 2001, 254: 124 - 144.

[167] Chatterjea K. The impact of tropical rainstorms on sediment and runoff generation from bare and grass - covered surfaces: a plot study from Singapore [J]. Land Degradation and Development, 1998, 9 (2): 143 - 157.

[168] Burch G J, Moore I D, Burns J. Soil hydrophobic effects on infiltration and catchment runoff [J]. Hydrological Processes, 1989, 3: 211 - 222.

[169] Buttle J M, Turcotte D S. Runoff processes on a forested slope on the Canadian Shield [J]. Nordic Hydrology, 1999, 30: 1 - 20.

[170] Miyata S, Kosugi K, Gomi T, Onda Y, Mizuyama T. Surface runoff as affected by soil water repellency in a Japanese cypress forest [J]. Hydrological Processes, 2007, 21: 2365 - 2376.

[171] Gomi T, Sidle R C, Ueno M, Miyata S, Kosugi K. Characteristics of overlandflow generation on steep forested hillslopes of central Japan [J]. Journal of Hydrology, 2008, 361: 275 - 290.

[172] Foster, G. R., Huggins, L. F., Meyer, L. D. A laboratory study of rill hydraulics: I velocity

relationships [J]. Transactions of the ASAE, 1984, 27: 790-796.

[173] Gilley, J. E., Kottwite, E. R., Simanton, J. R. Hydraulic characteristics of Rills [J]. Transactions of the ASAE, 1990, 33 (6): 1900-1906.

[174] Govers, G. Relationship between discharge, velocity, and flow area for rills eroding in loose, non-layered materials [J]. Earth Surface Processes and Landforms, 1992, 17: 515-528.

[175] Abrahams, A. D., Li, G., Parsons, A. J. Rill hydraulics on a semiarid hillslope, southern Arizona [J]. Earth Surface Processes and Landforms, 1996, 21: 35-47.

[176] Nearing, M. A., Norton, L. D., Bulgakov, D. A., Larionov, G. A., West, L. T., Dontsova, K. M. Hydraulics and erosion in eroding rills [J]. Water Resources Research, 1997, 33 (4): 865-876.

[177] Miller, W. P. A solenoid-operated, variable intensity rainfall simulator [J]. Soil Sci. Soc. Am. J. 1987, 51: 832-834.

[178] Esteves, M., Planchon, O., Lapetite, J. M., Silveira, N., Cadet, P. Theh "Empire" large rainfall simulator: design and field testing [J]. Earth Surf. Process. Landforms, 2000, 25: 681-690.

[179] Meyer, L. D. Rainfall simulators for soil erosion research, In: Lal, R. (Ed.), Soil Erosion Research Methods, 2nd ed [M]. Soil and Water Conservation Society (Ankeny) and St Lucie Press, Delray Beach, FL, 1994: 83-103.

[180] Seeger, M. Uncertainty of factors determining runoff and erosion processes as quantified by rainfall simulations [J]. Catena, 2007, 71: 56-67.

[181] Grace Ⅲ, J. M., Rummer, B., Stokes, B. J., Wilhoit, J. Evaluation of erosion control techniques on forest roads [J]. Transactions of ASAE, 1998, 41 (2): 383-391.

[182] Wilson, G. V., Dabney, S. M., McGregor, K. C., Barkoll, B. D. Tillage and residue effectson runoff and erosion dynamics [J]. Transactions of ASAE, 2004, 47 (1): 119-128.

[183] Han, E. Soil Moisture Data Assimilation at Multiple Scales and Estimation of Representative Field-Scale Soil Moisture Characteristics [R]. Ph. D. Thesis, Purdue University, West Lafayette, IN, USA, December, 2011.

[184] Jordan, A., Martínez-Zavala, L. Soil loss and runoff rates on unpaved forest roads in southern Spainafter simulated rainfall [R]. For. Ecol. Manag. 2008, 255: 913-919.

[185] Kato, H., Onda, Y., Tanaka, Y., Asano, M. Field measurement of infiltration rate using an oscillatingnozzle rainfall simulator in the cold, semiarid grassland of Mongolia [J]. Catena, 2009, 76, 173-181.

[186] Elliot, W. J., Liebenow, A. M., Laflen, J. M., Kohl, K. D. A Compendiumof Soil Erodibility Data FromWepp Cropland Soil Field Erodibility Experiments 1987 & 1988. National Soil Erosion Research Lab Report No. 3. The Ohio State University and the USDA Agricultural Research Service, West Lafayette, IN., 1989.

[187] Loch, R. J., Silburn, D. M., Freebairn, D. M. Evaluation of the CREAMS model. II. Use ofrainulator data to derive soil erodibility parameters and prediction of field soil lossesusing derived parameters [J]. Aust. J. Soil Res., 1989, 27: 563-576.

[188] Meyer, L. D., Harmon, W. C. Susceptibility of agricultural soil to interrill erosion [J]. J. Soil Sci. Soc. Am., 1984, 48: 1152-1157.

[189] Croke, J. C., Hairsine, P., Fogarty, P. Runoff generation and redistribution on disturbed forest hillslopes, South Eastern Australian [J]. J. Hydrol., 1999, 216: 55-77.

[190] Martínez-Zavala, L., Jordán, A. Effect of rock fragment cover on interrill soil erosionfrom bare

soils in western Andalusia, Spain [J]. Soil Use Manag, 2008, 24: 108 - 117.

[191] Croke, J., Mockler, S., Hairsine, P., Fogarty, P. Relative contributions of runoffand sediment from sources within a road prism and implications for total sedimentdelivery [J]. Earth Surf. Process. Landf, 2006, 31: 457 - 468.

[192] Ziegler, A. D., Sutherland, R. A., Giambelluca, T. W. Runoff generation and sedimentproduction on unpaved roads, footpaths and agricultural land surfaces in northernThailand [J]. Earth Surf. Process. Land, 2000b, 25: 519 - 534.

[193] Jordán - López, A., Martínez - Zavala, L., Bellinfante, N. Impact of different parts ofunpaved forest roads on runoff and sediment yield in a Mediterranean area [J]. Sci. Total Environ, 2009, 407: 937 - 944.

[194] Loch, R. J. Effect of vegetation cover on runoff and erosion under simulated rain andoverland flow on a rehabilitated site on the Meandu Mine, Trango, Queenland [J]. Aust. J. Soil Res., 2000, 38: 299 - 312.

[195] Sheridan, G. J., So, H. B., Loch, R. J., Pocknee, C., Walker, C. M. Using laboratory scale rilland interrill erodibility measurements for the prediction of hillslope scale erosion onrehabilitated coal mine soils and overburdens [J]. Aust. J. Soil Res, 2000, 38: 285 - 297.

[196] Vereecken, H., Huisman, J. A., Bogena, H., Vanderborght, J., Vrugt, J. A., Hopmans, J. W. On the value of soil moisture measurements in vadose zone hydrology: a review. Water Resour [J]. Res. 2008, 44, 1 - 21, http: //dx. doi. org/10. 1029/2008WR006829, W00D06.

[197] Kumar, R., Jat, M. K., Shankar, V. Methods to estimate reference crop evapo - transpiratio - a review [J]. Water Sci. Technol. 2012, 66 (3), 525 - 535.

[198] Green, S. R., Kirkham, M. B., Brent, E. C. Root uptake and transpiration: from measurements and models to sustainable irrigation [J]. Agric. Water Manage, 2006, 86: 165 - 176.

[199] Hultine K R, Scott R L, Cabie W L, Goodrih D C, Williams D G. Hydraulic redistribution by a dominant, warm - desert phreatophyte: seasonal patterns and response to precipitation pulses [J]. Functional Ecology, 2004, 18: 530 - 538.

[200] Zou C B, Barnes P W, Archer S. Soil moisture redistribution asa mecharism of facilitation in savanna tree - shrub clusters [J]. Oecologia, 2005, 145: 32 - 40.

[201] Meinzer F C, Brooks J R, Bucci S, et al. Converging patterns of uptake ana hydraulic redistribution of soil water in contrasting woody vegetation types [J]. Tree Physiology, 2004, 24: 919 - 928.

[202] Kleidon A, Heimann M. Optimized rooting depth and its impacts on the simulated climate of an atmospheric general circulation model [J]. Geophysical Research Letters, 1998, 25 (3): 345 - 348.

[203] Wagner W, Lemoine G, Rott H. A Method for Estimating Soil Moisture from ERS Scatterometer and SoilData [J]. Remote Sensing of Environment, 1999, 70 (2): 191 - 207.

[204] Albergel C, Rüdiger C, Pellarin T, et al. From near - surface to root - zone soil moisture using an exponential filter: an assessment of the method based on in - situ observations and modelsimulations [J]. Hydrology & Earth System Sciences, 2008, 12 (6): 1323 - 1337.

[205] Ruddell B L, Kumar P. Ecohydrologic process networks: part I - identification [J]. Water Resources Research, 2009, W03419, doi: 10. 1029/2008WR007279.

[206] Parker G A, Smith J M. Optimality theory in evolutionary biology [J]. Nature, 1990, 348 (6296): 27 - 33.

[207] Cowan I R. Stomatal behavior andenvironment [J]. Advanced in Botanical Research, 1977 (4): 117 - 228.

[208] Cowan I R. Fit, fitter, fittest: Where does optimisation fit in? [J]. Silva Fennica, 2002, 36 (3): 744 - 754.

[209] Mäkelä A, Givnish T J, Berninger F, et al. Challenges and opportunities of the optimality approach in plant ecology [J]. Silva Fennica, 2002, 36 (3): 605 - 614.

[210] Donohue R J, Roderick M L, Mcvicar T R. On the importance of including vegetation dynamics in Budyko's hydrological model [J]. Hydrology and Earth System Science, 2007 (11): 983 - 995.

[211] Hatton T J, Salvucci G D, Wu H I. Eagleson's optimality theory of an ecohydrological equilibrium: quovadis? [J]. Functional Ecology, 1997, 11 (6): 665 - 674.

[212] Eagleson P S. Ecohydrology: Darwinian Expression of Vegetation Form and Function [M]. Cambridge UniversityPress, 2002.

[213] Rodeiguez - Itrube I. Ecohydrology: a hydrologic perspective of climate - soil - vegetation dynamics [J]. Water Resources Research, 2000, 36 (1): 3 - 9.

[214] Mackay D S. Evaluation of hydrologic equilibrium in a mountainous watered: incorporating forest canopy spatialadjustment to soil biogeochemical processes [J]. Advances in Water Resources, 2001, 24: 1211 - 1227.

[215] Kerkhoff A J, Martens S N, Milne B T. An ecological evaluation of Eagleson's optimality hypotheses [J]. Functional Ecology, 2004, 18 (3): 404 - 413.

[216] Zhang X P, Wang M B, She B, et al. Quantitative classification and ordination of forest communities in Pangquangou National NatureReserve [J]. Acta Ecologica Sinica, 2006, 26: 754 - 761.

[217] Bastiaanssen W G M, Menenti M, Feddes R A, et al. A Remote Sensing Surface Energy Balance Algorithm for Land (SEBAL) 1. Formulation [J]. Journal of Hydrology, 1998, 212 (213): 198 - 212.

[218] Qiang Z, Li Y. Satellite observation of surface albedo over the Qinghai - Xizang Plateau Region [J]. Advances in Atmospheric Sciences, 1988, 5 (1): 57 - 65.

[219] Bastiaanssen W G M, Menenti M, Feddes R A, et al. The Surface Energy Balance Algorithm for Land (SEBAL): Part 1formulation [J]. Journal of Hydrology, 1998, 212 (98): 801 - 811.

[220] Silva B B D, Braga A C, Braga C C, et al. Procedures for calculation of the albedo with OLI - Landsat 8 images: Application to the Brazilian semiarid [J]. Revista Brasileira de Engenharia Agrícola e Ambiental - Agriambi, 2016, 20 (1): 3 - 8.

[221] Allen, R. G.; Trezza, R.; Tasumi, M. Surface energy balance algorithms for land. Advance training and user's manual, version 1.0 [R]. Kimberly: The Idaho Department of Water Resources, 2002: 98.

[222] Tasumi M, Allen R G. Application of the SEBAL Methodology for Estimating Consumptive Use of Water and Stream Flow Depletion in the Bear River Basin of Ldaho Through Remote Sensing [R]. Final Report Submitted to the Raytheon Systems Company, Earth Observation System Data and Information System Project, 2000.

[223] Chander G, Markhan B. Revised Landsat 5 - TM radiometric calibration procedures and post calibration dynamic ranges [J]. IEEE Transactions on Geosciences and Remote Sensing, v. 41, 2003, 2674 - 2677.

[224] Allen R G, Tasumi M, Trezza R. Satellite - based energy balance for mapping evapotranspiration with internalized calibration (METRIC) - Model [J]. Journal of Irrigation and Drainage Engineering, 2007, 133: 380 - 394.

[225] Brutsaert W, Sugita M. Application of self - preservation in the diurnal evolution of the surface energy budget to determine dailyevaporation [J]. Journal of Geophysical Research Atmospheres,

1992, 97 (D17): 18377 - 18382.

[226] Crago R D. Conservation and variability of the evaporative fraction during thedaytime [J]. Journal of Hydrology, 1996, 180 (1-4): 173-194.

[227] Shuttleworth W J, Gurney R J, et al. The Variation in Energy Partition at Surface Flux Sites [C]. Proceedings of the IAHS Third International Assembly, Baltimore, MD, 1989, 186: 67-74.

[228] Jin Tunzhang, E. R. B. Oxley. A Comparison of Three Methods of Multivariate Analysis of Upland Grasslands in North Wales [J]. Journal of Vegetation Science, 1994, 5 (1): 71-76.

[229] M. Falkenmark, J. Rockström. The New Blue and Green Water Paradigm: Breaking New Ground for Water Resources Planning and Management [J]. Journal of Water Resources Planning and Management, 2006, 132 (3): 129-132.

[230] Gill S E, Handley J F, Ennos A R, et al. Adapting Cities for Climate Change: The Role of the GreenInfrastructure [J]. Built Environment, 2007, 33 (1): 115-133.

[231] Branson F A, Gfford G F, Renard K G, Hadley R F. Rangel andHydrology [M]. Toronto, Canada: Kendall/Hunt Publishing Company, 1981.

[232] Fay, P. A., Knapp. A, Blair. J, Carlisle J. D. Mccarron, J. Precipitation and terrestrial ecosystems: Mesic grassland casestudy [J]. Precipitation Impacts on Terrestrial Ecosystems, 2003: 147-163.

[233] Landman, & Willem. Climate change 2007: the physical science basis [J]. The South African geographical journal, bng a record of the proceedings of the South African Geographical Society, 2010, 92 (1): 86-87.

[234] Praskievicz S, Chang H J. A review of hydrological modelling of basin - scale climate change and urban developmentimpacts [J]. Progress in Physical Geography, 2009, 33 (5): 650-671.

[235] Arora V. Modeling vegetation as a dynamic component in soil - vegetation - atmosphere transfer schemes and hydrological models [J]. Reviews of Geophysics, 2002, 40 (2): 1-26.

[236] Bellot J, Chirino E. Hydrobal: An eco - hydrological modelling approach for assessing water balances in different vegetation types in semi - aridareas [J]. Ecological Modelling, 2013, 266 (1): 30-41.

[237] Touhami I, Andreu J M, Chirino E, et al. Recharge estimation of a small karstic aquifer in a semiarid Mediterranean region (southeastern Spain) using a hydrological model [J]. Hydrological Processes, 2013, 27 (2): 165-174.

[238] Vilaysane B, Takara K, Luo P, et al. Hydrological stream flow modelling for calibration and uncertainty analysis using SWAT model in the Xedone river basin, Lao PDR [J]. Procedia Environmental Sciences, 2015, 28: 380-390.

[239] Pampaniya N K, Tiwari M K, Gaur M L. Hydrological modeling of an agricultural watershed using HEC-HMS hydrological model [J]. Remote Sensing and Geographical Information System, 2015: 1-10.

[240] Wang H, Sun F, Xia J, et al. Impact of LUCC on streamflow based on the SWAT model over the Wei River basin on the Loess Plateau in China [J]. Hydrology & Earth System Sciences, 2017, 21 (4): 1-30.

[241] Praskievicz, Sarah1, Chang, Heejun1. A review of hydrological modelling of basin - scale climate change and urban development impacts [J]. Progress in Physical Geography. 2009, 33 (5): 650-671.

[242] IPCC. Working Group I Contribution to the IPCC Fifth Assessment Report, Climate Change 2013 [R]. The Physical Science Basis: Summary for Policymakers. 1998.

[243] Franczyk J, Chang H J. The effects of climate change and urbanization on the runoff of the Rock Creek basin in the Portland metropolitan area, Oregon, USA [J]. Hydrological Processes, 2009, 23 (6): 805-815.

[244] Bajracharya A R, Bajracharya S R, Shrestha A B, et al. Climate change impact assessment on the hydrological regime of the Kaligandaki Basin, Nepal [J]. Science of the Total Environment, 2018, 625: 837-848.

[245] Arnell N W, Gosling S N. The impacts of climate change on river flow regimes at the globalscale [J]. Climatic Change, 2016, 134 (3): 387-401.

[246] Stockton C W, Boggess W R. Geohydrological implications of climate change on water resource development [R/OL]. 1979.

[247] Coles A E, Mcconkey B G, Mcdonnell J J. Climate change impacts on hillslope runoff on the northern Great Plains, 1962-2013 [J]. Journal of Hydrology, 2017, 550.

[248] Nigel W Arnell. Climate change and global water resources: SRES emissions and socioeconomic scenarios [J]. Global Environmental Change, 2004, 14 (1): 31-52.

[249] Mahe, G., Lienou, G., Descroix, L., Bamba, F., Paturel, J. E., Laraque, A., Meddi, M., Habaieb, H., Adeaga, O., Dieulin, C., Chahnez Kotti, F., and Khomsi, K.: The rivers of Africa: witness of climate change and human impact on the environment, Hydrol [J]. Process., 27, 2105-2114, doi: 10.1002/hyp.9813, 2013.

[250] Sorg A, Bolch T, Stoffel M, et al. Climate change impacts on glaciers and runoff in Tien Shan (Central Asia) [J]. Nature Climate Change, 2012, 2 (10): 725-731.

[251] Qin Y, Yang D, Gao B, et al. Impacts of climate warming on the frozen ground and eco-hydrology in the Yellow River source region, China [J]. Science of the Total Environment, 2017, 605-606: 830.

[252] Khoi, D. N., Suetsugi, T. The responses of hydrological processes and sediment yield to land-use and climate change in the Be River Catchment, Vietnam [J]. Hydrol. Process., 2014, 28 (3): 640-652.

[253] Kundu, S., Khare, D., Mondal, A. Individual and combined impacts of future climate and land use changes on the water balance [J]. Ecol. Eng, 2017, 105: 42-57.

[254] Trang, N. T. T., Shrestha, S., Shrestha, M., Datta, A., Kawasaki, A. Evaluating the impacts of climate and land-use change on the hydrology and nutrient yield in a transboundary river basin: a case study in the 3S river basin (Sekong, Sesan, and Srepok) [J]. Sci. Total Environ, 2017, 576: 586-598.

[255] Vörösmarty C J, Green P, Salisbury J, et al. Global water resources: vulnerability from climate change and population growth [J]. Science, 2000, 289 (5477): 284.

[256] Molina-Navarro, E., Trolle, D., Martínez-Pérez, S., Sastre-Merlín, A., Jeppesen, E.. Hydrological and water quality impact assessment of a Mediterranean limno-reservoir under climate change and land use management scenarios [J]. J. Hydrol., 2014, 509: 354-366.

[257] Guo J, Su X, Singh V, Jin J. Impacts of climate and land use/cover change on stream flow using SWAT and a separation method for the Xiying River basin in northwestern China [J]. Water, 2016, 8 (5): 192.

[258] Abbas T, Nabi G, Boota M W, Hussain F, Faisal M, Ahsan H. Impacts of land use changes on runoff generation in simly watershed [J]. Sci Int, 2015, 27 (4): 1.

[259] Asbjornsen H, Goldsmith G R, Alvarado-Barrientos M S, Rebel K, Van Osch F P, Rietkerk M, Chen J, Gotsch S, Tobon C, Geissert D R, Gomez-Tagle A. Eco-hydrological advances

and applications in plant - water relations research: a review [J]. J Plant Ecol, 2011, 4 (1 - 2): 3 - 22.

[260] Chanasyk D S, Mapfumo E, Willms W. Quantification and simulation of surface runoff from fescue grassland watersheds [J]. Agricultural Water Management, 2003, 59 (2): 137 - 153.

[261] Hernández - Guzmán R, Ruiz - Luna A, Berlanga - Robles C A. Assessment of runoff response to landscape changes in the San Pedro subbasin (Nayarit, Mexico) using remote sensing data and GIS [J]. Environmental Letters, 2008, 43 (12): 1471 - 1482.

[262] Neitsch S L, J. G. Arnold, J. R. Kiniry and J. R. Williams. Soil and Water Assessment Tool Theoretical Documentation [R]. Version, 2000.

[263] Arnold J Q, Allen P M, Bernhardt G A. Comprehensive surface groundwater flow model [J]. Journal of Hydrology, 1993, 14 (2): 47 - 69.

[264] Easton Z M, Fuka D R, White E D, Collick A S, Biruk Ashagre B, McCartney M, Awulachew S B, Ahmed A A. and Steenhuis T S. A multi basin SWAT model analysis of runoff and sedimentation in the Blue Nile, Ethiopia [J]. Hydrology and Earth System Sciences, 2010, 14: 1827 - 1841.

[265] Yesuf H M, Assen M, Alamirew T, et al. Modeling of sediment yield in Maybar gauged watershed using SWAT, northeast Ethiopia [J]. Catena, 2015, 127: 191 - 205.

[266] Ghaffari G, Keesstra S, Ghodousi J, et al. SWAT - simulated hydrological impact of land - use change in the Zanjanrood basin, Northwest Iran [J]. Hydrological Processes, 2010, 24 (7): 892 - 903.

[267] Neitsch S L, J G Arnold, J R Kiniry and J R Williams. 2001a. Soil and Water Assessment Tool Theoretical Documentation [R]. Version 2000.

[268] Neitsch S L, J G Arnold, J R Kiniry and J R Williams. 2001b. Soil and Water Assessment Tool User's Manual [R]. Version 2000.

[269] Romanowicz R, Macdonald R. Modelling uncertainty and variability in environmentalsystems [J]. Acta Geophysica Polonica, 2005, 53 (4): 401 - 417.

[270] Lan J Y. Application of AHP in environmental pollution prevention planning [J]. Journal of Anhui Agricultural Sciences, 2010.

[271] Williams J R, Nicks A D. A mold J G Simulator for water resources in rural basins [J]. Journal of Hydraulic Engineering, 1985, 111 (6): 970 - 986.

[272] Arnold J G, Williams J R, Maidment D R. Continuous - Time Water and Sediment - Routing Model for Large Basins [J]. Journal of Hydraulic Engineering, 1995, 121 (2): 171 - 183.

[273] Ritchie J T. A Model for Predicting Evaporationfrom a Low Crop with Incomplete Cover [J]. Water Resources Research, 1972, 8 (5): 1204 - 1213.

[274] Hargreaves G L, Hargreaves G H, Riley J P. Agricultural Benefits for Senegal RiverBasin [J]. Journal of Irrigation & Drainage Engineering, 1985, 111 (2): 113 - 124.

[275] Priestley C H B, Taylor R J. On the Assessment of Surface Heat Flux and Evaporation Using Large - ScaleParameters [J]. Monthly Weather Review, 1972, 100 (2): 81 - 92.

[276] Monteith J L. Evaporation andenvironment [J]. Symp Soc Exp Biol, 1965, 19 (19): 205.

[277] USDA Soil Conservation Service. National Engineering Handbook Section 4 Hydrology [R]. Chapters, 1972: 4 - 10.

[278] Williams J R. Sediment Routing for Agriculture Watersheds [J]. Jawra Journal of the American Water Resources Association, 2007, 11 (5): 965 - 974.

[279] Wolock D M, Price C V. Effects of digital elevation model map scale and data resolution on a topography - based watershed model [J]. Water Resources Research, 1994, 30 (11): 3041 - 3052.

[280] Chu X, Yang J, Chi Y, Zhang J. Dynamic puddle delineation and modeling of puddle - to - puddle filling - spilling - merging - splitting overland flow processes [J]. Water Resources Research, 2013, 49 (6): 3825 - 9.

[281] Habtezion N, Tahmasebi Nasab M, Chu X. How does DEM resolution affect microtopographic characteristics, hydrologic connectivity, and modelling of hydrologic processes? [J]. Hydrological Processes, 2016.

[282] Yuan D, Lin B, Falconer R A, Tao J. Development of an integrated model for assessing the impact of diffuse and point source pollution on coastal waters [J]. Environ. Model. Softw, 2007, 22: 871 -879.

[283] Zhang J, Shen T, Liu M, Wan Y, Liu J, Li J. Research on non - point source pollution spatial distribution of Qingdao based on L - THIA model [J]. Math. Comput. Model, 2011, 54: 1151 - 1159.

[284] Shen Z Y, Liao Q, Hong Q, Gong Y. An overview of research on agricultural non - point source pollution modelling [R]. 2012.

[285] Lin S, Jing C, Chaplot V, et al. Effect of DEM resolution on SWAT outputs of runoff, sediment andnutrients [J]. Hydrology & Earth System Sciences Discussions, 2010, 7 (4): 4411 - 4435.

[286] Lin K R, Qiang Z, Chen X H. An evaluation of impacts of DEM resolution and parameter correlation on TOPMODEL modelinguncertainty [J]. Journal of Hydrology, 2010, 395 (3 - 4): 370 - 383.

[287] Lin S, Jing C, Coles N A, et al. Evaluating DEM source and resolution uncertainties in the Soil and Water Assessment Tool [J]. Stochastic Environmental Research & Risk Assessment, 2013, 27 (1): 209 - 221.

[288] Chaubey I, Chiang L, Gitau M W, et al. Effectiveness of best management practices in improving water quality in a pasture - dominatedwatershed [J]. Journal of Soil & Water Conservation, 2010, 65 (6): 424 - 437.

[289] Zhang P, Liu R, Bao Y, et al. Uncertainty of SWAT model at different DEM resolutions in a large mountainouswatershed [J]. Water Research, 2014, 53 (8): 132 - 144.

[290] Szcześniak M, Piniewski M. Improvement of Hydrological Simulations by Applying Daily Precipitation Interpolation Schemes in Meso - ScaleCatchments [J]. Water, 2015, 7 (2): 747 - 779.

[291] Saxton K E, Willey P H. Agricultural Wetland and Pond Hydrologic Analyses Using the SPAW-Model [R]. 2004.

[292] Sharpley A N, Williams J R. EPIC - erosion/productivity impact calculator: 2. Usermanual [J]. Technical Bulletin - United States Department of Agriculture, 1989, 4 (4): 206 - 207.

[293] Meng X, Wang H, Meng X, et al. Significance of the China Meteorological Assimilation Driving Datasets for the SWAT Model (CMADS) of East Asia [J]. Water, 2017, 9 (10): 765.

[294] Arnold J G, Kiniry J R, Srinivasan R, et al. SWAT 2012 Input/Output Documentation [R]. 2013.

[295] Abbaspour K C, Vejdani M, Haghighat S. SWAT - CUP calibration and uncertainty programs for SWAT. In Oxley. L. and Kulasiri, D. (eds) MODSIM 2007 International Congress on Modelling and Simulation [C]//Modelling and Simulation Society of Australia and New Zealand, December, 2007: 1596 - 1602.

[296] Nash J E, Sutcliffe J V. River flow forecasting through conceptual models part I — A discussion of principles [J]. Journal of Hydrology, 1970, 10 (3): 282 - 290.

[297] Worku T, Khare D, Tripathi S K. Modeling runoff - sediment response to land use/land cover changes using integrated GIS and SWAT model in the Beressawatershed [J]. Environmental Earth

Sciences，2017，76 (16)：550.

[298] Jiang D，Wang K，Zhi L，et al. Variability of extreme summer precipitation over Circum - Bohai - Sea region during 1961 - 2008 [J]. Theoretical & Applied Climatology，2011，104 (3 - 4)：501 - 509.

[299] Hagemann S，Chen C，Haerter J O，et al. Impact of a Statistical Bias Correction on the Projected Hydrological Changes Obtained from Three GCMs and Two Hydrology Models [J]. Journal of Hydrometeorology，2011，12 (4)：556 - 578.

[300] Wagner P D，Kumar S，and Schneider K. An assessment of land use change impacts on the water resources of the Mula and Mutha Rivers catchment upstream of Pune，India，Hydrol [J]. Earth Syst. Sci.，2013，17：2233 - 2246.

[301] Yang L，Feng Q，Yin Z，et al. Identifying separate impacts of climate and land use/cover change on hydrological processes in upper stream of Heihe River，Northwest China [J]. Hydrological Processes，2017，31：1 - 5.

[302] Kim I，Arnhold S，Ahn S，et al. Land use change and ecosystem services in mountainous watersheds：Predicting the consequences of environmental policies with cellular automata and hydrologicalmodeling [R]. Environmental Modelling & Software，2017.

附录一

蒸散发遥感反演过程中间成果

1. 地表反照率（图中 2015086 表示 2015 年第 86 个儒略日，下同）

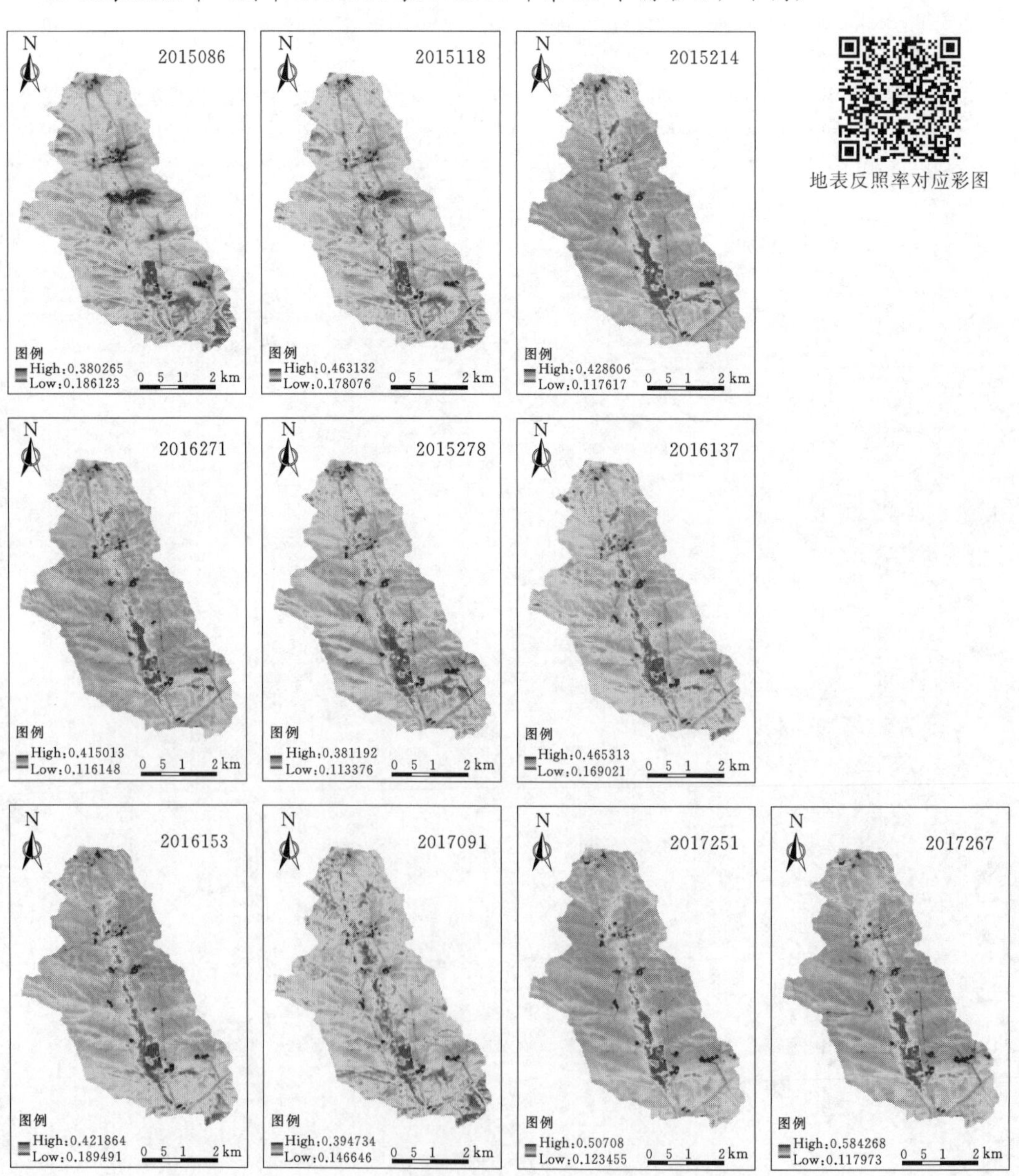

地表反照率对应彩图

2. 地表比辐射率

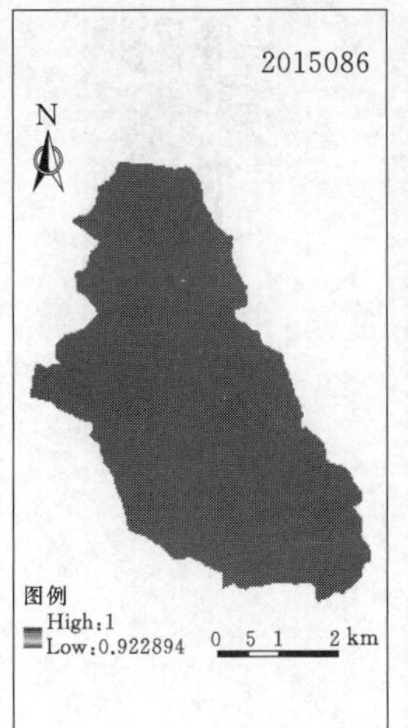

地表比辐射率对应彩图

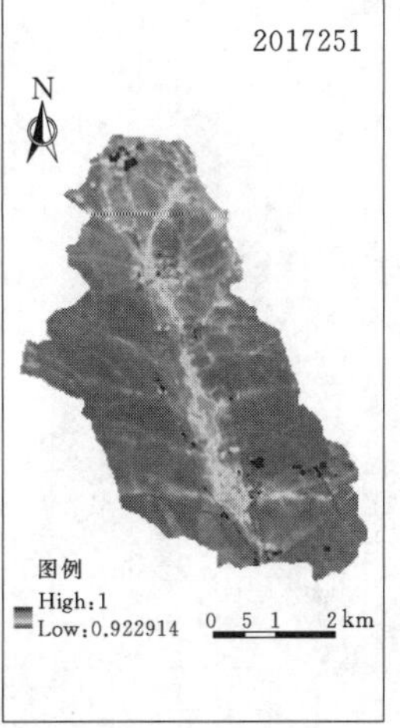

3. 土壤热通量

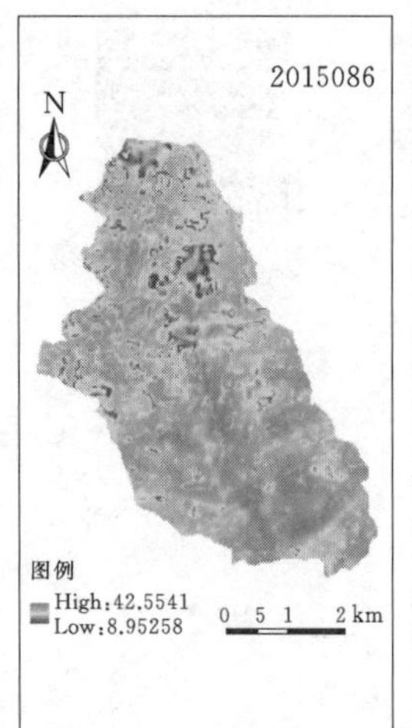

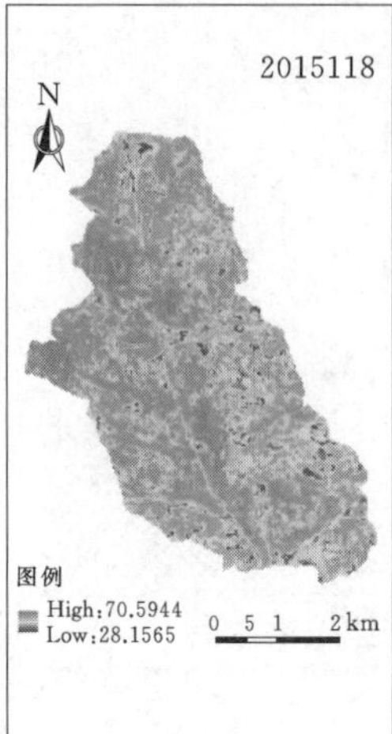

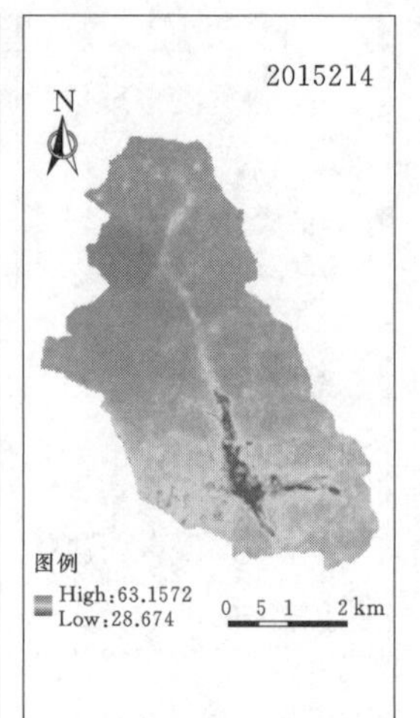

土壤热通量对应彩图

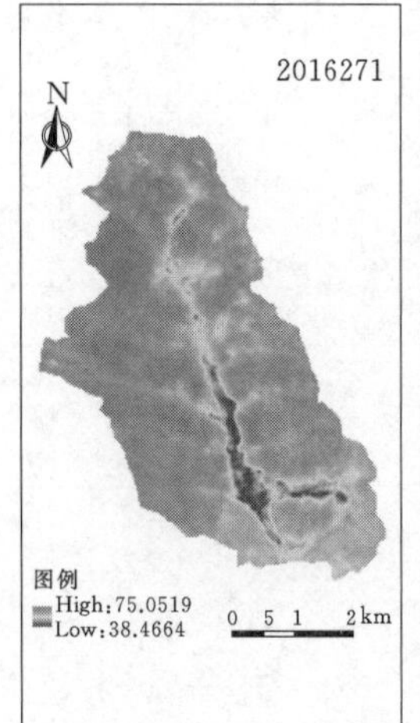

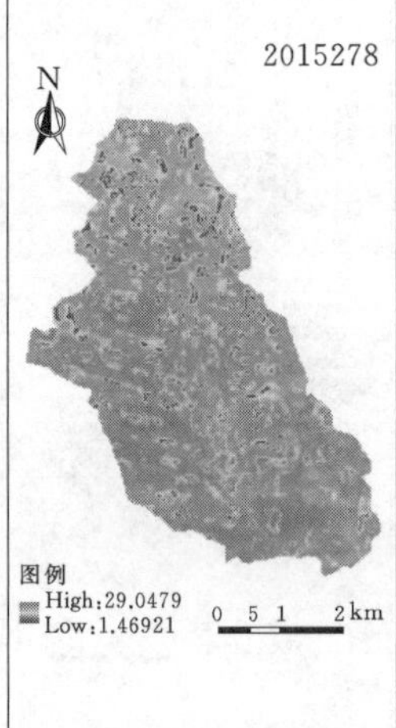

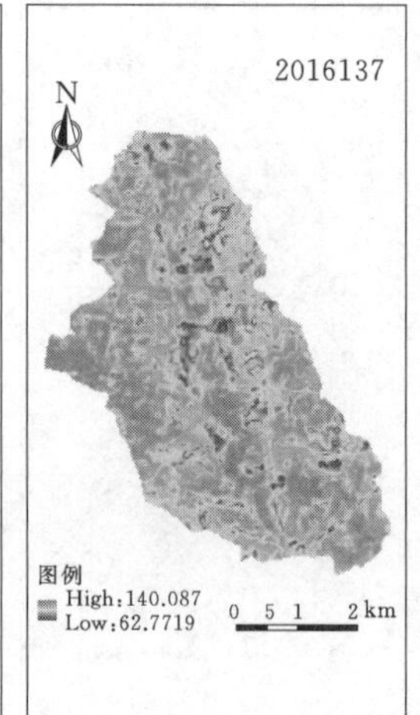

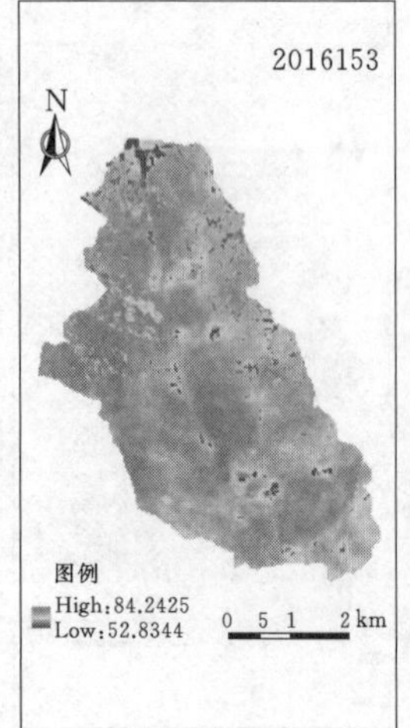

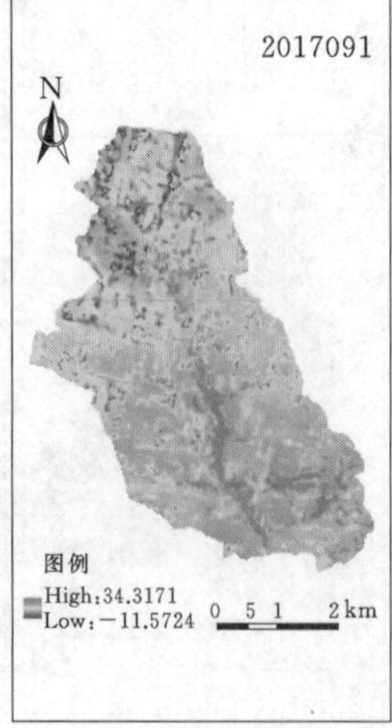

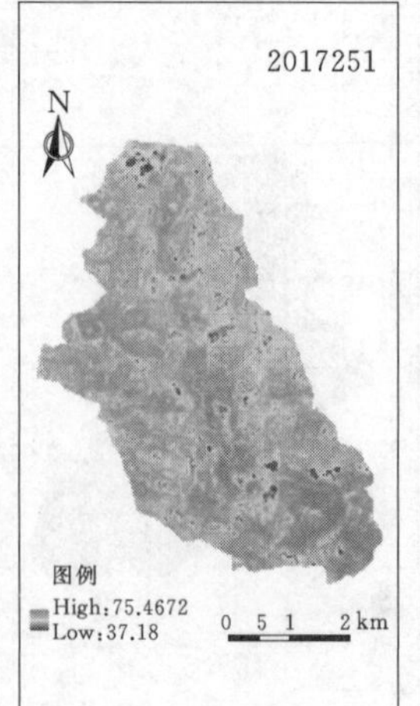

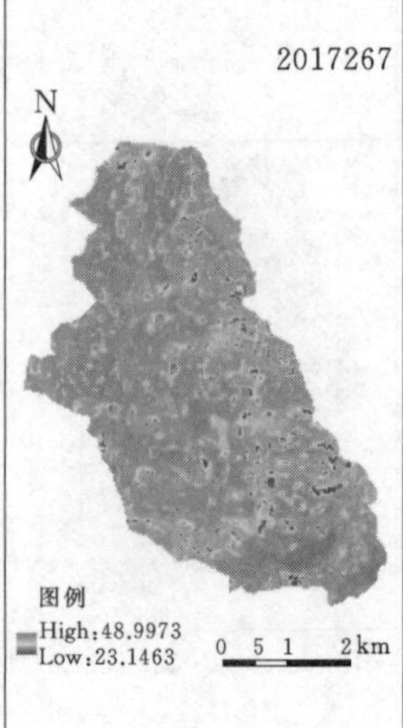

4. 地表显热通量

地表显热通量对应彩图

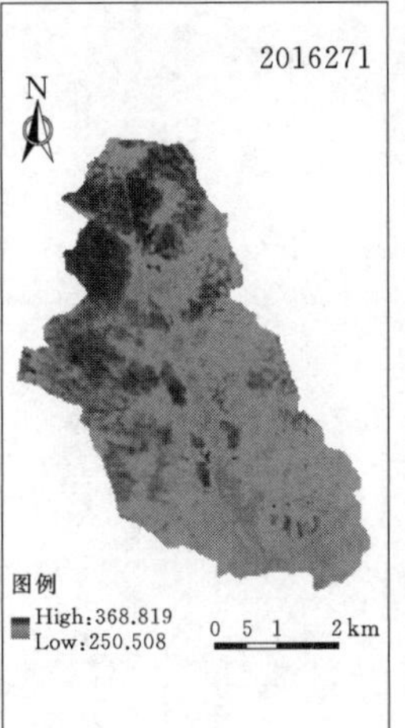

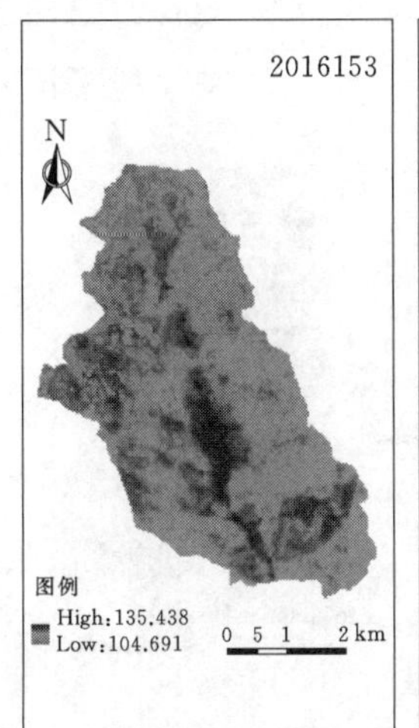

5. 地表温度

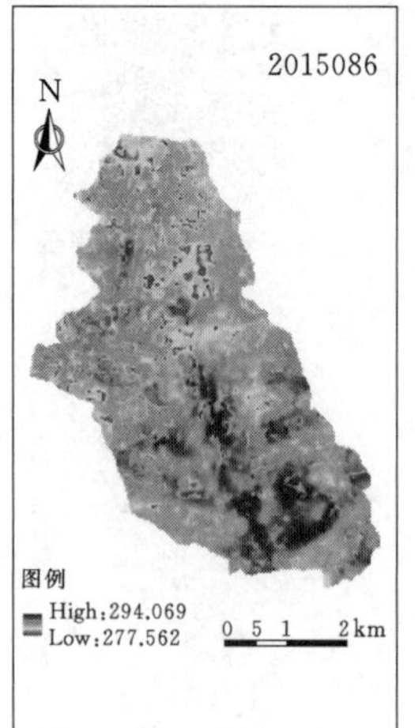

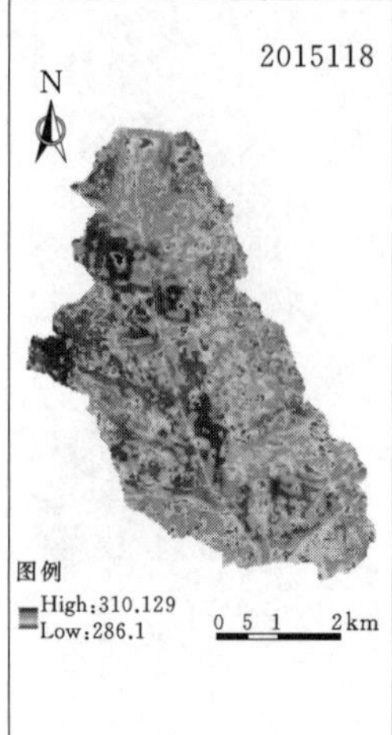

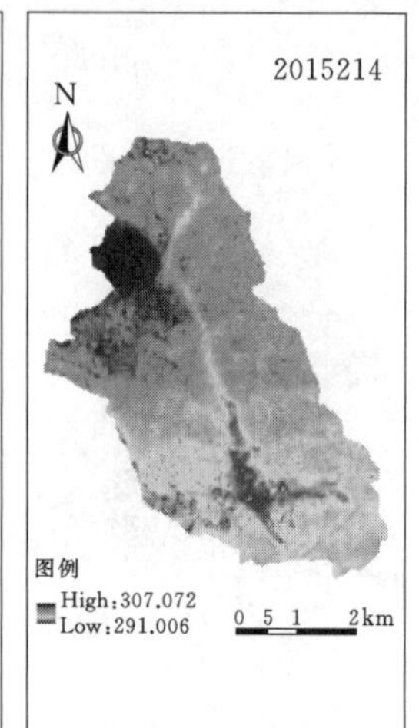

地表温度对应彩图

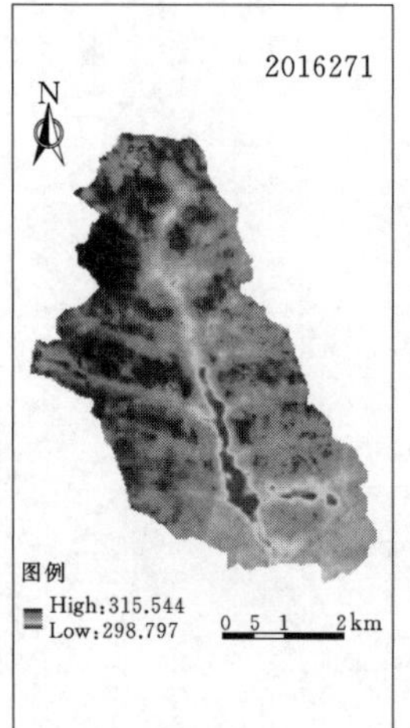

6. 植被 *NDVI*

植被*NDVI*对应彩图

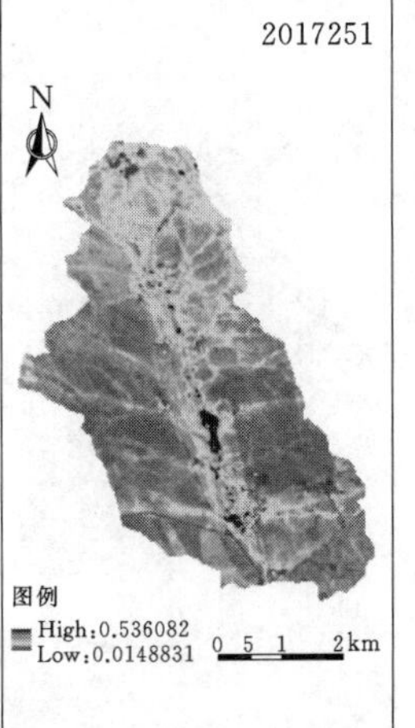

7. 地表净辐射量

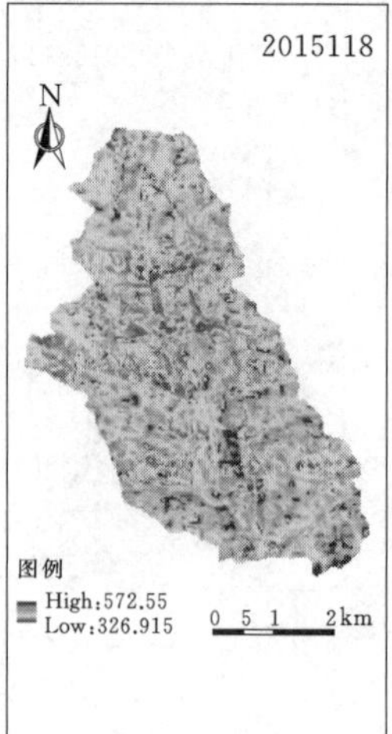

地表净辐射量对应彩图

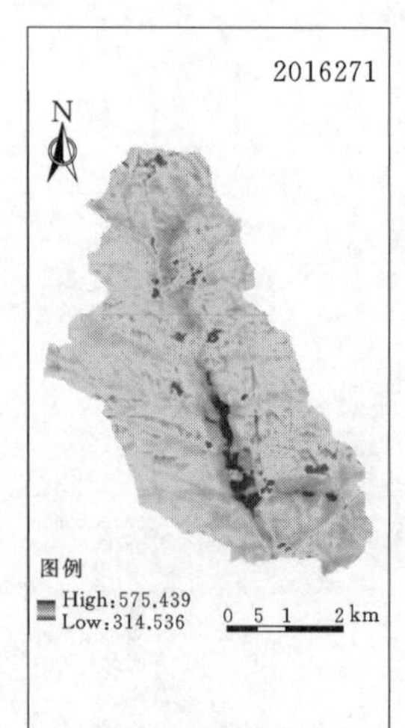

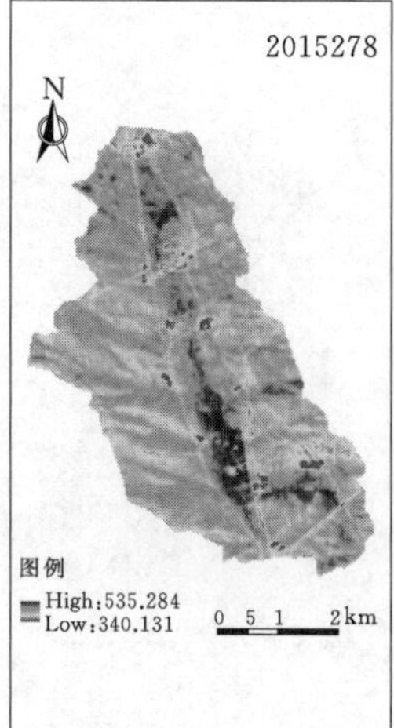

附录二

塔布河各子流域中水文响应单元(HRU)属性表

子流域编号	子流域面积/km²	HRU编号	土地利用类型	土壤类型	HRU面积/km²	坡度类型	平均坡度/%	HRU 类 型
1	59.04	1	AGRL	Gleyic Phaeozems	47.70	0-9999	4.99	1_AGRL_Gleyic Phaeozems_0-9999
1	59.04	2	WATR	Gleyic Phaeozems	12.02	0-9999	12.83	1_WATR_Gleyic Phaeozems_0-9999
2	3914.64	3	AGRL	Calcaric Phaeozems	595.08	0-9999	5.77	2_AGRL_Calcaric Phaeozems_0-9999
2	3914.64	4	AGRL	Gleyic Phaeozems	103.87	0-9999	5.24	2_AGRL_Gleyic Phaeozems_0-9999
2	3914.64	5	AGRL	Haplic Kastanozems	1328.98	0-9999	5.83	2_AGRL_Haplic Kastanozems_0-9999
2	3914.64	6	FRST	Calcaric Phaeozems	157.12	0-9999	7.65	2_FRST_Calcaric Phaeozems_0-9999
2	3914.64	7	FRST	Gleyic Phaeozems	38.05	0-9999	8.73	2_FRST_Gleyic Phaeozems_0-9999
2	3914.64	8	PAST	Calcaric Phaeozems	370.77	0-9999	9.45	2_PAST_Calcaric Phaeozems_0-9999
2	3914.64	9	PAST	Gleyic Phaeozems	7.74	0-9999	11.57	2_PAST_Gleyic Phaeozems_0-9999
2	3914.64	10	PAST	Haplic Kastanozems	911.78	0-9999	9.04	2_PAST_Haplic Kastanozems_0-9999
2	3914.64	11	WATR	Calcaric Phaeozems	195.17	0-9999	7.59	2_WATR_Calcaric Phaeozems_0-9999
2	3914.64	12	WATR	Gleyic Phaeozems	15.11	0-9999	9.98	2_WATR_Gleyic Phaeozems_0-9999
2	3914.64	13	URMD	Calcaric Phaeozems	91.76	0-9999	5.43	2_URMD_Calcaric Phaeozems_0-9999
2	3914.64	14	SWRN	Calcaric Phaeozems	77.10	0-9999	9.97	2_SWRN_Calcaric Phaeozems_0-9999
2	3914.64	15	SWRN	Gleyic Phaeozems	35.14	0-9999	10.34	2_SWRN_Gleyic Phaeozems_0-9999
3	9477.72	16	AGRL	Calcaric Phaeozems	1348.19	0-9999	5.57	3_AGRL_Calcaric Phaeozems_0-9999
3	9477.72	17	AGRL	Gleyic Phaeozems	173.51	0-9999	5.29	3_AGRL_Gleyic Phaeozems_0-9999
3	9477.72	18	AGRL	Haplic Kastanozems	4394.67	0-9999	5.89	3_AGRL_Haplic Kastanozems_0-9999
3	9477.72	19	PAST	Calcaric Phaeozems	99.04	0-9999	3.41	3_PAST_Calcaric Phaeozems_0-9999
3	9477.72	20	PAST	Haplic Kastanozems	2291.10	0-9999	6.85	3_PAST_Haplic Kastanozems_0-9999
3	9477.72	21	WATR	Calcaric Phaeozems	403.09	0-9999	6.08	3_WATR_Calcaric Phaeozems_0-9999
3	9477.72	22	WATR	Gleyic Phaeozems	66.18	0-9999	5.27	3_WATR_Gleyic Phaeozems_0-9999
3	9477.72	23	URMD	Calcaric Phaeozems	29.68	0-9999	4.80	3_URMD_Calcaric Phaeozems_0-9999
3	9477.72	24	URMD	Haplic Kastanozems	450.88	0-9999	5.48	3_URMD_Haplic Kastanozems_0-9999

续表

子流域编号	子流域面积/km²	HRU编号	土地利用类型	土壤类型	HRU面积/km²	坡度类型	平均坡度/%	HRU 类 型
3	9477.72	25	SWRN	Haplic Kastanozems	288.12	0-9999	8.97	3_SWRN_Haplic Kastanozems_0-9999
4	9677.97	26	AGRL	Gleyic Phaeozems	827.12	0-9999	5.17	4_AGRL_Gleyic Phaeozems_0-9999
4	9677.97	27	AGRL	Haplic Kastanozems	803.00	0-9999	6.04	4_AGRL_Haplic Kastanozems_0-9999
4	9677.97	28	FRST	Gleyic Phaeozems	117.89	0-9999	5.90	4_FRST_Gleyic Phaeozems_0-9999
4	9677.97	29	FRST	Haplic Kastanozems	387.43	0-9999	5.13	4_FRST_Haplic Kastanozems_0-9999
4	9677.97	30	PAST	Gleyic Phaeozems	64.81	0-9999	4.65	4_PAST_Gleyic Phaeozems_0-9999
4	9677.97	31	PAST	Haplic Kastanozems	7261.55	0-9999	6.40	4_PAST_Haplic Kastanozems_0-9999
4	9677.97	32	WATR	Gleyic Phaeozems	99.86	0-9999	4.93	4_WATR_Gleyic Phaeozems_0-9999
4	9677.97	33	WATR	Haplic Kastanozems	96.13	0-9999	5.96	4_WATR_Haplic Kastanozems_0-9999
4	9677.97	34	URMD	Haplic Kastanozems	96.13	0-9999	4.46	4_URMD_Haplic Kastanozems_0-9999
5	8717.76	35	AGRL	Calcaric Phaeozems	2428.65	0-9999	5.39	5_AGRL_Calcaric Phaeozems_0-9999
5	8717.76	36	AGRL	Haplic Kastanozems	3752.89	0-9999	6.42	5_AGRL_Haplic Kastanozems_0-9999
5	8717.76	37	FRST	Haplic Kastanozems	384.34	0-9999	6.14	5_FRST_Haplic Kastanozems_0-9999
5	8717.76	38	PAST	Calcaric Phaeozems	261.44	0-9999	5.57	5_PAST_Calcaric Phaeozems_0-9999
5	8717.76	39	PAST	Haplic Kastanozems	1591.43	0-9999	6.82	5_PAST_Haplic Kastanozems_0-9999
5	8717.76	40	WATR	Calcaric Phaeozems	0.09	0-9999	0.59	5_WATR_Calcaric Phaeozems_0-9999
5	8717.76	41	URMD	Calcaric Phaeozems	8.74	0-9999	5.62	5_URMD_Calcaric Phaeozems_0-9999
5	8717.76	42	URMD	Haplic Kastanozems	390.16	0-9999	6.61	5_URMD_Haplic Kastanozems_0-9999
6	10331.46	43	AGRL	Calcaric Phaeozems	54.07	0-9999	6.24	6_AGRL_Calcaric Phaeozems_0-9999
6	10331.46	44	AGRL	Haplic Kastanozems	5897.61	0-9999	6.19	6_AGRL_Haplic Kastanozems_0-9999
6	10331.46	45	AGRL	Luvic Kastanozems	1632.94	0-9999	5.41	6_AGRL_Luvic Kastanozems_0-9999
6	10331.46	46	FRST	Haplic Kastanozems	640.50	0-9999	6.44	6_FRST_Haplic Kastanozems_0-9999
6	10331.46	47	FRST	Luvic Kastanozems	99.04	0-9999	5.49	6_FRST_Luvic Kastanozems_0-9999
6	10331.46	48	PAST	Calcaric Phaeozems	8.65	0-9999	6.40	6_PAST_Calcaric Phaeozems_0-9999
6	10331.46	49	PAST	Haplic Kastanozems	1193.25	0-9999	5.73	6_PAST_Haplic Kastanozems_0-9999
6	10331.46	50	PAST	Luvic Kastanozems	96.13	0-9999	5.36	6_PAST_Luvic Kastanozems_0-9999
6	10331.46	51	WATR	Haplic Kastanozems	368.86	0-9999	5.71	6_WATR_Haplic Kastanozems_0-9999
6	10331.46	52	WATR	Luvic Kastanozems	122.44	0-9999	5.65	6_WATR_Luvic Kastanozems_0-9999
6	10331.46	53	URMD	Calcaric Phaeozems	54.26	0-9999	5.78	6_URMD_Calcaric Phaeozems_0-9999
6	10331.46	54	URMD	Haplic Kastanozems	192.26	0-9999	4.63	6_URMD_Haplic Kastanozems_0-9999
6	10331.46	55	URMD	Luvic Kastanozems	89.94	0-9999	4.41	6_URMD_Luvic Kastanozems_0-9999
7	7220.70	56	AGRL	Gleyic Phaeozems	15.11	0-9999	9.90	7_AGRL_Gleyic Phaeozems_0-9999
7	7220.70	57	FRST	Haplic Kastanozems	506.41	0-9999	6.00	7_FRST_Haplic Kastanozems_0-9999

续表

子流域编号	子流域面积 /km²	HRU编号	土地利用类型	土壤类型	HRU面积 /km²	坡度类型	平均坡度 /%	HRU 类 型
7	7220.70	58	PAST	Gleyic Phaeozems	118.34	0－9999	7.34	7_PAST_Gleyic Phaeozems_0－9999
7	7220.70	59	PAST	Haplic Kastanozems	6663.65	0－9999	6.14	7_PAST_Haplic Kastanozems_0－9999
8	14437.98	60	AGRL	Gleyic Phaeozems	2162.74	0－9999	6.15	8_AGRL_Gleyic Phaeozems_0－9999
8	14437.98	61	AGRL	Haplic Kastanozems	4259.58	0－9999	6.16	8_AGRL_Haplic Kastanozems_0－9999
8	14437.98	62	AGRL	Luvic Kastanozems	1500.94	0－9999	6.75	8_AGRL_Luvic Kastanozems_0－9999
8	14437.98	63	FRST	Gleyic Phaeozems	79.20	0－9999	4.66	8_FRST_Gleyic Phaeozems_0－9999
8	14437.98	64	FRST	Haplic Kastanozems	484.56	0－9999	5.72	8_FRST_Haplic Kastanozems_0－9999
8	14437.98	65	PAST	Gleyic Phaeozems	866.63	0－9999	7.91	8_PAST_Gleyic Phaeozems_0－9999
8	14437.98	66	PAST	Haplic Kastanozems	4150.80	0－9999	6.75	8_PAST_Haplic Kastanozems_0－9999
8	14437.98	67	PAST	Luvic Kastanozems	377.06	0－9999	6.88	8_PAST_Luvic Kastanozems_0－9999
8	14437.98	68	WATR	Gleyic Phaeozems	202.64	0－9999	6.86	8_WATR_Gleyic Phaeozems_0－9999
8	14437.98	69	WATR	Haplic Kastanozems	38.78	0－9999	5.84	8_WATR_Haplic Kastanozems_0－9999
8	14437.98	70	URMD	Gleyic Phaeozems	78.11	0－9999	7.23	8_URMD_Gleyic Phaeozems_0－9999
8	14437.98	71	URMD	Haplic Kastanozems	216.02	0－9999	5.53	8_URMD_Haplic Kastanozems_0－9999
8	14437.98	72	URMD	Luvic Kastanozems	90.39	0－9999	6.30	8_URMD_Luvic Kastanozems_0－9999
8	14437.98	73	SWRN	Haplic Kastanozems	69.46	0－9999	8.09	8_SWRN_Haplic Kastanozems_0－9999
8	14437.98	74	SWRN	Luvic Kastanozems	26.67	0－9999	7.65	8_SWRN_Luvic Kastanozems_0－9999
9	8621.10	75	AGRL	Haplic Greyzems	8.65	0－9999	9.97	9_AGRL_Haplic Greyzems_0－9999
9	8621.10	76	AGRL	Haplic Kastanozems	704.13	0－9999	6.77	9_AGRL_Haplic Kastanozems_0－9999
9	8621.10	77	AGRL	Luvic Kastanozems	3327.59	0－9999	5.49	9_AGRL_Luvic Kastanozems_0－9999
9	8621.10	78	AGRL	Luvic Kastanozems1	425.48	0－9999	10.47	9_AGRL_Luvic Kastanozems1_0－9999
9	8621.10	79	FRST	Haplic Kastanozems	250.70	0－9999	7.33	9_FRST_Haplic Kastanozems_0－9999
9	8621.10	80	FRST	Luvic Kastanozems	219.21	0－9999	7.27	9_FRST_Luvic Kastanozems_0－9999
9	8621.10	81	FRST	Luvic Kastanozems1	2.37	0－9999	8.73	9_FRST_Luvic Kastanozems1_0－9999
9	8621.10	82	PAST	Haplic Kastanozems	402.18	0－9999	5.03	9_PAST_Haplic Kastanozems_0－9999
9	8621.10	83	PAST	Luvic Kastanozems	1384.69	0－9999	7.94	9_PAST_Luvic Kastanozems_0－9999
9	8621.10	84	PAST	Luvic Kastanozems1	290.76	0－9999	12.03	9_PAST_Luvic Kastanozems1_0－9999
9	8621.10	85	WATR	Haplic Kastanozems	214.75	0－9999	5.06	9_WATR_Haplic Kastanozems_0－9999
9	8621.10	86	WATR	Luvic Kastanozems	644.24	0－9999	5.54	9_WATR_Luvic Kastanozems_0－9999
9	8621.10	87	URMD	Haplic Greyzems	37.32	0－9999	7.29	9_URMD_Haplic Greyzems_0－9999
9	8621.10	88	URMD	Haplic Kastanozems	101.05	0－9999	7.01	9_URMD_Haplic Kastanozems_0－9999
9	8621.10	89	URMD	Luvic Kastanozems	535.36	0－9999	6.42	9_URMD_Luvic Kastanozems_0－9999
9	8621.10	90	URMD	Luvic Kastanozems1	35.41	0－9999	11.73	9_URMD_Luvic Kastanozems1_0－9999

续表

子流域编号	子流域面积/km²	HRU编号	土地利用类型	土壤类型	HRU面积/km²	坡度类型	平均坡度/%	HRU 类 型
9	8621.10	91	SWRN	Luvic Kastanozems	21.57	0-9999	11.89	9_SWRN_Luvic Kastanozems_0-9999
9	8621.10	92	SWRN	Luvic Kastanozems1	88.21	0-9999	11.97	9_SWRN_Luvic Kastanozems1_0-9999
10	2953.71	93	AGRL	Gleyic Phaeozems	195.17	0-9999	6.11	10_AGRL_Gleyic Phaeozems_0-9999
10	2953.71	94	AGRL	Haplic Kastanozems	313.70	0-9999	7.34	10_AGRL_Haplic Kastanozems_0-9999
10	2953.71	95	FRST	Gleyic Phaeozems	192.26	0-9999	8.72	10_FRST_Gleyic Phaeozems_0-9999
10	2953.71	96	PAST	Gleyic Phaeozems	883.19	0-9999	7.70	10_PAST_Gleyic Phaeozems_0-9999
10	2953.71	97	PAST	Haplic Kastanozems	1403.26	0-9999	8.44	10_PAST_Haplic Kastanozems_0-9999
11	301.23	98	PAST	Gleyic Phaeozems	250.16	0-9999	7.64	11_PAST_Gleyic Phaeozems_0-9999
11	301.23	99	PAST	Haplic Kastanozems	54.53	0-9999	6.46	11_PAST_Haplic Kastanozems_0-9999
12	19099.71	100	AGRL	Haplic Kastanozems	823.93	0-9999	6.91	12_AGRL_Haplic Kastanozems_0-9999
12	19099.71	101	FRST	Gleyic Phaeozems	43.60	0-9999	5.32	12_FRST_Gleyic Phaeozems_0-9999
12	19099.71	102	FRST	Haplic Kastanozems	1432.48	0-9999	6.28	12_FRST_Haplic Kastanozems_0-9999
12	19099.71	103	PAST	Gleyic Phaeozems	12.74	0-9999	4.19	12_PAST_Gleyic Phaeozems_0-9999
12	19099.71	104	PAST	Haplic Kastanozems	16232.68	0-9999	6.14	12_PAST_Haplic Kastanozems_0-9999
12	19099.71	105	WATR	Haplic Kastanozems	192.08	0-9999	7.22	12_WATR_Haplic Kastanozems_0-9999
12	19099.71	106	URMD	Haplic Kastanozems	210.19	0-9999	6.46	12_URMD_Haplic Kastanozems_0-9999
12	19099.71	107	SWRN	Gleyic Phaeozems	41.87	0-9999	4.25	12_SWRN_Gleyic Phaeozems_0-9999
12	19099.71	108	SWRN	Haplic Kastanozems	189.80	0-9999	8.27	12_SWRN_Haplic Kastanozems_0-9999
13	2309.76	109	AGRL	Haplic Kastanozems	222.94	0-9999	6.10	13_AGRL_Haplic Kastanozems_0-9999
13	2309.76	110	FRST	Gleyic Phaeozems	116.16	0-9999	4.98	13_FRST_Gleyic Phaeozems_0-9999
13	2309.76	111	PAST	Gleyic Phaeozems	68.09	0-9999	3.98	13_PAST_Gleyic Phaeozems_0-9999
13	2309.76	112	PAST	Haplic Kastanozems	1476.63	0-9999	6.18	13_PAST_Haplic Kastanozems_0-9999
13	2309.76	113	URMD	Gleyic Phaeozems	90.12	0-9999	5.53	13_URMD_Gleyic Phaeozems_0-9999
13	2309.76	114	URMD	Haplic Kastanozems	70.46	0-9999	4.44	13_URMD_Haplic Kastanozems_0-9999
13	2309.76	115	SWRN	Gleyic Phaeozems	71.73	0-9999	3.32	13_SWRN_Gleyic Phaeozems_0-9999
13	2309.76	116	SWRN	Haplic Kastanozems	25.94	0-9999	4.10	13_SWRN_Haplic Kastanozems_0-9999
13	2309.76	117	WETL	Gleyic Phaeozems	65.00	0-9999	3.31	13_WETL_Gleyic Phaeozems_0-9999
13	2309.76	118	WETL	Haplic Kastanozems	129.17	0-9999	4.58	13_WETL_Haplic Kastanozems_0-9999
14	10961.64	119	FRST	Gleyic Phaeozems	170.50	0-9999	8.17	14_FRST_Gleyic Phaeozems_0-9999
14	10961.64	120	FRST	Haplic Kastanozems	484.66	0-9999	4.92	14_FRST_Haplic Kastanozems_0-9999
14	10961.64	121	PAST	Gleyic Phaeozems	2924.14	0-9999	6.28	14_PAST_Gleyic Phaeozems_0-9999
14	10961.64	122	PAST	Haplic Kastanozems	6648.90	0-9999	5.82	14_PAST_Haplic Kastanozems_0-9999
14	10961.64	123	URMD	Gleyic Phaeozems	99.04	0-9999	5.27	14_URMD_Gleyic Phaeozems_0-9999

续表

子流域编号	子流域面积 /km²	HRU编号	土地利用类型	土壤类型	HRU面积 /km²	坡度类型	平均坡度 /%	HRU 类 型
14	10961.64	124	URMD	Haplic Kastanozems	87.03	0-9999	6.56	14_URMD_Haplic Kastanozems_0-9999
14	10961.64	125	SWRN	Gleyic Phaeozems	203.55	0-9999	9.51	14_SWRN_Gleyic Phaeozems_0-9999
14	10961.64	126	SWRN	Haplic Kastanozems	178.24	0-9999	7.52	14_SWRN_Haplic Kastanozems_0-9999
14	10961.64	127	WETL	Gleyic Phaeozems	285.84	0-9999	6.37	14_WETL_Gleyic Phaeozems_0-9999
14	10961.64	128	WETL	Haplic Kastanozems	5.46	0-9999	7.51	14_WETL_Haplic Kastanozems_0-9999
15	6846.84	129	AGRL	Calcic Kastanozems	1411.09	0-9999	5.58	15_AGRL_Calcic Kastanozems_0-9999
15	6846.84	130	AGRL	Haplic Kastanozems	1267.62	0-9999	6.33	15_AGRL_Haplic Kastanozems_0-9999
15	6846.84	131	AGRL	Luvic Kastanozems	2014.00	0-9999	5.98	15_AGRL_Luvic Kastanozems_0-9999
15	6846.84	132	FRST	Calcic Kastanozems	96.13	0-9999	6.16	15_FRST_Calcic Kastanozems_0-9999
15	6846.84	133	PAST	Calcic Kastanozems	7.65	0-9999	6.62	15_PAST_Calcic Kastanozems_0-9999
15	6846.84	134	PAST	Gleyic Phaeozems	53.16	0-9999	9.15	15_PAST_Gleyic Phaeozems_0-9999
15	6846.84	135	PAST	Haplic Kastanozems	858.43	0-9999	7.51	15_PAST_Haplic Kastanozems_0-9999
15	6846.84	136	PAST	Luvic Kastanozems	10.56	0-9999	4.87	15_PAST_Luvic Kastanozems_0-9999
15	6846.84	137	WATR	Calcic Kastanozems	216.20	0-9999	4.61	15_WATR_Calcic Kastanozems_0-9999
15	6846.84	138	WATR	Haplic Kastanozems	17.93	0-9999	4.57	15_WATR_Haplic Kastanozems_0-9999
15	6846.84	139	WATR	Luvic Kastanozems	167.32	0-9999	5.09	15_WATR_Luvic Kastanozems_0-9999
15	6846.84	140	URMD	Calcic Kastanozems	96.49	0-9999	5.97	15_URMD_Calcic Kastanozems_0-9999
15	6846.84	141	URMD	Haplic Kastanozems	489.03	0-9999	5.84	15_URMD_Haplic Kastanozems_0-9999
15	6846.84	142	SWRN	Haplic Kastanozems	219.75	0-9999	7.79	15_SWRN_Haplic Kastanozems_0-9999
16	16235.91	143	AGRL	Calcaric Phaeozems	786.34	0-9999	8.00	16_AGRL_Calcaric Phaeozems_0-9999
16	16235.91	144	AGRL	Gleyic Phaeozems	31.22	0-9999	3.92	16_AGRL_Gleyic Phaeozems_0-9999
16	16235.91	145	AGRL	Haplic Kastanozems	6978.26	0-9999	9.25	16_AGRL_Haplic Kastanozems_0-9999
16	16235.91	146	AGRL	Luvic Kastanozems	6189.19	0-9999	6.70	16_AGRL_Luvic Kastanozems_0-9999
16	16235.91	147	FRST	Haplic Kastanozems	194.99	0-9999	6.71	16_FRST_Haplic Kastanozems_0-9999
16	16235.91	148	FRST	Luvic Kastanozems	96.13	0-9999	6.27	16_FRST_Luvic Kastanozems_0-9999
16	16235.91	149	PAST	Calcaric Phaeozems	151.84	0-9999	5.87	16_PAST_Calcaric Phaeozems_0-9999
16	16235.91	150	PAST	Haplic Kastanozems	315.88	0-9999	5.99	16_PAST_Haplic Kastanozems_0-9999
16	16235.91	151	PAST	Luvic Kastanozems	194.72	0-9999	6.15	16_PAST_Luvic Kastanozems_0-9999
16	16235.91	152	WATR	Calcaric Phaeozems	90.30	0-9999	5.78	16_WATR_Calcaric Phaeozems_0-9999
16	16235.91	153	WATR	Haplic Kastanozems	269.46	0-9999	6.49	16_WATR_Haplic Kastanozems_0-9999
16	16235.91	154	WATR	Luvic Kastanozems	554.11	0-9999	7.00	16_WATR_Luvic Kastanozems_0-9999
16	16235.91	155	URMD	Calcaric Phaeozems	138.37	0-9999	4.29	16_URMD_Calcaric Phaeozems_0-9999
16	16235.91	156	URMD	Haplic Kastanozems	292.21	0-9999	6.05	16_URMD_Haplic Kastanozems_0-9999

续表

子流域编号	子流域面积/km²	HRU编号	土地利用类型	土壤类型	HRU面积/km²	坡度类型	平均坡度/%	HRU 类 型
16	16235.91	157	URMD	Luvic Kastanozems	139.10	0-9999	6.84	16_URMD_Luvic Kastanozems_0-9999
17	7194.96	158	AGRL	Luvic Kastanozems	5451.83	0-9999	6.17	17_AGRL_Luvic Kastanozems_0-9999
17	7194.96	159	FRST	Luvic Kastanozems	855.25	0-9999	6.60	17_FRST_Luvic Kastanozems_0-9999
17	7194.96	160	PAST	Luvic Kastanozems	74.19	0-9999	7.86	17_PAST_Luvic Kastanozems_0-9999
17	7194.96	161	WATR	Luvic Kastanozems	389.98	0-9999	6.03	17_WATR_Luvic Kastanozems_0-9999
17	7194.96	162	URMD	Luvic Kastanozems	248.97	0-9999	6.71	17_URMD_Luvic Kastanozems_0-9999
18	11956.59	163	AGRL	Calcic Kastanozems	718.06	0-9999	5.30	18_AGRL_Calcic Kastanozems_0-9999
18	11956.59	164	AGRL	Haplic Kastanozems	1786.23	0-9999	5.24	18_AGRL_Haplic Kastanozems_0-9999
18	11956.59	165	AGRL	Luvic Kastanozems	3302.38	0-9999	5.61	18_AGRL_Luvic Kastanozems_0-9999
18	11956.59	166	FRST	Haplic Kastanozems	100.86	0-9999	6.40	18_FRST_Haplic Kastanozems_0-9999
18	11956.59	167	PAST	Calcic Kastanozems	158.12	0-9999	4.72	18_PAST_Calcic Kastanozems_0-9999
18	11956.59	168	PAST	Gleyic Phaeozems	0.18	0-9999	1.08	18_PAST_Gleyic Phaeozems_0-9999
18	11956.59	169	PAST	Haplic Kastanozems	3810.97	0-9999	7.06	18_PAST_Haplic Kastanozems_0-9999
18	11956.59	170	PAST	Luvic Kastanozems	413.20	0-9999	6.13	18_PAST_Luvic Kastanozems_0-9999
18	11956.59	171	WATR	Haplic Kastanozems	36.23	0-9999	7.49	18_WATR_Haplic Kastanozems_0-9999
18	11956.59	172	WATR	Luvic Kastanozems	84.84	0-9999	6.14	18_WATR_Luvic Kastanozems_0-9999
18	11956.59	173	URMD	Haplic Kastanozems	875.64	0-9999	6.12	18_URMD_Haplic Kastanozems_0-9999
18	11956.59	174	URMD	Luvic Kastanozems	99.04	0-9999	4.18	18_URMD_Luvic Kastanozems_0-9999
18	11956.59	175	SWRN	Haplic Kastanozems	164.77	0-9999	8.42	18_SWRN_Haplic Kastanozems_0-9999
19	8627.67	176	AGRL	Luvic Kastanozems	6922.64	0-9999	6.94	19_AGRL_Luvic Kastanozems_0-9999
19	8627.67	177	FRST	Luvic Kastanozems	379.79	0-9999	7.01	19_FRST_Luvic Kastanozems_0-9999
19	8627.67	178	PAST	Luvic Kastanozems	918.52	0-9999	6.53	19_PAST_Luvic Kastanozems_0-9999
19	8627.67	179	WATR	Luvic Kastanozems	14.66	0-9999	7.03	19_WATR_Luvic Kastanozems_0-9999
19	8627.67	180	URMD	Luvic Kastanozems	194.54	0-9999	6.99	19_URMD_Luvic Kastanozems_0-9999
20	25488.90	181	AGRL	Calcaric Regosols	145.47	0-9999	14.97	20_AGRL_Calcaric Regosols_0-9999
20	25488.90	182	AGRL	Haplic Chernozems	243.33	0-9999	18.28	20_AGRL_Haplic Chernozems_0-9999
20	25488.90	183	AGRL	Haplic Greyzems	3778.38	0-9999	12.79	20_AGRL_Haplic Greyzems_0-9999
20	25488.90	184	AGRL	Haplic Kastanozems	1017.47	0-9999	4.96	20_AGRL_Haplic Kastanozems_0-9999
20	25488.90	185	AGRL	Luvic Chernozems	26.22	0-9999	11.37	20_AGRL_Luvic Chernozems_0-9999
20	25488.90	186	AGRL	Luvic Kastanozems	1358.47	0-9999	6.30	20_AGRL_Luvic Kastanozems_0-9999
20	25488.90	187	AGRL	Luvic Kastanozems1	2875.16	0-9999	7.21	20_AGRL_Luvic Kastanozems1_0-9999
20	25488.90	188	FRST	Calcaric Regosols	194.54	0-9999	16.98	20_FRST_Calcaric Regosols_0-9999
20	25488.90	189	FRST	Haplic Chernozems	111.24	0-9999	24.55	20_FRST_Haplic Chernozems_0-9999

续表

子流域编号	子流域面积/km²	HRU编号	土地利用类型	土壤类型	HRU面积/km²	坡度类型	平均坡度/%	HRU 类 型
20	25488.90	190	FRST	Haplic Greyzems	1515.41	0-9999	17.61	20_FRST_Haplic Greyzems_0-9999
20	25488.90	191	FRST	Haplic Kastanozems	457.25	0-9999	5.76	20_FRST_Haplic Kastanozems_0-9999
20	25488.90	192	FRST	Luvic Kastanozems	192.53	0-9999	5.45	20_FRST_Luvic Kastanozems_0-9999
20	25488.90	193	FRST	Luvic Kastanozems1	192.81	0-9999	6.69	20_FRST_Luvic Kastanozems1_0-9999
20	25488.90	194	PAST	Calcaric Regosols	892.21	0-9999	16.23	20_PAST_Calcaric Regosols_0-9999
20	25488.90	195	PAST	Haplic Chernozems	1773.85	0-9999	15.65	20_PAST_Haplic Chernozems_0-9999
20	25488.90	196	PAST	Haplic Greyzems	8116.07	0-9999	16.39	20_PAST_Haplic Greyzems_0-9999
20	25488.90	197	PAST	Haplic Kastanozems	122.44	0-9999	6.57	20_PAST_Haplic Kastanozems_0-9999
20	25488.90	198	PAST	Luvic Kastanozems	527.71	0-9999	12.37	20_PAST_Luvic Kastanozems_0-9999
20	25488.90	199	PAST	Luvic Kastanozems1	590.80	0-9999	10.69	20_PAST_Luvic Kastanozems1_0-9999
20	25488.90	200	WATR	Haplic Greyzems	96.13	0-9999	9.83	20_WATR_Haplic Greyzems_0-9999
20	25488.90	201	WATR	Haplic Kastanozems	4.19	0-9999	7.11	20_WATR_Haplic Kastanozems_0-9999
20	25488.90	202	URMD	Haplic Greyzems	302.77	0-9999	15.98	20_URMD_Haplic Greyzems_0-9999
20	25488.90	203	URMD	Haplic Kastanozems	91.21	0-9999	5.71	20_URMD_Haplic Kastanozems_0-9999
20	25488.90	204	URMD	Luvic Kastanozems	95.95	0-9999	4.85	20_URMD_Luvic Kastanozems_0-9999
20	25488.90	205	URMD	Luvic Kastanozems1	270.91	0-9999	9.90	20_URMD_Luvic Kastanozems1_0-9999
20	25488.90	206	SWRN	Haplic Greyzems	89.85	0-9999	17.46	20_SWRN_Haplic Greyzems_0-9999
20	25488.90	207	SWRN	Luvic Kastanozems	15.20	0-9999	14.22	20_SWRN_Luvic Kastanozems_0-9999
20	25488.90	208	SWRN	Luvic Kastanozems1	163.68	0-9999	12.67	20_SWRN_Luvic Kastanozems1_0-9999
21	30499.11	209	AGRL	Gleyic Phaeozems	575.05	0-9999	5.98	21_AGRL_Gleyic Phaeozems_0-9999
21	30499.11	210	AGRL	Haplic Kastanozems	10386.32	0-9999	6.68	21_AGRL_Haplic Kastanozems_0-9999
21	30499.11	211	AGRL	Luvic Kastanozems	679.83	0-9999	7.85	21_AGRL_Luvic Kastanozems_0-9999
21	30499.11	212	FRST	Gleyic Phaeozems	403.45	0-9999	7.02	21_FRST_Gleyic Phaeozems_0-9999
21	30499.11	213	FRST	Haplic Kastanozems	305.05	0-9999	5.16	21_FRST_Haplic Kastanozems_0-9999
21	30499.11	214	PAST	Gleyic Phaeozems	1468.62	0-9999	6.29	21_PAST_Gleyic Phaeozems_0-9999
21	30499.11	215	PAST	Haplic Kastanozems	14197.57	0-9999	7.54	21_PAST_Haplic Kastanozems_0-9999
21	30499.11	216	PAST	Luvic Kastanozems	919.24	0-9999	7.64	21_PAST_Luvic Kastanozems_0-9999
21	30499.11	217	WATR	Haplic Kastanozems	348.74	0-9999	7.06	21_WATR_Haplic Kastanozems_0-9999
21	30499.11	218	URMD	Gleyic Phaeozems	135.09	0-9999	10.26	21_URMD_Gleyic Phaeozems_0-9999
21	30499.11	219	URMD	Haplic Kastanozems	1020.02	0-9999	6.91	21_URMD_Haplic Kastanozems_0-9999
21	30499.11	220	SWRN	Gleyic Phaeozems	74.65	0-9999	3.42	21_SWRN_Gleyic Phaeozems_0-9999
21	30499.11	221	SWRN	Haplic Kastanozems	85.12	0-9999	4.35	21_SWRN_Haplic Kastanozems_0-9999
21	30499.11	222	WETL	Haplic Kastanozems	1.00	0-9999	2.50	21_WETL_Haplic Kastanozems_0-9999

续表

子流域编号	子流域面积/km²	HRU编号	土地利用类型	土壤类型	HRU面积/km²	坡度类型	平均坡度/%	HRU 类 型
22	6695.01	223	AGRL	Haplic Greyzems	335.18	0-9999	10.05	22_AGRL_Haplic Greyzems_0-9999
22	6695.01	224	AGRL	Haplic Kastanozems	1073.73	0-9999	6.94	22_AGRL_Haplic Kastanozems_0-9999
22	6695.01	225	FRST	Haplic Kastanozems	130.54	0-9999	4.55	22_FRST_Haplic Kastanozems_0-9999
22	6695.01	226	PAST	Haplic Greyzems	1619.10	0-9999	11.63	22_PAST_Haplic Greyzems_0-9999
22	6695.01	227	PAST	Haplic Kastanozems	3348.07	0-9999	7.62	22_PAST_Haplic Kastanozems_0-9999
22	6695.01	228	WATR	Haplic Kastanozems	83.93	0-9999	4.61	22_WATR_Haplic Kastanozems_0-9999
22	6695.01	229	URMD	Haplic Kastanozems	112.70	0-9999	6.01	22_URMD_Haplic Kastanozems_0-9999
23	22815.27	230	AGRL	Haplic Greyzems	508.23	0-9999	9.25	23_AGRL_Haplic Greyzems_0-9999
23	22815.27	231	AGRL	Haplic Kastanozems	6710.08	0-9999	7.38	23_AGRL_Haplic Kastanozems_0-9999
23	22815.27	232	AGRL	Luvic Kastanozems	2117.50	0-9999	7.82	23_AGRL_Luvic Kastanozems_0-9999
23	22815.27	233	AGRL	Rendzic Leptosols	1214.73	0-9999	7.15	23_AGRL_Rendzic Leptosols_0-9999
23	22815.27	234	AGRL	shihuiheigaitu	396.54	0-9999	9.09	23_AGRL_shihuiheigaitu_0-9999
23	22815.27	235	FRST	Haplic Kastanozems	556.66	0-9999	6.82	23_FRST_Haplic Kastanozems_0-9999
23	22815.27	236	FRST	Rendzic Leptosols	21.67	0-9999	7.49	23_FRST_Rendzic Leptosols_0-9999
23	22815.27	237	FRST	shihuiheigaitu	184.43	0-9999	15.00	23_FRST_shihuiheigaitu_0-9999
23	22815.27	238	PAST	Haplic Greyzems	575.51	0-9999	11.04	23_PAST_Haplic Greyzems_0-9999
23	22815.27	239	PAST	Haplic Kastanozems	6239.71	0-9999	7.58	23_PAST_Haplic Kastanozems_0-9999
23	22815.27	240	PAST	Luvic Kastanozems	1299.39	0-9999	7.95	23_PAST_Luvic Kastanozems_0-9999
23	22815.27	241	PAST	Rendzic Leptosols	463.45	0-9999	7.45	23_PAST_Rendzic Leptosols_0-9999
23	22815.27	242	PAST	shihuiheigaitu	149.57	0-9999	10.72	23_PAST_shihuiheigaitu_0-9999
23	22815.27	243	WATR	Haplic Kastanozems	379.97	0-9999	6.09	23_WATR_Haplic Kastanozems_0-9999
23	22815.27	244	URMD	Haplic Greyzems	69.91	0-9999	9.72	23_URMD_Haplic Greyzems_0-9999
23	22815.27	245	URMD	Haplic Kastanozems	943.37	0-9999	6.27	23_URMD_Haplic Kastanozems_0-9999
23	22815.27	246	URMD	Luvic Kastanozems	195.17	0-9999	5.59	23_URMD_Luvic Kastanozems_0-9999
23	22815.27	247	URMD	Rendzic Leptosols	328.81	0-9999	5.29	23_URMD_Rendzic Leptosols_0-9999
23	22815.27	248	SWRN	Haplic Kastanozems	75.10	0-9999	4.33	23_SWRN_Haplic Kastanozems_0-9999
23	22815.27	249	SWRN	Rendzic Leptosols	21.03	0-9999	5.54	23_SWRN_Rendzic Leptosols_0-9999
24	6089.22	250	AGRL	Haplic Greyzems	349.56	0-9999	7.77	24_AGRL_Haplic Greyzems_0-9999
24	6089.22	251	AGRL	Haplic Kastanozems	2700.20	0-9999	7.07	24_AGRL_Haplic Kastanozems_0-9999
24	6089.22	252	FRST	Haplic Kastanozems	387.43	0-9999	6.09	24_FRST_Haplic Kastanozems_0-9999
24	6089.22	253	PAST	Haplic Greyzems	298.86	0-9999	9.75	24_PAST_Haplic Greyzems_0-9999
24	6089.22	254	PAST	Haplic Kastanozems	1950.27	0-9999	7.17	24_PAST_Haplic Kastanozems_0-9999
24	6089.22	255	URMD	Haplic Kastanozems	472.73	0-9999	6.73	24_URMD_Haplic Kastanozems_0-9999

续表

子流域编号	子流域面积/km²	HRU编号	土地利用类型	土壤类型	HRU面积/km²	坡度类型	平均坡度/%	HRU 类 型
25	33880.23	256	AGRL	Haplic Greyzems	438.14	0-9999	11.16	25_AGRL_Haplic Greyzems_0-9999
25	33880.23	257	AGRL	Haplic Kastanozems	10247.04	0-9999	7.54	25_AGRL_Haplic Kastanozems_0-9999
25	33880.23	258	AGRL	Luvic Kastanozems	3513.48	0-9999	7.60	25_AGRL_Luvic Kastanozems_0-9999
25	33880.23	259	FRST	Gleyic Phaeozems	81.84	0-9999	4.61	25_FRST_Gleyic Phaeozems_0-9999
25	33880.23	260	FRST	Haplic Greyzems	49.52	0-9999	10.04	25_FRST_Haplic Greyzems_0-9999
25	33880.23	261	FRST	Haplic Kastanozems	745.83	0-9999	6.01	25_FRST_Haplic Kastanozems_0-9999
25	33880.23	262	FRST	Luvic Kastanozems	532.81	0-9999	7.55	25_FRST_Luvic Kastanozems_0-9999
25	33880.23	263	PAST	Gleyic Phaeozems	38.51	0-9999	4.97	25_PAST_Gleyic Phaeozems_0-9999
25	33880.23	264	PAST	Haplic Greyzems	712.96	0-9999	12.28	25_PAST_Haplic Greyzems_0-9999
25	33880.23	265	PAST	Haplic Kastanozems	12000.41	0-9999	8.03	25_PAST_Haplic Kastanozems_0-9999
25	33880.23	266	PAST	Luvic Kastanozems	1665.89	0-9999	9.99	25_PAST_Luvic Kastanozems_0-9999
25	33880.23	267	URMD	Gleyic Phaeozems	6.01	0-9999	5.62	25_URMD_Gleyic Phaeozems_0-9999
25	33880.23	268	URMD	Haplic Greyzems	195.17	0-9999	10.13	25_URMD_Haplic Greyzems_0-9999
25	33880.23	269	URMD	Haplic Kastanozems	2918.58	0-9999	6.47	25_URMD_Haplic Kastanozems_0-9999
25	33880.23	270	URMD	Luvic Kastanozems	169.14	0-9999	7.78	25_URMD_Luvic Kastanozems_0-9999
25	33880.23	271	SWRN	Haplic Kastanozems	242.78	0-9999	10.03	25_SWRN_Haplic Kastanozems_0-9999
25	33880.23	272	SWRN	Luvic Kastanozems	237.59	0-9999	6.59	25_SWRN_Luvic Kastanozems_0-9999
25	33880.23	273	WETL	Haplic Kastanozems	282.02	0-9999	6.98	25_WETL_Haplic Kastanozems_0-9999
25	33880.23	274	WETL	Luvic Kastanozems	9.29	0-9999	5.16	25_WETL_Luvic Kastanozems_0-9999
26	6649.20	275	AGRL	Haplic Greyzems	1162.12	0-9999	8.85	26_AGRL_Haplic Greyzems_0-9999
26	6649.20	276	AGRL	Haplic Kastanozems	2406.07	0-9999	7.95	26_AGRL_Haplic Kastanozems_0-9999
26	6649.20	277	FRST	Haplic Greyzems	191.71	0-9999	8.77	26_FRST_Haplic Greyzems_0-9999
26	6649.20	278	FRST	Haplic Kastanozems	193.90	0-9999	6.85	26_FRST_Haplic Kastanozems_0-9999
26	6649.20	279	PAST	Haplic Greyzems	1229.39	0-9999	10.80	26_PAST_Haplic Greyzems_0-9999
26	6649.20	280	PAST	Haplic Kastanozems	734.36	0-9999	9.25	26_PAST_Haplic Kastanozems_0-9999
26	6649.20	281	URMD	Haplic Greyzems	110.60	0-9999	9.91	26_URMD_Haplic Greyzems_0-9999
26	6649.20	282	URMD	Haplic Kastanozems	376.15	0-9999	7.30	26_URMD_Haplic Kastanozems_0-9999